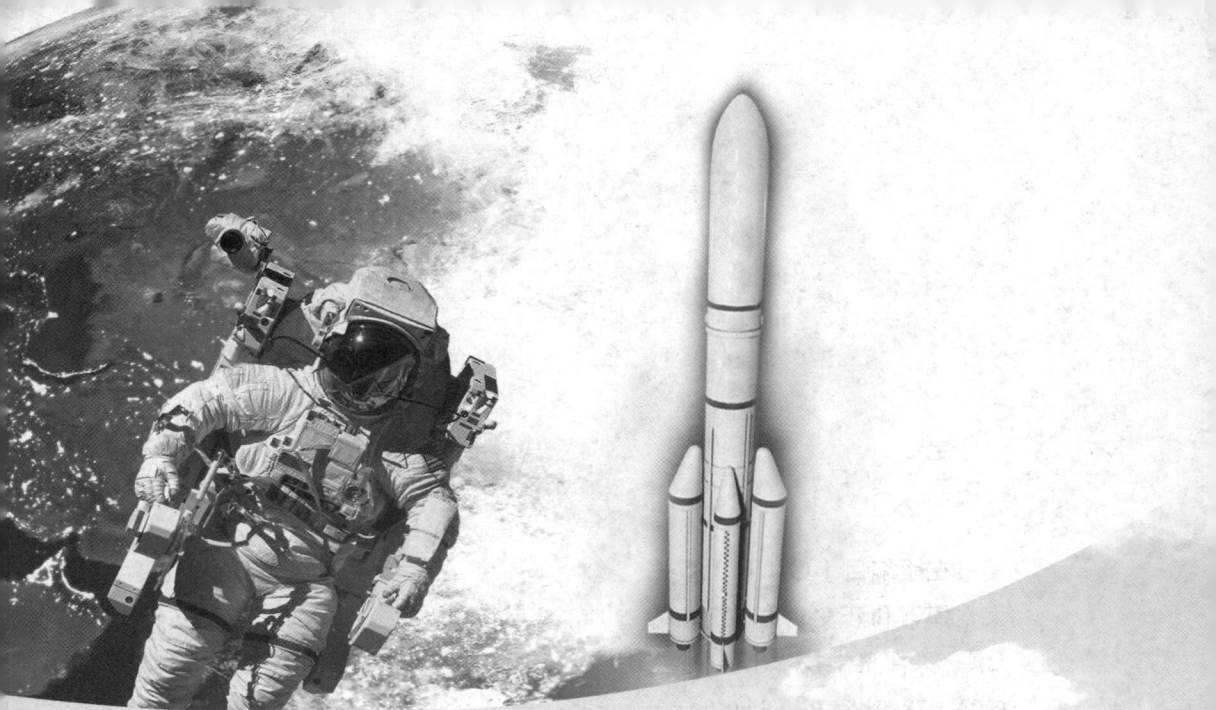

太空探索和开发

【加】江怡穗　　【加】李定瑞◎著

天津出版传媒集团

天津科学技术出版社

图书在版编目（ＣＩＰ）数据

太空探索和开发 / (加) 江怡穗 , (加) 李定瑞著
. -- 天津 : 天津科学技术出版社 , 2019.5

ISBN 978-7-5576-6344-5

Ⅰ . ①太… Ⅱ . ①江… ②李… Ⅲ . ①空间探索－普
及读物 Ⅳ . ① V11-49

中国版本图书馆 CIP 数据核字 (2019) 第 082117 号

太空探索和开发

TAIKONG TANSUO HE KAIFA

责任编辑：郑　新

出　　版：天津出版传媒集团

天津科学技术出版社

地　　址：天津市西康路 35 号

邮　　编：300051

电　　话：(022) 23332674

网　　址：www.tjkjcbs.com.cn

发　　行：新华书店经销

印　　刷：北京市金星印务有限公司

开本 710×1000　1/16　印张 22.75　字数 300 000
2019 年 6 月第 1 版第 1 次印刷
定价：88.00 元

深切缅怀我们的父母亲：

江肇堃（再发），方玉时，庄善好

李寅文，朱倚文（"芜湖李氏，小白石山房，

寅文藏书，俪文室"主人公）

永远关爱我们的双胞胎：

Emma（孙女），Ethan（孙男）

序 言

　　人们把陆地称为活动的第一空间，把海洋称为活动的第二空间，把大气层称为活动的第三空间，那么，大气层以外的太空就是人类活动的第四空间。航天技术的发展把人类的活动范围从地球延伸向浩瀚无垠的太空。地球是人类的摇篮，载人航天技术的发展，为人类离开这个摇篮，以及开发宇宙提供了可能。正如俄国航天先驱者齐奥尔科夫斯基预言的那样：地球是人类的摇篮，但是人类不会永远生活在摇篮里。随着人类对外太空的探索越来越深入，太空已不再是早前那么神秘。宇宙时代，人类将是宇宙中的生命，星际飞行已经指日可待。

　　从 1903 年 12 月 17 日，美国莱特兄弟的飞机首次在北卡罗来纳州试飞成功，到 1969 年美国航天员尼尔·阿姆斯特朗和巴兹·奥尔德林首次成功登上月球，只用了短短的 66 年时间。

　　如今，无人太空探测器已经造访了太阳系所有行星，还探测了彗星、小行星带和柯依伯带。深空探测遍及整个太阳系，并且向广袤的宇宙挺进。虽然人类太空探索达到移民其他星球是一个漫长的目标，但在可见的未来，一定会有更鼓舞人心的进展。如今太空探索已由政府行动发展到许多创业者追逐的太空时代。无论如何，宇宙将变得互联、通达、可知。

　　在人类探索和征服宇宙的过程中，当代科学的基本问题，如宇宙形成和演变，以及生命的起源等问题，都将逐步得到答案，从而使人类对自然的认识提高到一个崭新的高度。

1 太空吸引力

　　航天科学技术的进步使建立太空基地成为可能。丰富的太空资源成为各航天大国进行太空探索的动力。特别是在地球资源越来越枯竭的今天，月球以及其他星球已经成为航天大国的追逐目标。

　　月球是最靠近地球的星体，月球储存有地球上少有的氦 3 约 100–500 万吨。氦 3 是核聚变反应堆的理想无污染的燃料，用航天器将其运回地球，可供人类使用数万年；月球上无大气阻挡，阳光充足，能高效率利用太阳能发电，其电能可通过微波传输到地球，供人类使用；月球含有 60 多种矿藏，极具开发价值，可用来为地球人类服务。

人类飞向太空，首先是太阳系内星体。人类除了已经到过月球，正在准备登陆火星，还在频频探测"土星 – 泰坦"的行星 – 卫星系统，因为"泰坦"是太阳系中唯一实际拥有大气层的卫星。

2009 年美国发射了开普勒太空望远镜，用于寻找"类地行星"。开普勒太空望远镜已经发现大量类地行星。2015 年 7 月 23 日"开普勒"任务宣布发现"开普勒"–452b 类地行星，与地球相似指数高达 0.98。

太空对人类的吸引力是如此之大，美国要重返月球，建立月球永久基地，就是要在走向太空的行动中占得先机。

2 大国竞争

太空成就是衡量科学、工程和国防力量的标志。太空活动对提升国家的国际地位、加速军事现代化、发展科技和经济都具有重大意义。大国把夺取空间优势作为航天领域的首要任务，以确保其航天大国地位。谁能有效地利用太空，谁将享受到更大的繁荣和安全。因此，20 世纪 50 年代末和 60 年代，美国在落后于苏联的情况下，举全国之力，和苏联进行了一场冷战时期没有硝烟的"太空赛"。

1957 年 10 月 7 日，苏联的第一颗人造地球卫星"史泼尼克"1 号进入太空，开创了太空新纪元，世界为之震惊，美国更是一片哗然。4 年半后，1961 年 4 月 12 日，苏联又成功地发射了世界上第一艘载人飞船"东方"1 号，尤里·加加林成为人类第一位遨游太空的航天员。一夜之间把人类活动疆域延伸到了太空。从此，人类以前所未有的步伐向太空迈进。美国对苏联人在头顶上空飞行更是感到末日来临，对白宫的责备络绎不断。

苏联航天员加加林进入太空 23 天后，1961 年 5 月 5 日，美国航天员艾伦·谢泼德搭载美国"自由"7 号飞船进行首次载人亚轨道飞行，使美国成为继苏联之后世界上第二个具有载人航天能力的国家。但是，这只是一次载人亚轨道飞行。1962 年 2 月 20 日，美国航天员约翰·格伦搭载"友谊"7 号飞船绕地球飞行 3 圈，成为第一个进入地球轨道的美国人。

为了平息国内的愤怒和指责，赶超苏联的太空技术优势，1961 年 5 月 25 日，美国前总统肯尼迪在国会宣布 10 年内把人送上月球并安全返回地球的举世闻名的"阿波罗"载人登月工程。1969 年 7 月 16 日，美国"阿波罗"11 号飞船的两位航天员首次登上月球。把人类太空活动推向高潮，谱写了人类太空探险的最辉煌篇章。

　　"阿波罗"工程后紧接着是载人航天飞机,美国载人航天飞机于1972年开始研制,1981年4月首次试飞,1982年11月投入使用。美国载人航天飞机又为太空的开发和利用写下了浓墨重彩的一笔,美国在太空赛中树立了独一无二的王者地位。

　　在深空探测方面,美苏也展开激烈竞争,1961年2月12日,苏联首先发射了"金星"1号深空无人探测器,成功飞越金星。1962年8月27日美国也向金星发射了"水手"2号深空无人探测器,成功飞越金星,标志美国进入星际探测行列。如今,美国无人探测器几乎造访了整个太阳系。

　　20世纪90年代初,苏联轰然垮台,美国成为世界上唯一超级大国。为了探索太空、繁荣经济和加强安全,美国一直追求健全和高效的空间能力。2006年8月31日,前总统小布什签署了新《国家太空政策》,显示美国力求独霸外层空间意图。新太空政策指出:"如有必要,美国有权不让任何'敌视美国利益'的国家或个人进入太空"。

　　自从美国提出"高边疆"的大战略概念以来,美国持之以恒,把太空规划视为重中之重,认为掌控了"高边疆",在军事上就掌握和控制了地球。美军实时指挥和控制主要靠通信卫星,精确打击主要靠全球定位系统。

　　美国追求"能打别人而不能被打"的绝对安全,其结果是增加了别国的不安全感。大国间的战略竞争势必加剧。同时,还将给大国间的政治互信带来阴影,影响大国间在诸多国际事务和地区问题上的合作,从而给全球战略稳定造成隐患。

　　然而情况并不如美国所愿,现在航天技术业已成熟,航天技术不再是美苏/美俄两个航天超级大国的专利,欧洲空间局及中国、日本、印度和巴西等国也已加入航天活动俱乐部。如果二十世纪下半叶太空活动主要表现在美/苏的太空争霸,那么二十一世纪将表现在多国竞相太空探测和开发的春秋战国局面。

3 太空合作

　　航天工程,特别是载人航天,投资浩大。在20世纪六七十年代"太空赛"中,虽然美国夺得了王者地位,但是庞大的经费开支也使金元美国感到力不从心。70年代末"太空赛"谢幕,美苏两个超级大国开始探索太空合作。1975年7月15日,美苏实现了"阿波罗"-"联盟"19号两飞船的太空交会和对接,两国航天员首次太空握手;1995年6月27日,美国"亚特兰蒂斯"号航天飞机和俄罗斯的"和平"号轨道空间站首次对接;1993年美苏达成协议共建国际空间站。两个航天超级大国和其他航天大国间的合作也不断展开。

　　目前的国际空间站是迄今为止最大的国际航天合作项目。1993年12月,以美国为首的"自由"号空间站合作伙伴正式邀请俄罗斯加盟，在原来美国"自由"号空间站和苏联"和平"2号空间站的基础上，联合建造国际空间站。参与国际空间站建设的有美国、俄罗斯和欧空局11个国家（德国、法国、意大利、英国、比利时、荷兰、西班牙、丹麦、挪威、瑞典和瑞士）以及日本、加拿大和巴西（1997年加入）等16个国家。

在深空探测方面，美国也表现了合作的意愿，前美国国家航空航天局局长格瑞芬在接见德国之声记者马耶采访时表示："如果我们想重返月球，我们希望它将是一个国际性的计划。我们希望在重返月球方面也能够进行合作。但是，总得有一方是牵头的吧。而在当代，在这一领域，只有美国拥有实力胜任这一牵头工作。"看来美国是想合作，问题是能否做到公平合理，彼此有利。如果美国不从根本上改变诸如"沃尔夫条款"之类的阻碍国际航天合作的政策和法律制度，国际航天合作很难真正开展下去。

2017年9月27日在澳大利亚阿德莱德举行的第六十八届国际宇宙会议上，美国宇航局和俄罗斯航天局罗斯科斯莫斯宣布月球和深空探索的新合作伙伴关系，共同努力在月球空间建立微型空间站，作为未来火星及其他深空任务的垫脚石。这将包括国际空间站的伙伴和俄、中、印等航天大国，希望该工程成为人类深空探测的合作，而不是航天大国的俱乐部。

2018年5月28日，中国驻维也纳联合国代表和联合国外层空间事务司一同发布公告，宣布中国空间站正式开启国际合作，邀请世界各国积极参与，尤其欢迎发展中国家利用未来的中国空间站开展舱内外搭载实验等合作活动，为太空探索合作树立了良好的典范。

地球的资源是有限的，人口的增长是无限的，人的永生迟早也会到来，人类向宇宙空间发展是全人类的共同责任与使命。宇宙探索是人类的伟大事业，越来越多的国家和人民参加，宇宙探索力量才会更强大，良好的合作也会增强国际间的相互信任。各国应该携起手来共同探索和开发浩瀚无际的宇宙新天地。

在本书的编译过程中，参考了许多国内外专家和学者的著作，在此表示衷心感谢。限于编译者水平，不妥之处，敬请读者批评指正。

在本书的编写和出版过程中，得到董满强、郁志发、江玮、江晓燕的支持与鼓励，特此表示感谢。

编译者（yisuijiang@163.com）

2018年8月

目 录

第1章　天体运行轨道

1.1 天体运行基本定律

晴朗夜空，繁星点点，太阳月亮，东起西落，自古以来，人类遐想联翩，想要探个究竟，对星体运动进行了大量观察和记录。1957年第一颗人造卫星上天，开创了太空时代。一门新的应用学科轨道力学，应运而生。轨道力学是研究人造天体围绕一个中心天体运动的科学。

1.1.1 开普勒行星运动定理

开普勒（1571—1630）根据第谷（1546—1601）对行星的观察结果，经过近10年对火星轨道的精确观测研究，发现了三个行星运动定律。

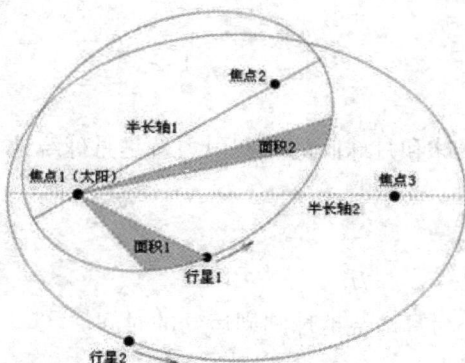

图1-1　开普勒行星运动三定理

*开普勒第一行星运动定律是行星绕太阳沿椭圆运动，太阳在椭圆的一个焦点上，这叫椭圆定律。

*开普勒第二行星运动定律是行星和太阳的矢径在相等时间扫过相等面积，这叫面积定律。

*开普勒第三行星运动定律是行星轨道周期的平方正比于轨道半长轴的立方，这叫调和定律。对于图1-1两个行星围绕太阳运转的情况，调和定律可以表示成：

$$\frac{a_i^3}{t_i^2} = C \qquad\qquad 1-1$$

式中 a_i 为半长轴，t_i 为轨道周期，C 为常数，i=1或2。

开普勒行星运动定理告诉我们行星如何沿轨道运动，但是并没有说明为什么。这将由下面的牛顿（1642—1727）万有引力定律回答。

1.1.2 牛顿运动定律和万有引力定律

牛顿运动三定律

＊惯性定律：静止或做匀速直线运动的物体，如果没有外力作用，将保持静止或做匀速直线运动；

＊加速度定律：作用于物体的合外力不为零时，物体将产生加速度，加速度大小和合外力成正比，和物体质量成反比，加速度方向和合外力方向相同；

＊作用与反作用定律：两个物体的互相作用力，大小相等方向相反。

牛顿万有引力定律

牛顿万有引力定律：两个物体间存在互相吸引力，吸引力大小和两个物体质量乘积成正比，和两个物体间距离平方成反比。

$$F = G\frac{m_1 \cdot m_2}{r^2} \qquad\qquad 1\text{--}2$$

式中 F 为引力，m_1 和 m_2 为两个物体质量，r 为两物体间的距离，G 为万有引力常数（$G=6.67 \times 10^{-11}$ 牛顿·米²/千克²，即 $N \cdot M^2/kg^2$）。

因此，地球和月球间的牛顿万有引力为

$$F_{地\text{-}月} = G\frac{m_月 \cdot m_地}{r^2_{地\text{-}月}} \qquad\qquad 1\text{--}2'$$

下面我们以地球和月亮为例，证明地球和月球间的万有引力就是月球绕地球做圆周运动的向心力。

月球绕地球的圆周运动切向速度为：

$$v_月 = 2\pi r_{地-月}/t$$

式中 $r_{地-月}$ 为月球和地球间的距离，t 为月球绕地球圆周运动的时间。

月球绕地球做圆周运动的向心加速度为：

$$a_月 = v^2_月/r_{地-月} = 4\pi^2 r_{地-月}/t^2$$

根据牛顿运动第二定律，月球绕地球做圆周运动的向心力为

$$F_向 = m_月 a_月 = m_月 4\pi^2 r_{地-月}/t^2（方向指向地心） \qquad 1\text{--}3$$

月球绕地球做圆周运动的向心力是否来自地－月间的万有引力问题就变成

（1-3）式中的 $F_{向}$ 是否等于（1-2）'式中的 $F_{地-月}$。

若一个与月球质量相同的物体 $m_{月}$ 在地球表面上，即它到地心距离为 $r_{地}$（地球半径），它的重量（即地球对它的引力）为 $m_{月}g$，方向指向地心，g 为重力加速度。当该物体移动到离地心距离为 $r_{地-月}$（月亮到地球的距离）远处时，它的重量变小，设为 W。根据牛顿万有引力定律，引力和距离平方成反比关系，则两种情况的重量比为：

$$\frac{m_{月}\cdot g}{W}=\frac{\dfrac{1}{r_{地}^{2}}}{\dfrac{1}{r_{地-月}^{2}}}$$

故得重量 W（引力）

$W=m_{月}gr^{2}{}_{地}/r^{2}{}_{地-月}$（方向指向地心）　　　　1-4

如果月球绕地球圆周运动的向心力确实是来自地-月间的引力 W，则有（1-3）式值等于（1-4）式值，即

$$m_{月}4\pi^{2}r_{地-月}/t^{2}=m_{月}gr^{2}{}_{地}/r^{2}{}_{地-月}$$

整理得

$t^{2}=4\pi^{2}r^{3}{}_{地-月}/gr^{2}{}_{地}$　　　　　　　　　1-5

把 t，g，$r_{地}$ 及 $r_{地-月}$ 观察测量值代入（1-5）式，等式成立，证明月球绕地球圆周运动的向心力来自地球对月球的引力的假设是正确的（两者大小相等，方向相同）。

尽管开普勒定律阐明的是行星绕太阳的轨道运动，它们也适用于任意二体系统的运动，如地球和人造卫星等。牛顿的运动三定理（惯性定律、加速度定理和作用与反作用定律）和万有引力定律加上开普勒的行星运动定理构成今天的天体运动力学基础。

1.2 宇宙速度

1.2.1 第一宇宙速度 v_1 – 环绕速度

第一宇宙速度是指物体紧贴地球表面做环绕地球的圆周运动的速度（也

是人造地球卫星的最小发射速度）。从万有引力定律我们知道两个物体间总有互相吸引的引力存在，那么为什么卫星能在地球上空长期运行而不掉到地球上来？

根据动力学，我们知道物体做圆周运动时会产生离心力，圆周运动线速度越大，离心力越大，当圆周运动线速度大到它的离心力等于物体和地球间的引力时，物体就能永远围绕地球做圆周运动，而不掉向地球。该速度就叫第一宇宙速度 v_1，也叫环绕速度。那么第一宇宙速度等于多大？

根据万有引力和动力学定律，物体绕地球运转的向心力和离心力分别为：

$$F_{向} = G \cdot m_{物} \cdot m_{地} / r^2 \qquad\qquad 1-6$$

$$F_{离} = m_{物} \cdot v^2 / r \qquad\qquad 1-7$$

式中 G 为万有引力常数，$m_{物}$ 和 $m_{地}$ 分别为物体和地球质量，r 为物体到地心距离，v 为物体绕地球旋转的线速度。当 v 达到第一宇宙速度 v_1 时，$F_{向} = F_{离}$，我们有

$$G \cdot m_{物} \cdot m_{地} / r^2 = m_{物} \cdot v_1^2 / r$$

得

$$v_1 = \sqrt{G \cdot m_{地} / r} \qquad\qquad 1-8$$

由（1-8）式可知，第一宇宙速度 v_1 是一个变量，随物体到地心距离增加而减小。当物体处在地球表面附近时，（1-6）和（1-7）式分别变成

$$F_{向} = G \cdot m_{物} \cdot m_{地} / r^2_{地} = m_{物} g \qquad\qquad 1-6'$$

$$F_{离} = m_{物} \cdot v^2 / r_{地} \qquad\qquad 1-7'$$

当物体速度达到环绕速度 v_1 时，由 (1-6)' 等于 (1-7)'，得

$$v_1 = \sqrt{g \cdot r_{地}} \qquad\qquad 1-9$$

（1-9）式中 g 为地球表面重力加速度（9.8 米/秒²），$r_{地}$ 为地球半径（6371公里）。因此，得

$$v_1 = 7.90 \text{ 公里/秒} \qquad\qquad 1-10$$

这就是卫星环绕地球表面做圆周运动所需要的速度，即第一宇宙速度。由（1-8）式可知，卫星越高，r 越大，所需环绕速度越小。当 r 大到月球和地球距离时，环绕速度为 1.03 公里/秒。

1.2.2 第二宇宙速度 v_2 – 脱离速度

第二宇宙速度 v_2 是指物体完全摆脱地球引力束缚，飞离地球所需要的最小初始速度，也叫脱离速度。

$$v_2=11.18 \text{ 公里 / 秒} \qquad\qquad 1-11$$

一旦物体在地面附近速度等于或大于 v_2 时，该物体将沿抛物线轨道脱离地球引力场，成为太阳的行星。

1.2.3 第三宇宙速度 v_3 – 逃逸速度

第三宇宙速度是指在地球上发射的物体摆脱太阳引力束缚，飞出太阳系所需的最小初始速度，也叫逃逸速度。

$$v_3=16.9 \text{ 公里 / 秒} \qquad\qquad 1-12$$

物体在地面附近速度等于或大于 v_3 时，物体将按双曲线轨迹飞离地球，而相对太阳来说它将沿抛物线飞离太阳，成为宇宙中的一个天体。

1.3 航天器轨道要素

1.3.1 航天器轨道

半个多世纪来，人们向太空发射了各种人造飞行器，如卫星、飞船、航天飞机、太空站、人造月球卫星、登月舱、太空望远镜、行星探测器等，我们把所有这些人造太空飞行器统称为航天器，它们是人造天体，不同于天然星体。各种围绕地球运转的航天器都可以看作地球的卫星。由于各种航天器具有不同目的，它们飞行轨道也各不相同相同。

如果我们把卫星和地球看成一个二体问题，把地球看成一个均质球体，它的引力场即为中心力场，其质心为引力中心。那么，要使人造卫星在这个中心力场中做圆周运动，就要使卫星圆周运动的离心力正好抵消地心引力。如前所述，这时航天器飞行的水平速度叫第一宇宙速度，即环绕速度。也就是说，航天器只要获得这一水平速度，不需要再加动力就可以环绕地球飞行。如果航天器速度大于当地环绕速度，

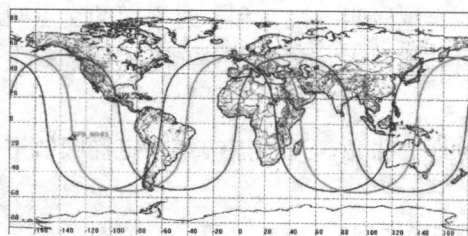
图 1-2　星下点轨迹

航天器将按椭圆轨道飞行。航天器的飞行轨迹叫航天器轨道。

　　卫星在轨道上的每一个位置在地球表面的投影，叫星下点。所有星下点连成的曲线叫星下点轨迹。由于地球自转，相邻两条星下点轨迹在同一纬度上的间隔正好等于地球在卫星轨道周期内转过的角度。根据星下点轨迹，可以预报卫星经过某地面上空的时间。

1.3.2 开普勒轨道要素

　　航天器是为人类服务的，要利用航天器，必须知道航天器在轨道上的位置以便获得它的信息。为此，要知道航天器的轨道要素。根据这些要素就可以计算航天器的位置和速度；反之，根据航天器位置和速度亦可以计算出航天器轨道要素。开普勒轨道要素是最常用的经典轨道要素。

开普勒轨道要素包括：

　　* 半长轴 a：其长度是椭圆轨道长轴之半。

　　* 偏心率 e：椭圆轨道两焦点之间距离和长轴之比。半长轴和偏心率决定椭圆轨道大小和形状。

　　* 倾角 i：卫星轨道平面与地球赤道平面的夹角叫轨道倾角，它是确定卫星轨道空间位置的一个重要参数。轨道倾角小于 90° 为顺行轨道；轨道倾角大于 90° 为逆行轨道；轨道倾角为 0° 为赤道轨道；轨道倾角等于 90° 为极地轨道，轨道平面通过地球南北极。

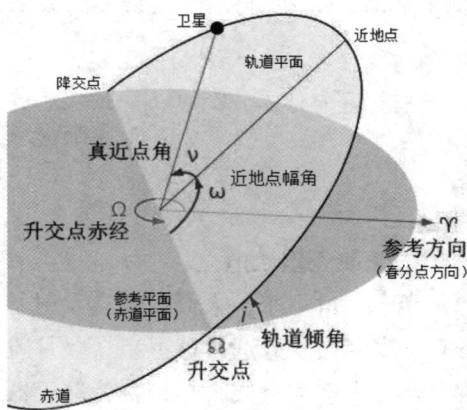

图 1-3　开普勒轨道要素

　　* 升交点赤经 Ω：卫星轨道穿过赤道平面时，与地球赤道平面有两个交点（i=0 情况除外）。卫星由南半球向北半球的穿越段叫升段，和赤道平面的交点叫升交点；相反，从北半球向南半球的穿越段叫降段，和赤道平面的交点叫降交点。春分点和升交点对地心的张角叫升交点赤经 Ω。轨道倾角 i 和升交点赤经 Ω 决定了轨道平面在空间的方位。

　　* 近地点幅角 ω：近地点和升交点对地心张角。近地点幅角决定椭圆轨道在轨道平面内的方位。

　　* 过近地点时刻 t：它是卫星经过近地点的时间，以年、月、日、时、分、秒表示，是运动时间的计量起点。

前5个要素是几何要素，在理想状况下是不变的，除非受到干扰或卫星自身机动飞行；第6个是时间要素，它是不断变化的。如果知道了这6个要素，那么地面站就能跟踪这些航天器，帮助航天器完成任务。

上述轨道要素也适用围绕行星运转的行星探测器和围绕太阳运转的人造行星。

1.4 航天器轨道分类

按不同标准，航天器轨道有不同分类，有按轨道中心物体分类、按轨道高度分类、按轨道平面对赤道平面倾角分类、按轨道偏心率分类、按与中心体同步分类等。

1.4.1 按轨道中心体分类
按轨道中心体分类有：
* 银河中心轨道；
* 太阳中心轨道；
* 地心轨道；
* 行星轨道；
* 月球轨道。

1.4.2 按轨道离地球表面高度分类
按轨道离地球表面高度分类有：
* 近地轨道（LEO）：0 - 2,000 公里；
* 中高度地球轨道（MEO）：2,000–35,786 公里；
* 地球同步轨道（GEO）：35,786 公里；
* 高地球轨道（HEO）：35,786 公里以上。

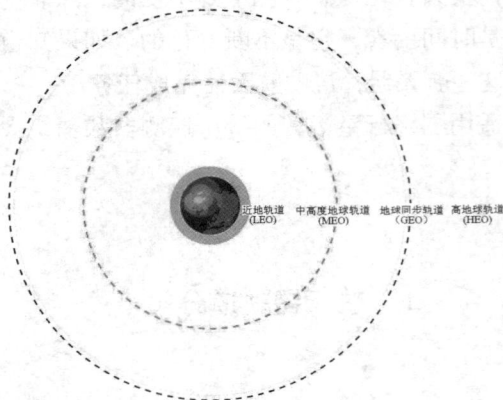

图 1-4　不同高度轨道分布

　　近地轨道正好高于地球大气，航天器几乎不受大气阻力影响，卫星进入近地轨道所需能量少，提供科学信息的卫星一般工作在近地轨道，例如国际空间站轨道高度为 400 公里，哈勃太空望远镜工作在 610 公里高空；中高度轨道在地球大气之外，非常稳定，例如全球定位卫星系统（GPS）卫星布置在这一高度；轨道高度为 35,786 公里的航天器的轨道周期和地球自转周期一样，23 小时，56 分，4.091 秒，通信和电视卫星都位于该高度；卫星轨道呈大椭圆形的非同步卫星，其轨道近地点跟低轨道卫星一样低，但远地点离地球很远，轨道处高地球轨道（HEO）区，如苏联的闪电卫星通信系统。

1.4.3 按轨道平面对赤道平面倾角分类

　　按轨道平面对赤道平面倾角可以分为：

* 赤道轨道：轨道平面与地球赤道平面重合，倾角为零度；

* 倾斜轨道：倾角不为零；

* 极地轨道：轨道倾角为 90 度。

　　极地轨道是倾角为 90 度的轨道，在该轨道上运行的卫星每圈都要经过地球两极上空，可以俯视整个地球表面。气象卫星、地球资源卫星、侦察卫星常采用这种轨道。

1.4.4 按轨道偏心率分类

　　按轨道偏心率可以分为：

* 圆轨道：偏心率 e 等于 0；

* 椭圆轨道：偏心率 e 大于 0，小于 1；

* 抛物线轨道：偏心率 e 等于 1，航天器将沿高速抛物线轨道飞行。其中

**　 逃逸轨道：一种高速抛物线轨道，具有逃逸速度，飞离行星。

**　 捕获轨道：一种高速抛物线轨道，具有逃逸速度，飞向行星。

*　双曲线轨道：偏心率 e 大于 1，速度大于逃逸速度，逃脱行星引力，飞往无穷远。

1.4.5 按与中心体同步分类

同步轨道，是指在轨道上运行的物体与被环绕物体有同样的平均环绕周期，并且方向一致。

*　地球同步轨道：航天器轨道周期等于地球自转周期 23 小时 56 分 4.091 秒。这意味着地球同步轨道的轨道高度约 35,786 公里。

*　地球静止轨道：是地球同步轨道的特殊情况，周期等于 23 小时 56 分 4.091 秒，高度 35,786 公里，而且轨道平面倾角和偏心率都为零。地球静止轨道上的卫星对地球上观察者是静止的。这种卫星可实现卫星与地面站之间的不间断信息交换，并且大大简化地面站的设备。但是发射地球静止轨道卫星需要强大的运载火箭。地球同步轨道有无数条，但是地球静止轨道只有一条，其轨道资源十分宝贵，目前电视转播、通信、部分气象卫星都部署在这条轨道上。

*　太阳同步轨道：轨道平面绕地球自转轴旋转的方向与地球公转的方向相同，旋转的角速度等于地球公转的平均角速度，即 0.9856 度 / 日或 360 度 / 年，倾角稍大于 90 度，所以也叫近极轨道。在太阳同步轨道上的卫星每天都在同一时间飞经同一地点。

人造地球卫星的轨道应根据其任务和应用要求来选择。例如，对地面摄影的地球资源卫星和照相侦察卫星常采用圆形低轨道；为了扩大空间环境探测的范围，卫星采用扁长的椭圆形轨道；为了节省发射卫星的能量，卫星常采用赤道和顺行轨道；对固定地区进行长期连续的气象观测和通信的卫星，采用地球静止卫星轨道；对全球进行反复观测的卫星可采用极地轨道；要使卫星始终在同一时刻飞过地球某地上空，也就是说要使卫星始终在相同的光照条件下经过同一地区，则需要采用近极太阳同步轨道。

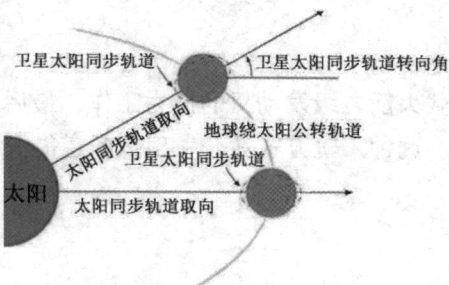

图 1-5　太阳同步轨道示意图

1.5 航天器入轨

　　运载火箭从地面起飞到到达某一飞行高度把航天器送入运行轨道，这段飞行轨迹称为发射弹道。航天器进入运行轨道称为入轨，进入运行轨道的初始位置称为入轨点。入轨点也是运载火箭最后一级推力终止点。航天器入轨点的运动状态参数（如位置、速度等）决定航天器的轨道要素。发射弹道的任务是使运载火箭在入轨点满足给定的运动参数，把航天器送入预定运行轨道。当航天器的实际运行轨道偏差在设计要求范围内时称为精确入轨。

　　航天器发射弹道是由若干个动力段和自由飞行段组成，由于入轨高度有一定的要求和节省能量的考虑，或为了满足特定的入轨位置要求，各级发动机不是连续工作的，只有在入轨高度较低而且没有入轨位置要求时才采用发动机连续工作方式。航天器入轨方式有直接入轨、滑行入轨和过渡入轨之分。

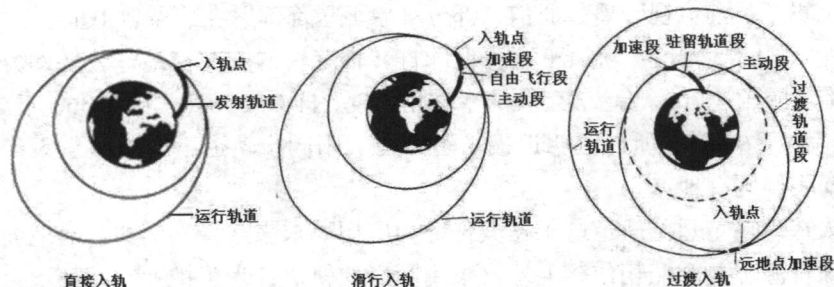

图 1-6　航天器三种入轨方式

1.5.1 直接入轨

　　航天器直接入轨是指发射弹道通过运载火箭各级发动机的接力工作，最后一级火箭发动机关机时，完成航天器入轨。这种入轨方式适合发射低轨道航天器（150 公里 ~300 公里高度航天器）。

1.5.2 滑行入轨

　　航天器滑行入轨是指发射弹道由主动段（动力飞行）、自由飞行段（惯性滑行）和加速段组成，即有二个动力段和一个自由飞行段。最后一级火箭要求有二次启动功能。这种发射弹道适用于发射中、高轨道航天器。

1.5.3 过渡入轨

航天器过渡入轨是指发射弹道由主动段、停泊（驻留）轨道段、加速段、过度轨道段和远地点加速段组成。运载火箭各级发动机工作结束，脱离航天器后，航天器有一段时间处于"停泊轨道"飞行，然后通过加速，过渡到预定轨道。这种发射轨道适用于发射地球静止卫星和深空探测器。

停泊轨道是航天器为了转移到另一条轨道而暂时停留的椭圆或圆轨道，又称驻留轨道。"停泊轨道"通常选在距离地球表面200公里左右的圆轨道上，用于选择进入过渡轨道的入轨点，以弥补地面发射场地理位置固定的缺点，满足过渡轨道的要求。月球和行星"停泊轨道"用于选择进入轨道的起点，以保证航天器降落在天体表面的指定地区。对于返回地球的航天器，同样可以选择返回轨道的起点，以保证航天器能够精确进入再入走廊。此外，安排"停泊轨道"还为飞往新轨道之前提供最后全面检查航天器各系统可靠性的机会。

1.6 轨道滑行

1.6.1 能量守恒定律

发动机关机，星箭分离，航天器进入轨道后，不再有外部能量输入，航天器沿椭圆轨道自动滑行。自动滑行航天器的速度和高度的变化遵循能量守恒定律。航天器轨道滑行关系到三种能量变化，它们是动能、势能和总机械能。总机械能是动能和势能之和。

动能正比于物体的质量和速度平方，速度越大，动能越大。势能和重力加速度，物体质量，和所处高度有关，高度越高势能越大。总能量是一个常数。

发动机关机后没有能量输入航天器，当航天器飞向近地点时，高度损失，势能减少，速度增加，动能增加；当航天器由近地点飞向远地点时，情况相反。滑行期间，一种能量的增加刚好等于另一种能量的减少，系统总能量不变。

1.6.2 航天器沿飞行轨道滑行

为了探讨航天器沿轨道滑行，有必要研究飞行路经角。飞行路经角是航天器在轨道各点上的爬升或下降角。为了准确描述飞行路经角，需要一个坐标系。从地球中心到航天器中心画一条直线，叫航天器当地垂线。再过航天器中心画一线垂直于当地垂线，新画的线叫当地水平线。这样一个坐标系叫当地垂直／水平坐标系，该坐标系伴随航天器一起沿轨道运动。

航天器速度是一个矢量，与航天器路径相切。当地水平线和速度矢量之间的夹角称为飞行路经角。当速度矢量在当地水平线之上时，飞行路经角为正值。反之为负值。

和动能与势能一样，飞行路经角沿轨道变化。在近地点，速度矢量平行于当地水平线，飞行路经角为零度。当航天器向远地点运动时，飞行路经角先增加至正的最大值，然后逐步减少，当航天器到达远地点时减小到零。过远地点后，航天器的飞行路经角变负值，而且负值越来越大，然后又逐渐变小，到近地点时飞行路经角又变为零度。总之，当飞行路经角为正时，航天器升高和减速，当飞行路经角为负时，航天器降低和增速。在远地点和近地点飞行路经角为零。在圆轨道上，飞行路经角恒为零值，因为航天器的速度矢量总是平行于当地水平线。根据飞行路经角我们知道：

飞行路经角为正，则航天器向远地点飞行，减速；
飞行路经角为负，则航天器向近地点飞行，增速。

轨道大小和形状由主发动机关机时航天器的速度矢量和飞行路经角决定。如果航天器飞行路经角为零度，入轨速度等于当地环绕速度，航天器将在圆轨道上飞行；如果航天器飞行路经角为零度，入轨速度大于当地环绕速度，航天器将在近地点开始沿椭圆轨道飞行；如果航天器飞行路经角为零度，入轨速度小于当地环绕速度，航天器将在远地点开始沿椭圆轨道飞行。

航天器入轨速度也决定轨道另一端的高度，入轨速度大，另一端的高度高；入轨速度小，另一端的高度低。

当航天器的入轨点在椭圆轨道短轴端点时，如果航天器主发动机关机时速度刚好等于当地环绕速度，但是飞行路经角为正时，航天器将飞向椭圆轨道的远地点，速度降低；如果航天器主发动机关机时速度刚好等于当地环绕速度，但是飞行路经角为负时，航天器将飞向椭圆轨道的近地点，速度提高。

1.7 轨道转移

轨道转移是指航天器从初始或停泊轨道过渡到工作轨道，其转移轨道又叫过渡轨道，航天器在火箭发动机的推力作用下实现轨道变换，简称变轨。发射航天器时，如果运载火箭无法直接将航天器送入预定轨道，就需要借助于转移轨道将航天器送入预定轨道。行星探测器、月球探测器、离地球较远的人造地球卫星，都要经过转移轨道才能到达预定目标轨道。

转移轨道可分为霍曼转移轨道、双椭圆转移轨道和地球同步转移轨道等，选用取决于所需速度和能源消耗。

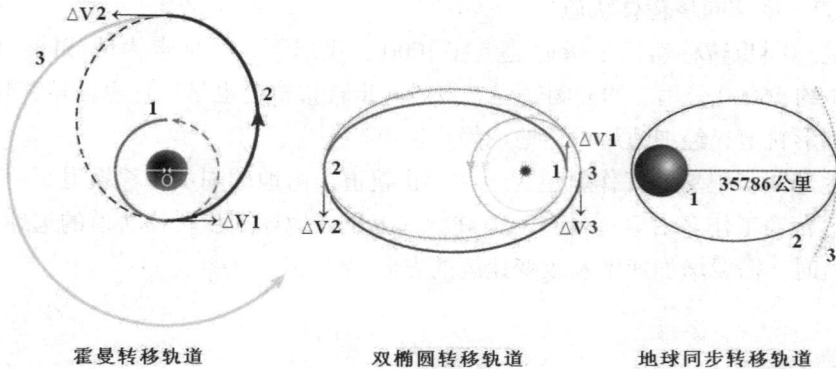

图1-7 转移轨道

1.7.1 霍曼转移轨道

两条倾角相同、高度相异的同平面圆形轨道间最小能量变轨方法叫霍曼转移。霍曼转移所用的转移轨道是一条近地点在较低高度、远地点在较高高度的椭圆轨道。因为充分地利用了星体引力产生的能量，所以这种转移所用到的能量最小。

霍曼转移使用2个向前推力ΔV1和ΔV2。第一个用于加长椭圆飞行轨道长轴，直到轨道远地点刚好和目标轨道一致。第二个在到达新远地点时起作用，这个向前推力增加航天器速度达到当地环绕速度。这过程叫轨道圆化。同样，高轨道到低轨道转移也是这样，只不过这时物体是从远地点向近地点运动，经历的是两次减速运动。霍曼转移虽然所用到的能量最小，但它是以牺牲时间为代价的。要实现更快的转移需要更多的能量，消耗的推进剂增多。在实际的飞行中，是采用霍曼转移还是采用其他转移实现变轨，由任务决定。如果执行救援任务，需要争取时间，那么采用霍曼转移就不合适了。

1.7.2 双椭圆转移轨道

双椭圆转移轨道包括两个半椭圆转移轨道，如上图所示，将航天器从低轨道1送到较高轨道3。航天器首先在初始轨道1的近拱点瞬间加速ΔV1进入第一个半椭圆转移轨道，到达该椭圆轨道的远拱点再次加速ΔV2，进入第二个半椭圆转移轨道，到达该半椭圆转移轨道的近拱点时，航天器减速ΔV3，由椭圆轨道变成圆轨道，即目标轨道 3。

和霍曼转移轨道二次变轨相比，双椭圆转移轨道比之多一次发动机燃烧过程，需三次变轨，因而需要更长的轨道转移时间。

1.7.3 地球同步转移轨道

地球同步转移轨道是指近地点在 1000 公里以下、远地点为地球同步轨道高度（约 36000 公里）的椭圆轨道。地球同步转移轨道也是一种霍曼转移轨道，为椭圆形轨道，经加速后可达地球静止轨道。

地球同步卫星的工作轨道为地球静止轨道，由地球同步转移轨道至地球静止轨道转换工作多由卫星自身动力进行，卫星在地球同步转移轨道的远地点附近变轨时，需要增加速度及改变速度的方向。

1.8 再入大气

1.8.1 航天器返回轨道

有些航天器，如返回式卫星、载人飞船和航天飞机等，在完成任务后要返回地球。从脱离运行轨道到降落地面这一段的飞行轨迹叫航天器的返回轨道。根据航天器在返回轨道上所受阻力和升力的情况，其返回轨道可分为弹道式、半弹道式和滑翔式。

*弹道式返回轨道：航天器脱离运行轨道进入返回轨道后，在再入大气层时只受阻力作用而不产生升力。弹道式返回轨道速度快，空气动力过载大，过载达 8 ~ 12g，落点无法调整和控制，可能产生较大的落点偏差。美苏早期的返回式卫星和飞船采用这种返回轨道。

*半弹道式返回轨道：航天器在再入大气层后，除了阻力外，还会产生部分升力。只要适当控制航天器，就可控制升力方向，小范围地改变飞行路径，适当调整落点距离，使落点比较准确，空气动力过载也较小，一般为 4 ~ 5g。苏联的联盟号飞船和美国的双子星座号飞船都是采用这种返回轨道。

*滑翔式（升力式）返回轨道：航天飞机有很大机翼，再入大气层后，会产生很大的升力，因而可以控制，准确地降落在跑道上，空气动力过载很小，只有 2g 左右。

1.8.2 再入大气

* 再入高温：航天器再入大气时速度会达到 25 马赫，航天器设计采用耐高温钝体形状、采用耐高温材料、使用可烧蚀热防护技术。如载人飞船返回舱使用防热大底、航天飞机外表覆盖防热瓦、再入航天器表面涂有耐热涂层等。

* 黑障现象：航天器高速再入大气层时，由于大气流动速度小于航天器飞行速度，气体黏滞于航天器表面，使周围温度高达摄氏数千度高温。高温气体和再入体表面材料分子分解，形成等离子区。离子区能吸收和反射电波，使地面和航天员间通信中断，雷达也无法捕获目标，这叫黑障现象。当再入体被大气进一步减速，黑障现象会自动消失。

1.9 轨道摄动和轨道维持

实际上，航天器的轨道受各种摄动力影响，轨道在不断变化，需要进行轨道维持。航天器的轨道维持是用航天器上携带的动力装置，修正航天器飞行速度的大小和方向，使航天器按规定轨迹飞行。

1.9.1 近地轨道航天器轨道维持

近地轨道航天器，摄动力主要是大气阻力，如果部分轨道进入大气，它的轨道会因为大气阻力而衰减，特别是在近地点，大气密度最大，航天器速度最大，因此动能损失也最大，使轨道偏心率减少，轨道趋于圆形。随着不断地减速，更多轨道部分受到大气影响。如果没有轨道维持，航天器会螺旋降落，最终和中心物体相撞。

大气边界高度变化受太阳活动影响很大，在太阳活动最强时和太阳活动最弱时，高度变化达数百公里。所以，对于近地轨道航天器，影响的主要因素是大气阻力。解决办法是起动航天器上的向前动力装置，提高速度来维持轨道高度。

1.9.2 高轨道航天器轨道维持

高轨道航天器受大气影响较小，主要受地球非球形摄动力、太阳辐射压力、太阳引力和月球引力等影响。这些摄动力会造成航天器轨道周期性变化，使轨道变成椭圆或产生轨道倾角。解决办法是起动航天器上相应动力装置，以改变轨道参数，使轨道漂移控制在规定范围内。

1.10 航天器姿态控制

航天器在太空失重环境下飞行，如果不对它进行姿态控制，它会翻滚。这是绝对不允许的，因为航天器都有自己特定的任务，在飞行时对它的飞行姿态都有一定的要求。比如，通信卫星需要它的天线始终对准地面。嫦娥一号绕月卫星要求太阳帆板对日，观测设备对月，测控通信设备对地三体定向。

许多卫星在飞行时要对其相互垂直的三根轴进行控制，不允许任何一根轴产生超出规定值的转动和摆动，这种稳定方式称为卫星的三轴姿态稳定。现在，先进的卫星大都采用三轴姿态稳定控制方式。

航天器姿态控制所需能量较小，一般采用冷气推进装置进行航天器姿态调整。冷气推进利用事先贮存的高压气体，形成向外喷射的高速气流，产生反作用推力，调整航天器姿态。

第 2 章　运载火箭

火箭是一种运载工具，由于自身携带燃烧剂与氧化剂，不依赖空气中的氧助燃，所以既可在大气中，也可在外层空间飞行。用于运送卫星等航天器的火箭叫运载火箭；用于投送战斗部的火箭叫火箭武器，其中有制导的称为导弹，无制导的称为火箭弹。现代运载火箭大多由弹道导弹发展而来，二战时德国研制的 V–2 火箭，被公认为是现代运载火箭和洲际弹道导弹发展的雏形。

2.1 火箭结构

运载火箭可分为单级火箭和多级火箭。多级火箭按级间连接可分为串联型、并联型（俗称捆绑式）、串并联混合型三种类型。串联型级间的连接 – 分离机构简单，但火箭的长细比（长度与直径之比）大，稳定性差，发射操作不便，上面级高空点火可靠性差。并联型级间的连接 – 分离机构复杂，多级火箭采用横向捆绑连接，中间芯级的火箭和捆绑火箭可在地面同时点火，避免了高空点火，可靠性高。

火箭不管是固体火箭还是液体火箭，不管是单级火箭还是多级火箭，都有结构系统、动力系统和控制系统。这三大系统称为火箭的主系统，主系统工作的可靠与否，将直接影响运载火箭飞行的

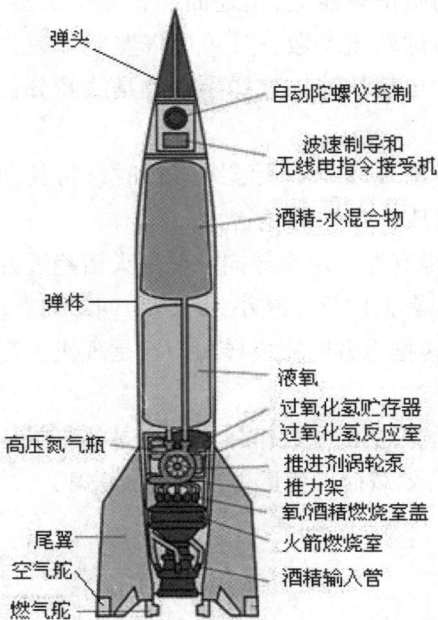

弹头

自动陀螺仪控制

波速制导和无线电指令接受机

酒精-水混合物

弹体

液氧

过氧化氢贮存器
过氧化氢反应室
推进剂涡轮泵
推力架
氧/酒精燃烧室盖
火箭燃烧室
酒精输入管

高压氮气瓶

尾翼
空气舵
燃气舵

图 2–1　V–2 火箭

成败。此外，火箭上还有一些不直接影响飞行成败的系统，例如，遥测系统、安全系统等。

箭体结构是运载火箭的基体，用来维持火箭的外形，承受火箭在运输、发射和飞行时作用在火箭上的各种载荷，安装火箭各系统，把箭上所有系统、组件连接成一个整体。

在火箭各级之间、火箭和有效载荷之间，及火箭和整流罩之间，有连接–分离机构。连接–分离机构由爆炸螺栓组成。分离时，爆炸螺栓爆炸，使连接解锁分开。

动力系统是推动火箭飞行的装置。常用动力系统有液体火箭发动机和固体火箭发动机。

控制系统用来控制运载火箭沿预定轨道正常飞行。控制系统由制导和导航系统、姿态控制系统、电源供配电和时序控制系统三大部分组成。制导和导航系统的功用是控制运载火箭按预定的轨道运动，把有效载荷送到预定的空间位置并使之准确进入轨道。姿态控制系统是纠正运载火箭飞行中的俯仰、偏航、滚动误差，使之保持正确的飞行姿态。电源供配电和时序控制系统保证火箭按预定飞行时序实施供配控制。

遥测系统把运载火箭飞行中各系统的工作参数及环境参数测量下来，通过运载火箭上的无线电发射机将这些参数送回地面，由地面接收机接收；亦可将测量所得的参数记录在运载火箭上的磁记录器上，由地面回收磁记录器。这些测量参数既可用来预报航天器入轨时的轨道参数，又可用来鉴定和改进运载火箭的性能。一旦运载火箭在飞行中出现故障，这些参数就是故障分析的依据。

安全系统是当运载火箭在飞行中一旦出现故障不能继续飞行时，将其在空中炸毁，避免运载火箭坠落时给地面造成灾难性的危害。

早期火箭在尾部有较大翼面，翼面后缘有舵面用来导向。但是火箭趋近音障时，这些翼面可能撕裂火箭壳体。因此，翼面的尺寸减小为小翼，叫导向翼。后来，工程师们发现可以用游动发动机偏转推力方向完成导向。这是现代火箭广泛使用的技术。

在火箭顶部是应用舱段，是一个容纳航天器的空心锥体，外面是整流罩。顶部做成锥形以减少大气阻力，保护内部有效载荷，免遭被动态强风破坏。

2.2 火箭推进原理

为了把航天器送入太空轨道，我们必须做到两件事。第一，航天器必须上升到大气层外，避免大气粒子阻止航天器围绕地球飞行。第二，必须提供航天器水平速度大于或等于当地环绕速度，避免航天器坠入大气层摩擦烧毁。该两项任务都由运载火箭完成。火箭运动是利用火箭发动机燃烧后的高温气体经发动机喷管高速向后喷出，产生向前飞行推力。根据牛顿运功第三定律：任何两个物体相互作用力，大小相等，方向相反，这就是火箭推进原理。

随着燃料不断燃烧，火箭自身质量逐渐减小，高度增加，大气阻力也不断减小，因此火箭速度越来越快。火箭是目前唯一能使物体达到宇宙速度，摆脱地球引力，进入宇宙空间的运载工具。火箭的出现为太空飞行提供了可能性。

火箭推力和其推举的总重量之比叫推重比，火箭要能推举航天器升空，推重比必须大于1。推重比大于1的部分用于火箭加速，这部分越大意味着火箭加速度越大。当越来越多燃料和氧化剂消耗掉，火箭重量（质量）降少，而推力保持不变，推重比增加。根据牛顿第二定理，加速度和作用力成正比和质量成反比，火箭加速度必定越来越大。

1903年，俄国齐奥尔科夫斯基提出了制造大型液体火箭的设想，推导出单级火箭的理想速度公式：

$$V = \omega \ln Mo/Mk \qquad （2-1）$$

（2-1）式称为齐奥尔科夫斯基公式。ω 为发动机的喷气速度，Mo 和 Mk 分别是火箭的初始质量和发动机熄火时的质量。Mo/Mk 称为火箭的质量比。

由（2-1）式可知，火箭的速度与发动机的喷气速度成正比，并且随火箭的质量比增大而增大。但是，即使使用性能最好的液氢液氧推进剂，发动机的喷气速度也只能达到 4.3 ~ 4.4 公里／秒。因此，单级火箭不可能把物体送入环绕地球的太空轨道，必须采用多级火箭，以接力的方式将航天器送入太空轨道。

2.2.1 液体火箭发动机

液体火箭发动机得到广泛应用，可以用于运载火箭主发动机、助推发动机、游动发动机、姿态控制发动机和远地点发动机。发动机系统包括推进剂输送系统、推力室、发动机控制系统等。

推进剂输送系统包括燃料和氧化剂贮箱、增压、管路和阀门等，保证燃料高压输入推力室。

推力室包括喷注器、燃烧室和喷管，使推进剂雾化、混合、燃烧，产生高温气体，经喷管高速喷出，产生反推力。

火箭发动机推进剂名目繁多，常用的有：

* 液氢（燃料）液氧（氧化剂）推进剂：这种组合是当前最有潜力的组合，其燃烧效率很高，但由于液氢和液氧的沸点都很低（液氢沸点为 –252.8ºC，液氧沸点为 –182.96ºC），保存需要超低温的贮箱，使温度接近绝对零度，才能保证它们处于液态，一旦温度超过沸点液体变成气体，就无法再用作推进剂；

*RP–1 高精炼煤油（燃料）液氧（氧化剂）推进剂：这种组合燃烧效率一般，液氧的沸点为 –182.96ºC，不易储存；

* 肼（燃料）四氧化二氮（氧化剂）推进剂：这种组合能常温保存。但是腐蚀性极强，有剧毒；

* 肼 –50（燃料）四氧化二氮（氧化剂）推进剂：这种组合可在室温下储存，其燃烧效率比较低。为保持肼、偏二甲肼、甲基肼各自的优点，克服其缺点，常将其中任意两种按一定比例混合，组成混肼燃料，这里混肼 –50 是质量各为50% 的肼和偏二甲肼燃料。

肼和四氧化二氮，偏二甲肼和四氧化二氮，混肼和发烟硝酸等均为自燃推进剂。其优点是发动机不需要点火系统，工作可靠。

液体火箭发动机比冲高，推力大，流量容易控制，能准确控制关机时间，火箭飞行中可以起动、停止、再起动。但是液体火箭发动机结构复杂，体积较大，推进剂需要专用运输、贮存、化验和加注设备，增加了地面设备，影响机动性。此外，燃料的低温特性使存贮困难，如液氧、液氢等低温推进剂，不能长期贮存，必须在发射前临时加注；而含氟的液体氧化剂如液氟、二氟化氧和五氟化氯等，与一般液体燃料组合的推进剂燃烧产生的气体具有毒性。

2.2.2 固体火箭发动机

固体火箭发动机使用固体推进剂，常用于战术和战略导弹、探空火箭和运载火箭助推器。固体火箭发动机主要组成包括燃烧室、喷管和点火装置。

燃烧室提供药柱的贮存和燃烧。药柱由固体推进剂制成。喷管用于将燃烧产物转化成射流的动能，产生推力。点火装置用于点燃药柱。

固体推进剂是由氧化剂、燃料及其他添加剂组成的固态混合物。常用氧化剂是过氯酸铵、过氯酸钾、硝酸铵、硝酸钾和硝化甘油等。常用的燃料是烃及其衍生物（如聚硫橡胶、聚丁二烯等高分子聚合物）和纤维素及其衍生物（如硝化纤维）等。为了提高能量，常加入一些金属粉末（如铝粉、镁粉）作为金属燃料。除燃料和氧化剂外，还有胶黏剂、添加剂、稀释剂、固化剂等。

固体火箭发动机结构简单，问题少。一旦推进剂装好和运走，只要偶尔看看密封是否完好。但是固体火箭助推器也有许多缺点。最大缺点是一旦点燃就无法控制和停止。另一个缺点是火箭排出的固体粒子不仅污染大气层，而且危害卫星和其他飞行器。

固体火箭发动机广泛应用于助推发动机，如火箭起飞、近地点和远地点加速、变轨和返回制动发动机。

2.3 火箭早期发展

2.3.1 早期火箭活动

早在 20 世纪二三十年代，世界上就出现了许多液体火箭活动和组织，其中三个最有代表性的是 1926 年 3 月 16 日美国液体火箭先驱者罗伯特·戈达德在马萨诸塞州奥本镇发射了第一枚液体火箭；1927 年德国成立火箭学会（Verein für Raumschiffahrt – VfR）；1931 年 9 月 15 日苏联成立喷气推进研究小组（Gruppa Izucheniya Reaktivhogo Dvizheniya–GIRD），GIRD 是世界上第一个专业火箭组织。

1930 年，齐奥尔科夫斯基（1857–1935）出版了"利用反作用力设施探索宇宙空间"，它是第一部从理论上论证火箭作用的著作。齐奥尔科夫斯基计算了地球环绕速度 8 千米/秒，并指出液氢和液氧燃料的多级火箭可以达到该速度。1924 年苏联成立了第一个宇航学会，研究星际航行。1931 年 9 月 15 日，苏联成立反作用推进火箭研究小组（GIRD），研究喷气推进和建造液体火箭。1932 年，喷气推进研究小组的工作得到军方认可，开始提供资金。1933 年苏联政府决定把喷气推进研究小组和列宁格勒的气体动力实验室（Gas Dynamics Laboratory–GDL）合并，成立喷气推进研究院（Jet Propulsion Research Institute –RNII）。1933 年 11 月 25 日液体火箭（GIRD-X）首次成功飞行。

罗伯特·戈达德（1882 年 10 月 5 日—1945 年 8 月 10 日）是美国教授和科学家，可控制和液体燃料火箭先驱者。他采用瑞典人的 Laval nozzle 喷嘴，把火箭发动机效率从 2% 提高到 64%，使热能有效转换成运动。1926 年 3 月 16 日，他在马塞诸塞州奥本镇发射了世界第一枚液体燃料火箭。

1919 年，戈达德出版了"通往高空的道路"（A Method of Reaching Extreme Altitudes），阐述了火箭飞行的数学理论、固体和液体燃料火箭研究和探险地球和地球之外的外太空可行性。该著作引起了全世界的注意，也引起当时德国火箭先驱赫尔曼·奥伯特（Hermann Oberth）和沃纳·冯·布劳恩（Wernher von Braun）的关注。

但是，对该书褒贬不一，特别是火箭可以到达月球的观点当时受到广泛质疑，纽约时报的社论甚至指控戈达德欺骗世人，认为火箭在太空中无法工作。美国军方也没有看到火箭的军事应用前景。

虽然戈达德的火箭理论经常遭到某些人的嘲笑，研究工作得不到应有的支持，但是罗伯特·戈达德依然独自进行着火箭技术的研究工作。他的毕生事业最终赢得"现代火箭奠基人之一"的称号。1969 年 7 月 17 日，"阿波罗" 11 发射后的第二天，《纽约时报》刊登了"更正"短讯，为对戈达德的嘲笑表示道歉。

1925 年，德国人率先在奥比尔公司生产的竞赛用汽车上试验了火箭推进器。尽管试验没有得到预期的成果，但德国科学家并未因此放弃新的探索，反而着手设计飞向同温层高空的探空火箭。

1927 年，一群业余火箭工程师在德国成立火箭学会（VfR），该学会是一个业余火箭俱乐部，在 1931 年发射了欧洲第一枚液体推进火箭。其间，1929 年德国赫尔曼·奥伯特出版了《太空飞行之路（Ways to Spaceflight）》，大大鼓舞了人们的航天热情。

1932 年，德国军方在参观该协会研制的液体火箭发射试验之后，意识到火箭武器在未来战争中的巨大潜力，便开始组织包括冯·布劳恩在内的一批科学家和工程技术人员，集中力量秘密研制火箭武器。到 20 世纪 40 年代初，德国在第二次世界大战中期，先后研制成功实战的 V-1、V-2 两种导弹。其中 V-1 是一种飞航式有翼导弹，采用空气喷气发动机作动力；V-2 是一种弹道式导弹，采用液体火箭发动机作动力。1944 年，德国首次将 V-2 导弹用于战争。

V-2 是单级液体火箭，全长 14 米，重 13 吨，直径约 1.7 米，最大射程 320 千米，射高 96 千米，弹头重 1 吨。V2 采用较先进的程序和陀螺双重控制系统，方向由耐高温石墨舵片控制。V2 在工程技术上实现了宇航先驱们的技术设想，对现代大型火箭的发展起了承上启下的作用，成为航天发展史上一个重要的里程碑。

2.3.2 对德国火箭人才和技术的争夺战

V-2 火箭原名 A-4，是人类第一个远程弹道导弹。纳粹德国为了宣传需要，改名 V-2（Vengeance Weapon-2-德语报复武器）。1942 年 12 月 22 日，阿道夫·希特勒批准生产 V-2，用它打击盟军，特别是隔海的英国。

A系列火箭包括A-1到A-12型号，由冯·布劳恩领导的火箭队伍研发，A-5到A-8比A-4更强大。而A-9和A-10是世界第一批多级火箭，用于地球轨道飞行。A-11和A-12是大推力火箭，A-12计划推力1,135,000公斤，有效载荷27,240公斤，这对今天的火箭技术也是一个挑战。

1932年夏天，纳粹德国的火箭研发基地在柏林南面25公里的库麦斯多夫，瓦尔特·罗伯特·多恩伯格为研究基地主任，和冯·布劳恩一起开始改进火箭发动机，1934年底，他们的团队成功发射了两枚液体燃料火箭，高度分别达到2.2和3.5公里。因为库麦斯多夫地方太小，没有试验场地，1937年转移到东北部的佩内明德。佩内明德濒临波罗的海，是乌瑟多姆岛西北端的一个小镇，这里可提供200海里水面的发射和跟踪范围，1939年多恩伯格成为德国空军火箭研究的军事指挥官，冯·布劳恩为技术指导。

第二次世界大战时期，佩内明德是纳粹德国的超音速Wasserfall防空导弹、V-1和V-2火箭的研制基地。1942年10月3日V-2首次成功试飞，射程达到190公里，高度85公里。当V-2生产线快建成时，1943年8月17-18日晚上，英国皇家空军出动了596架飞机，袭击了佩内明德，投下1,800吨炸药。从事"秘密武器"研制的德国科学家和技术人员居住的四十五幢木质房屋，一半荡然无存，剩下一半也受到严重破坏，另外还有四十栋楼房，包括装配车间和实验室被夷为平地，其他五十栋建筑物也遭到不同程度的破坏。袭击炸死了发动机设计师瓦尔特·苔尔和总工程师埃列克·华尔脱。但是设施还是保全下来，科学

图2-2　火箭队伍迁移图

家队伍大部分安然无恙。由于不断遭到盟军袭击，火箭项目被延后，轰炸迫使德国把火箭生产转移到中部诺德豪森西3公里的中央地下工厂，在这里生产了5,200枚V-2弹道导弹。

1944年6月13日到1945年3月的短短10个月，德军共发射了18,000枚V-1飞弹和V-2导弹，打击盟国，特别是隔海的英国，造成英国31,000人丧生。

从1944年9月7日第一枚V-2袭击伦敦，到1945年3月27日最后一枚V-2袭击肯特郡的奥尔平顿，共向英国发射1,115枚V-2导弹，向同盟国和其他国

家和地区共发射 6,000 枚以上 V–2 导弹。

由于弹道飞弹的终端速度极快（4 马赫以上），远超当时盟国空防反应时速，因此防不胜防。当时英军只能靠声音与雷达约略测量预估弹道，在飞弹尚未击中目标前，以高射炮发射高爆弹药低效拦截 V–2 导弹。

然而 V–2 导弹并没有扭转二战的结局，1944 年底，苏军从东边攻入德国，盟军在西边阿登战役中摧毁了德国最后一道防线，迅速向德国中部涌进。V–2 的生产、研究、发射和士气都受到很大影响。

1945 年 1 月底，苏军距佩内明德不到 160 公里，直接威胁到佩内明德，火箭队伍尽量销毁一切有关资料，不让苏联重新制造 V–2。一天，冯·布劳恩在佩内明德郊外一家农舍召集 V–2 团队的高级成员会议，决定如何投降和向谁投降时，由于担心苏联会残酷对待战犯，全体决定向美国投降。会议时可以听到苏军的炮火声，但他们更怕盖世太保知道会议的风声。

负责德国火箭计划技术和工业方面的柏林军械部指示冯·布劳恩队伍带上最重要的研究设备转移到德国中部哈茨山附近，位于诺德豪森西南 17 公里的布莱歇罗德小镇，继续工作。冯·布劳恩团队很高兴，因为这可能使他们处于美军经过的路上，便于向美军投降。

1945 年 2 月初，根据军械部命令，2 列火车，1,000 多辆汽车，5,000 多人的转移队伍冲破陆军的重重关卡，向中部哈茨山脉的布莱歇罗德小镇转移。由于盟军的轰炸，夜间行驶，人员过度疲劳，司机和冯·布劳恩都睡着了，车子高速冲出路提，冯·布劳恩多处骨折，入院。1945 年 3 月初，苏军进占佩内明德，并向柏林挺进。

1945 年 3 月 15 日，多恩贝格将军和冯·布劳恩接到命令，要求销毁一切从佩内明德带到布莱歇罗德的有关导弹计划的秘密文件，防止被敌人缴获。但是 V–2 团队不愿意这样做。由于冯·布劳恩路上受伤，由多恩贝格负责，避开党卫军的严密监视，用几辆卡车把材料秘密运到哈茨山中德恩藤镇附近的废弃矿井里，然后炸掉入井口，把资料封闭在里面。4 月底，占领哈茨山的美军陆军找到矿坑，发现资料隐藏的箱子。

1945 年 3 月 20 日，美军占领哈茨山和诺德豪森附近的地下工厂，使 V–2 生产完全停顿。4 月 3 日和 4 日，英国皇家空军突然袭击了诺德豪森市，造成约 8,800 人死亡，城市四分之三被毁。

虽然 V–2 火箭没有改变第二次世界大战的结局，但是它显示了巨大发展潜力。第二次世界大战快结束时，美国、苏联和英国分别实施了回形针行动、Osoaviakhim 行动和逆火行动，对德国火箭研发队伍、资料、火箭及设备展开了激烈的争夺。

1945年4月，当盟军进一步深入德国内部时，党卫队头目卡姆勒命令冯·布劳恩队伍乘火车转移到南部巴伐利亚阿尔卑斯山脉，驻扎在德奥边界的奥伯拉梅尔高镇，受党卫队严密监护，如果他们要落入敌人手里，党卫队就处决他们。但是冯·布劳恩成功地疏通卡姆勒，让队伍分散到附近村子，使美国飞机不容易炸到他们。1945年5月2日，发现美国第44步兵师的美国兵，冯·布劳恩的弟弟马格纳斯·冯·布劳恩和火箭工程师马格努斯骑自行车追上去，用英语叫着："我叫马格纳斯·冯·布劳恩。我的哥哥韦纳·冯·布劳恩发明了V-2。我们想投降。"

美国高级指挥部深知他们的收获是多重要，韦纳·冯·布劳恩是美国黑名单的重要人物，黑名单上的科学家和工程师立刻被美国军事专家讯问。1945年6月19日，诺德豪森地区移交苏联前二天，冯·布劳恩和他下属部门头头乘吉普车被带到莫尼黑。第二天，飞到诺德豪森，然后被遣送到西南64公里美军控制的维岑豪森小镇。接着在"云遮雾绕行动"下（后来叫"回形针行动"），被招募到美国。

按照1945年2月4—11日雅尔塔会议精神，V-2火箭生产厂的所在地划给苏联托管，但是在美国政府的支持下，美军组成一个突击队，在1945年5月22日到31日的10天之内，挺进巴伐利亚，占领该地区，在德国人的协助下，美军很快找到V-2火箭的零部件与相关资料。动用300节火车车厢，把近百枚V-2火箭以及相关的文件、设备和半成品抢运一空。苏军在第二天的6月1日抵达的时候，只看到一座空荡荡的工厂。斯大林对此非常愤怒。后来，苏联提出愿意和美国分享取得的资料，要参观V-2运往的美国白沙试验场，遭到美国拒绝。

1945年6月20日美国国务卿科德尔·赫尔批准冯·布劳恩和他的火箭队伍转入美国，但是到1945年10月1日才对外宣布。美国获得126名德国顶级火箭技术专家。

1945年7月冯·布劳恩队伍踏上去美国之路，9月20日，头7个技术人员到达特拉华州的威尔明顿市的美国陆军飞机场。然后飞往波士顿，再坐船去波士顿长岛的陆军情报处。后来，除冯·布劳恩外，其余人到马里兰州的阿伯丁试验场整理佩内明德资料，让这些科学家能够继续他们的火箭试验。

图2-3 瓦尔特·罗伯特·多恩伯格（左边戴帽）和冯·布劳恩（1945年5月投降盟军后）

1946 年 1 月，冯·布劳恩队伍被转移到得克萨斯州的福特布里斯新家，这是埃尔帕索市北面一个陆军大设施，位于得克萨斯和新墨西哥州边界。作为美国陆军赫耳墨斯火箭项目的一部分，他们训练军事、工业和大学人员关于火箭和制导导弹知识。他们帮助改进、装配和发射 V-2。他们继续研究未来可能军用和研究用的火箭，但是他们不能离开福特布里斯。冯·布劳恩和他的同事开始取笑自己是"和平时期的犯人"。

1950 年，朝鲜战争开始时，冯·布劳恩和他的队伍转移到亚拉巴马州亨茨维尔市的红石兵工厂，研制红石火箭。1955 年 4 月 15 日布劳恩成为美国归化公民。

冯·布劳恩和他领导的德国火箭技术队伍归化美国，为美国第一个核武弹道导弹、第一颗人造卫星和实现载人登月做出了巨大贡献，冯·布劳恩被公认为美国太空之父。

图 2-4　美国回形针行动招纳的德国火箭队伍

2.4 "德尔塔"运载火箭

2.4.1 "德尔塔"系列运载火箭简介

"德尔塔"系列运载火箭是在雷神中程导弹基础上发展起来的航天器运载工具。它是世界上成员最多，改型最快的运载火箭系列。"德尔塔"运载火箭家族包括"德尔塔"、"德尔塔"II、"德尔塔"III 和"德尔塔"IV 四个系列。其发射次数居美国其他火箭之首。"德尔塔"系列运载火箭曾经创造多项世界第一，包括发射了世界第一颗地球同步轨道通信卫星。

"德尔塔"系列运载火箭自 1960 年开始提供太空发射服务，发射 300 多次，成功率达 95% 以上。"德尔塔"系列运载火箭最早由道格拉斯飞机公司发展。现在由波音和洛克希德马丁的联合发射同盟生产和运营。

早期"德尔塔"火箭用字母命名，如 Delta，Delta A 等。1972 麦克唐纳·道格拉斯改用不同含义的 4 位数字命名，如 Delta 8930。2005 年又引入其他含意的 4 位数字命名。

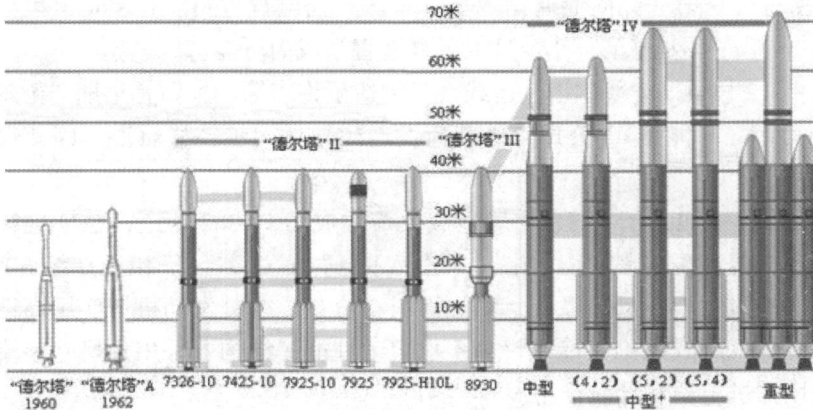

图 2-5　"德尔塔"运载火箭家族

2.4.2 早期"德尔塔"运载火箭

1959 年 4 月，戈达德航天飞行中心和道格拉斯飞机公司签订了 NASA 诞生后的第一个运载火箭合同，要求根据雷神火箭发展一个民用运载火箭系统，并生产和装配 12 台这种运载火箭。因为这是雷神火箭的第四次改换上级，按希腊字母表的第四个字符 δ（α，β，γ，δ），取名 Delta（中文译音"德尔塔"）。

1960 和 1961 年，NASA 把"德尔塔"运载火箭用于发射通信、气象、科学卫星和月球探测器的通用运载工具。因此，"德尔塔"设计重点放在可靠性，只替换了雷神火箭早期飞行中有问题的零件。由于"德尔塔"火箭使用现成零部件，合同 18 个月就完成。

早期"德尔塔"火箭长 28.06 米，最大直径 2.44 米，能把 295 公斤载荷送入 241 到 370 公里的近地轨道，或 45 公斤载荷送入地球同步转移轨道。12 台运载火箭中，11 台成功发射。

第一枚"德尔塔"运载火箭于 1960 年 5 月 13 日发射通信卫星 Echo1，由于第二级高度控制出问题，发射失败。3 个月后，8 月 12 日，"德尔塔"成功地发射了通信卫星 Echo1A，进入 1,666 公里轨道，轨道倾角 47 度。Echo1A 卫星是 NASA 的第一颗被动通信卫星。

由于 1960 年 11 月 23 日到 1962 年 9 月 8 日"德尔塔"把气象卫星 TIROS2-6

发射进入极地轨道，让美国天气预报面目一新，运载火箭口碑极佳。

1962 年 3 月 7 日，"德尔塔"发射了第一颗搭载带式数据存储记录器的轨道太阳观察卫星 OSO-1，用于观测太阳伽马射线。

1962 年 7 月 10 日，"德尔塔"成功发射第一颗通信卫星 Telstar，这是继苏联"史泼尼克"卫星后的最重要的卫星。通信卫星 Telstar 由 NASA 运行，归 AT&T 拥有，是第一颗商业通信卫星，首次转播电视节目。Telstar 卫星和后来发射的 Intelsat 系列卫星，使今日卫星电视直播成为可能。

虽然 12 枚早期"德尔塔"运载火箭创造了许多第一，但是早期"德尔塔"运载能力小，只能把 45 公斤有效载荷发送到地球同步转移轨道，因此仅用于近地轨道。

随着第一批 12 台"德尔塔"运载火箭的成功，1962 年道格拉斯进行了一系列修改，提高了未来"德尔塔"（"德尔塔"A–G，J–N，以及超级 6）的运载能力。改进主要在动力系统，增加燃料箱容量、改进发动机、使用高性能推进剂，外加捆绑式助推火箭和提高多次启动性能；结构上采用大尺寸整流罩；以及采用先进电器和导航设备。

通过修改，"德尔塔"运载火箭性能得到大幅度提高。到 1974 年底，新火箭可以把 700 公斤航天器发射到 35,500 公里同步转移轨道，把 1,800 公斤有效载荷发射到 185 公里近地轨道，把 386 公斤有效载荷送到火星或金星。

分别捆绑 3、6、9 台助推器的经济而可靠的"德尔塔"，成为各种中等卫星，以及小型太空探测器主要运载火箭。其中主要是大气卫星（Tiros，TOS）、通信卫星（Echo，Telter，Relay，Syncom，Intelsat）、科学卫星（Ariel，Explorer，OSO），以及地球资源卫星（ERTS 1）。1974 年 11 月 15 日，"德尔塔"运载火箭首次一箭三星把 NOAA4、OSCAR7 和 INTASAT 三颗卫星发射入轨。

由于"德尔塔"的可靠性，以及它的运载能力符合早期卫星尺寸相对较小的要求，一直到 20 世纪 80 年代初，"德尔塔"运载火箭是通信、气象、科学和星体探测器的主要运载工具。

1982 年，当 NASA 准备用航天飞机部署卫星后，"德尔塔"末日来临，生产线关闭。但是，1986 年 1 月"挑战者"号航天飞机起飞爆炸，及 1985—1987 年一系列航天飞机发射失败，揭示了航天飞机部署卫星的问题，给"德尔塔"再生提供了机会。

由于空军准备用 20 台中等运载火箭发射全球定位系统卫星，合同交给麦克唐纳·道格拉斯的"德尔塔"项目组。该合同还向麦克唐纳·道格拉斯提供"德尔塔"商业市场的需要。这导致了"德尔塔"的新生，以及 1989 年强大的"德尔塔"II 问世。

2.4.3 "德尔塔" II 运载火箭

制造：

麦克唐纳·道格拉斯；

波音；

联合发射同盟。

高度：38.2–39 米。

直径：2.44 米。

级数：2 或 3 级。

近地轨道运载能力：2,700 – 6,100 公斤。

地球同步转移轨道运载能力：900 – 2,170 公斤。

著名有效载荷：全球定位系统的全部卫星。

"德尔塔" II 运载火箭于 1989 年投入使用，开始由麦克唐纳·道格拉斯设计和制造，后由波音综合国防系统负责，2006 年 12 月 1 日起由洛克希德·马丁和波音合资企业联合发射同盟负责。

"德尔塔" II 有三种有效载荷整流罩，原有的铝整流罩直径 2.90 米、复合材料整流罩直径 3.05 米和加长整流罩直径 3.05 米。

"德尔塔" II 发射了全球卫星定位系统的全部卫星。到 2007 年 8 月，"德尔塔" II 成功发射 125 次，包括 NASA 几个火星探测器。

"德尔塔" II 发射记录并不很完美，例如 Koreasat–1 卫星没有进入预定轨道，造成发射部分失败。另一次失败发生在 1997 年 1 月 17 日，携带第一个全球定位卫星的 "德尔塔" II 起飞后 13 秒爆炸，在卡纳维拉尔角空军基地的 17 号发射台留下一片狼藉，导致车辆和房屋破坏，好在无人员伤亡，发射台也未受损。

2.4.4 "德尔塔" III 运载火箭

制造：波音公司。

高度：35 米。

直径：4 米。

级数：2。

近地轨道运载能力：8,290 公斤。

地球同步转移轨道运载能力：3,810 公斤。

20 世纪 90 年代，随着卫星重量逐渐增加，"德尔塔" II 运载火箭无法满足有效载荷需要。波音开发 "德尔塔" III，提高火箭运载能力，以保持卫星发射市场。

"德尔塔" III 主要变化是第二级采用普惠 RL10B–2 发动机，是 "德尔塔"

系列首次使用高能低温液氢和液氧燃料。另外，新助推器发动机提供 25% 额外推力，9 个发动机中 3 个安装了推力矢量控制，以便火箭操纵。

1998 年 8 月 27 日，因为来自"德尔塔"II 的软件在第一级飞行中引导失灵，造成 Galaxy X 卫星掉入大西洋。1999 年 5 月 4 日在卡纳维拉尔角发射场，又因为第二级发动机关机，造成 Orion 3 卫星进入无用轨道，"德尔塔"III 再遭失败。

直到 2000 年 8 月 23 日，"德尔塔"III 成功发射了 HS601 通信卫星的模拟载荷 DM-F3。但是由于"德尔塔"III 的三次发射二次失败，客户信心不足，加上"德尔塔"IV 的出现，导致"德尔塔"III 停止飞行。

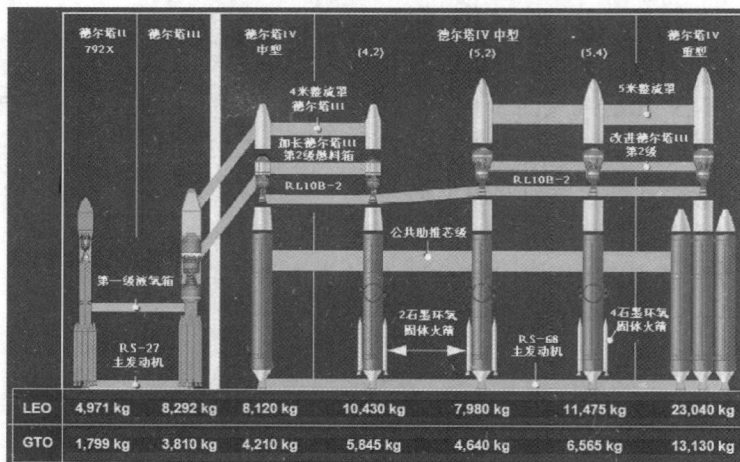

图 2-6 "德尔塔"II、III、IV 系列运载火箭演变

2.4.5 "德尔塔" IV 运载火箭

制造：波音，联合发射同盟。

全长：63 -77.2 米。

直径：5 米。

级数：2。

首飞：2002 年 11 月 20 日。

"德尔塔"IV 运载火箭有五种型号：德尔塔 IV 中型、德尔塔 IV 中型（4,2）、德尔塔 IV 中型（5,2）、德尔塔 IV 中型（5,4）和德尔塔 IV 重型，括号中的第一个数字代表整流罩的外径，第二个数字代表小型固体火箭数。多样化的型号是为了不同有效载荷的需要。

德尔塔 IV 型重型火箭是美国现役并已执行任务的最大型运载火箭，德尔塔 IV 高约 72 米。第一级由三个公共核心助推器组成，呈一字形直线排列，每个助推器各有 1 台 RS-68 发动机，燃料为液氢 / 液氧；火箭第二级有 1 台 RL-10 火箭发动机，燃料也为液氢 / 液氧。

"德尔塔"IV 重型的载荷能力：

地球同步转移轨道能力（GTO）：13,130 公斤

地球同步轨道能力（GEO）：6,275 公斤

逃逸轨道能力：9,306 公斤

起飞重量大约 733,000 公斤，远远小于航天飞机的 2,040,000 公斤

"德尔塔"IV 进入太空发射市场时，全球太空发射能力已经高于市场要求。由于发射成本高于对手，难于找到商业发射市场的客户。

2.4.6 "德尔塔"运载火箭未来

"德尔塔"运载火箭未来改进主要是提高推重比来提高运载能力，如采用大推力主发动机、选用轻质材料、提高第二级推力和捆绑更多通用推进器。这些改进可以把近地轨道能力提高到 100 吨。

NASA 原来打算将重型"德尔塔"IV 用于"星座"计划的乘员探索飞行器，代替航天飞机，但是新一代"战神"V 火箭只采用了"德尔塔"IV 的 RS-68 发动机。

2.5 "大力神"运载火箭

2.5.1 "大力神"系列运载火箭简介

"大力神"系列运载火箭由"大力神"I 洲际弹道导弹发展而来。"大力神"系列火箭包括"大力神"I、"大力神"II、"大力神"III 和"大力神"IV 四个系列，生产年份 1957 年——2005 年，首次飞行于 1958 年 12 月 20 日，服务于 1959 年到 2005 年，期间共发射 368 次。"大力神"I 是美国第一个多级洲际弹道导弹。

"大力神"系列运载火箭曾用于 20 世纪 60 年代中期的"双子星座"载人计划、美国军用载荷及民间机构的情报卫星，以及用于向火星、木星、土星、天王星和海王星发射高度成功的星际科学探测器。

"大力神"I "大力神"II "大力神"II "大力神"II "大力神"III-C "大力神"III-C "大力神"III-B "大力神"IV
"双子星座" "阿金纳" 载人轨道实验室 "半人马座"

图 2-7　　"大力神"运载火箭家族

"大力神"使用肼和四氧化二氮为推进剂，成本高，有剧毒，使用要备加小心。后来，由于液氧 / 液氢和煤油为燃烧剂的运载火箭技术的成熟，2006 年"大力神"家族运载火箭被淘汰。"大力神"运载火箭最后一次发射是 2005 年 10 月 19 日，从范登堡空军基地升空。

2.5.2 "大力神"I 洲际弹道导弹

功能：洲际弹道导弹。

全长：31.0 米。

直径：3.05 米。

级数：2。

第一级：2 台 LR-87 发动机，燃料：精炼煤油 / 液氧。

第二级：1 台 LR-91 发动机，燃料：精炼煤油 / 液氧。

射程：10,200 公里。

"大力神"I 洲际弹道导弹是大力神火箭家族中的第一个成员。该项目开始于 1955 年 10 月，空军委托马丁公司和喷气飞机公司研制洲际弹道导弹（即"大力神"I）和"宇宙神"洲际弹道导弹并行发展。空军设立"大力神"I 项目有两个目的：一是作为"宇宙神"洲际弹道导弹的备用；二是发展远程大载荷 2 级导弹，同时作为太空飞行的运载工具。

"大力神"I 是第一款 2 级导弹，以及第一个地下井洲际弹道导弹。第一级提供 135 吨推力，第二级提供 36.33 吨推力。"大力神"I 的战斗部包括一个 W-38 热核弹，具有 3,750,000 吨当量。

根据"宇宙神"研制经验，由于发动机可靠性差，"大力神"I第一级所有发动机（包括2台小的微调发动机）都在发射时点火。"大力神"I第2级发动机可靠，第一级分离后可以在高空点火。抛弃第一级意味着"大力神"I比"宇宙神"有大得多的射程，"大力神"I的有效射程达10,200公里

虽然喷气飞机公司擅长于可存储推进剂，但是设计要求使用煤油/液氧低温推进剂。这意味着推进剂要在发射前才能加注，导弹要用巨大的升降系统提升出地面，发射准备要15分钟。由于系统的复杂性加上反应慢，降低了"大力神"I的武器效果。"大力神"I为本家族中唯一使用液氧/煤油型号，其后"大力神"系列火箭都用常温燃料联胺和四氧化二氮。

"大力神"I服务于1962年到1965年。总发射次数：70，成功次数53，失败次数17，成功率达76%。1963年部署可存储燃料的"大力神"II和固体燃料的民兵导弹后，"大力神"I导弹于1965年初退役。

2.5.3 "大力神"II洲际弹道导弹/运载火箭

功能：洲际弹道导弹/运载火箭。

全长：31.4米。

直径：3.05米。

级数：2。

第1级：2台LR–87发动机，推进剂：混肼50/四氧化二氮。

第2级：1台LR–91发动机，推进剂：混肼50/四氧化二氮。

射程：15,000公里。

首飞：1962年3月12日。

最后飞行：2003年10月18日。

著名载荷："双子星座"飞船，克莱门汀深空探测器。

1957年马丁公司和喷气飞机公司向美国空军提出"大力神"I改进版，它可以携带更大的弹头、更远的射程、更高精度和更快的发射速度。1960年6月马丁得到新版"大力神"II合同。"大力神"II比"大力神"I重50%，加长了第一级，加大了第二级直径。"大力神"II于1961年12月首次试飞，1963年10月达到指标。"大力神"II使用常温有毒混肼50/四氧化二氮推进剂，使"大力神"II能在60秒内直接从发射井发射。

"大力神"II导弹有W53核弹头和穿透设备，有9百万吨级威力，射程达15,000公里，弹头由惯性导航引导到目的地，以保证穿透莫斯科周围的反弹道导弹系统。"大力神"II是冷战期对苏联主要威胁。因为携带数百吨氢弹头，"大力神"II被认为是城市守护神。

"大力神"II总共发射次数106，成功次数99，失败次数7，成功率93%。

"大力神"II推进剂的接触自燃性质，使维护很危险，燃料泄漏会导致爆炸，而且有很高毒性和腐蚀性，屡屡造成人员伤亡。"大力神"II洲际弹道导弹于1982年7月正式停止使用。

"大力神"II洲际弹道导弹退休后改装成中等太空运载火箭，为空军、NASA、国家海洋和大气管理局发射卫星。

"双子星座"–"大力神"II运载火箭

20世纪60年代初，"大力神"II被选为载人"双子星座"飞船运载火箭，用于把3.5吨载人"双子星座"飞船送入轨道。因此，"大力神"II的研发过程必须考虑载人的因素。这引起不少困难，因为飞行试验中碰到的跳跃问题对空军作为武器是可接受的，但是对NASA作为载人的推进器是不可接受的。

1964年4月8日"大力神"II发射无人"双子星座"1号。主要目的是实验飞船结构和改进运载火箭。这次也是"双子星座"计划的跟踪和通信系统首次试验。

1965年1月9日"大力神"II发射"双子星座"2号，进行亚轨道飞行，用于试验飞船隔热系统。

1965年3月23日到1966年11月11日，"大力神"II运载火箭成功发射了10个载人"双子星座"飞船，创造了良好发射记录。

"大力神"23B运载火箭

退役的"大力神"II导弹被改装成太空运载火箭"大力神"23B。"大力神"23B是"大力神"II携带第3级"阿金纳"的运载火箭，"大力神"23B是中型运载火箭，为空军服务，从范登堡空军基地发射，主要发射1969年8月到1971年4月的军用监视卫星KH–8。

"大力神"23G运载火箭

1986年1月，为了太空发射的需要，改制、装配和发射14个"大力神"II洲际弹道导弹。这些叫"大力神"23G。1988年9月5日空军首次从范登堡空军基地成功发射了第一枚"大力神"23G。

1994年1月25日"大力神"23G发射了NASA的"克莱门汀号"月球和小行星探测器，1996年11月在月球南极发现水的证据。2003年10月17日，最后改装的"大力神"23G发射了一颗国防气象卫星DMSP。

目前，大约有20个"大力神"II在亚利桑那州的图森市等待拆除和用作纪念。还有一个"大力神"II的复制品摆放在堪萨斯州的哈钦森太空博物馆。

2.5.4 "大力神" III 运载火箭

"大力神" III 是"大力神" II 改型，带固体火箭推进器，由美国空军发展，作为大型卫星运载火箭，主要发射美国军用航天器，如 DSP 早期预警、侦察和国防通信卫星。

"大力神" III 包括"大力神" IIIA、"大力神" IIIB、"大力神" IIIC、"大力神" IIID 和"大力神" IIIE 等型号。其中"大力神" IIIC 指标如下。

功能：中 / 重型运载火箭。

制造：马丁。

全长：42 米。

直径：3.05 米。

级数：2-3。

第零级：2 台固体火箭发动机助推器。

第一级：2 台 LR87-11 发动机，推进剂：混肼 50/ 四氧化二氮。

第二级：2 台 LR91-11 发动机，推进剂：混肼 50/ 四氧化二氮。

第三级（选用）：2 台 AJ-10-138 发动机，推进剂：混肼 50/ 四氧化二氮。

近地轨道：13,100 公斤。

地球同步转移轨道：3,000 公斤。

去火星：1,200 公斤。

2.5.5 "大力神" IV 运载火箭

类型：重型运载火箭。

制造：洛克希德·马丁。

全长：44 米。

直径：3.05 米。

级数：3-5。

第一级（IV-A）：2 台固体火箭发动机。

第一级（IV-B）：2 台改进固体火箭发动机。

第二级：2 台 LR-87 发动机，推进剂混肼 50/ 四氧化二氮。

第三级：1 台 LR-91 发动机，推进剂混肼 50/ 四氧化二氮。

第四级（可选）–"半人马星座"–G 上面级，2 台 RL-10 发动机，燃料液氢 / 液氧。

近地轨道运载能力：21,680 公斤。

极地近地轨道：17,600 公斤。

地球同步轨道：5,760 公斤。

20世纪80年代初期，通用动力计划在地球轨道用航天飞机部署一个月球舱，然后用"大力神"IV发射一个"阿波罗"式服务舱和它会合和对接，构成一个月球飞船，进行月球着陆。虽然该计划并未实现，但是90年代，"大力神"IV实现了与俄罗斯的"和平"号太空站的大倾角轨道会合。

"大力神"IV是美国空军预备在航天飞机不能满足军需时使用的备用火箭。几乎全部用于美国军用载荷。"大力神"IV最后一次发射是2005年10月19日，为国家侦察局发射一颗秘密载荷。

"大力神"IV曾经是美国最强大的无人航天器运载工具，但是在"大力神"IV服务期间，由于军事卫星寿命的改善，以及苏联的倒台，国防部对大型运载火箭需求减少，导致"大力神"IV的地面操作和设施的费用很高。1999年每次发射花费高达4.32亿美元。其次，"大力神"火箭第二级和第三级发动机使用推进剂混肼50/四氧化二氮，虽然这种推进剂可以室温长期存贮，但是具有自燃性和毒性。随着"宇宙神"V和"德尔塔"IV大型火箭的出现，导致"大力神"退休。"大力神"IV39次发射，35次成功。

2006年"大力神"家族退休时，拥有"大力神"和"宇宙神"的洛克希德·马丁决定保留"宇宙神"，放弃"大力神"。20世纪60年代末，空军曾用"大力神"洲际弹道导弹代替"宇宙神"洲际弹道导弹。这次"宇宙神"也算报了一箭之仇。

2.6 "宇宙神"运载火箭

2.6.1 "宇宙神"运载火箭简介

"宇宙神"运载火箭是在"宇宙神"洲际弹道导弹的基础发展起来的。早期型号主要有"宇宙神"–艾布尔、"宇宙神"–阿金纳、"宇宙神"–半人马座。后来型号有"宇宙神"I、"宇宙神"II/IIA/2AS、"宇宙神"IIIA/IIIB和宇宙神V系列。

"宇宙神"火箭于1958年首飞，发射过各种军用和民用卫星、水星载人飞船以及星际探测器。目前在用的是宇宙神V系列，它包括宇宙神V400、V500以及宇宙神重型三个子系列，与"德尔塔"IV系列火箭同为美国改进型一次性运载火箭，共同承担中、重型军用和民用有效载荷的发射任务。

"宇宙神"V系列全部采用二级构型和模块化设计，一子级为3.81米直径的通用芯级，使用液氧/煤油推进剂，二子级为改进的通用半人马座液氢/液氧级。通过在芯级周围捆绑不同数量的固体或液体助推器提高火箭的运载能力，近地轨道运载能力覆盖 7.3 ～ 19.05 吨，地球同步转移轨道运载能力覆盖 4.95 ～ 13 吨，发射过商业通信卫星、民用海洋监视系统卫星、早期预警卫星以及火星和冥王星探测器。从 1962 年到 1963 年，"宇宙神"发射了前四名美国宇航员到地球轨道。

有 300 多个"宇宙神"火箭从佛罗里达州的卡纳维拉尔空军基地发射，有 285 个从加利福尼亚的范登堡空军基地发射。

图 2-8 "宇宙神"系列运载火箭家族

2.6.2 早期"宇宙神"洲际弹道导弹 / 运载火箭

"宇宙神"火箭可以追溯到 1946 年，当时陆军航空兵委托康维尔飞机公司研究 2,400 到 8,000 公里射程核武导弹。康维尔队伍由 Karel Bossart 领导，经过一系列试验，1947 年空军对项目失去兴趣，要 Bossart 取消研究，但是陆军航空兵让康维尔利用剩余资金发射 3 枚几乎完工的研究性火箭。虽然 3 次飞行仅部分成功，但是在软式油箱设计和万向火箭发动机方面取得可喜效果。

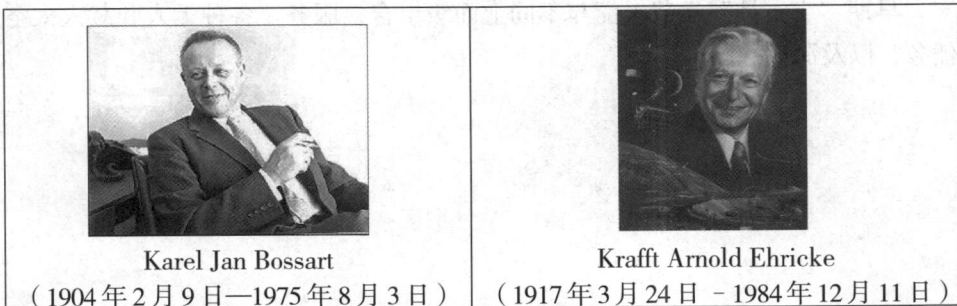

Karel Jan Bossart
（1904 年 2 月 9 日—1975 年 8 月 3 日）

Krafft Arnold Ehricke
（1917 年 3 月 24 日 - 1984 年 12 月 11 日）

图 2-9 "宇宙神"洲际弹道导弹和液氢 / 液氧发动机先驱

由于冷战，1951年Bossart恢复了研究项目，命名为"宇宙神"。1955年，中央情报局得知苏联的洲际弹道导弹计划大有进展，因此"宇宙神"项目成为国家最重要的关键项目。Bossart利用这个机会和招募的德国火箭推进工程师Krafft A Ehricke研究高能低温燃料（液氢/液氧推进剂），1959年Krafft A Ehricke任"半人马星座"计划主任，设计了D-1"半人马星座"，导致世界第一个高能低温燃料的"半人马星座"上面级的诞生。

早期"宇宙神"火箭用英文字母命名，有"宇宙神"A、B、C、D、E、F、G、H多个型号，以及"宇宙神"和不同有效载荷的结合，如"艾布尔"，"阿金纳"，"半人马星座"，"水星"飞船上面级。火箭基本参数如下。

高度：24~38米。

直径：3.05米。

燃料：液氧和RP-1煤油。

"宇宙神"A是"宇宙神"导弹的第一个样机，1957年6月11日首飞。"宇宙神"B于1958年12月18日发射了轨道转播信号通信卫星，这是通信卫星的第一个样机，卫星广播了事先录好的前总统艾森豪威尔圣诞节对全世界的讲话，这也是"宇宙神"运载火箭首次轨道飞行。

"宇宙神"D是"宇宙神"导弹中第一个投入使用的型号，1959年4月14日首次飞行。大部分"宇宙神"D用于亚轨道导弹试验，但是有些用于其他任务，包括载人的"水星"飞船绕轨飞行发射，以及无人的地球磁层卫星轨道发射。还有两枚作再入大气加热研究项目的探空火箭。用于"水星"任务的"宇宙神"D发射了4个载人"水星"飞船进入近地轨道。

"宇宙神"E和F型号是第一批地下井导弹，由于使用低温液氧/煤油推进剂，井下升降和加注操作时间长，20世纪60年代末，被常温推进剂的"大力神"洲际弹道导弹代替。从1978到1985年，改装的"宇宙神"E/F发射了第一期全球定位系统卫星。

早期"宇宙神"运载火箭与不同上面级组合，服务于各种无人和载人太空任务，以及深空探测。

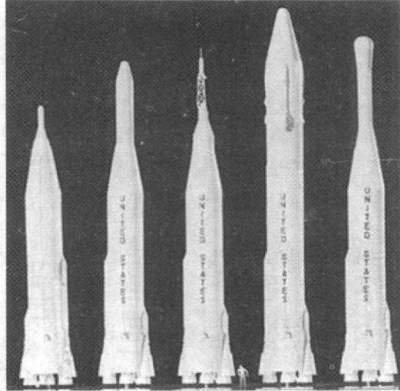

图 2-10-1　自左到右为："宇宙神"，"宇宙神"-"阿金纳"，"宇宙神"-"水星"，"宇宙神"-"半人马座"，"宇宙神"-"艾布尔"

　　自 1960 年开始，"宇宙神-阿金纳"常用于发射美国空军、国家侦察局和中央情报局的情报截取卫星；"宇宙神-阿金纳"执行"徘徊者"计划，首次获取近距离月球表面照片；"宇宙神-阿金纳"搭载"水手"2 号，首次飞越另一个行星；用"宇宙神-半人马星座"发射"勘测者"项目的月面登陆器和火星任务的"水手"探测器。

　　在载人飞行的"水星"计划里，"宇宙神"运载火箭进行了 4 次无人亚轨道飞行，2 次无人轨道飞行，1 次搭载一只猩猩绕地球飞行和 4 次载人轨道飞行，如：1961 年 11 月 29 日，"水星-宇宙神"任务 5 把一只猩猩送入地球轨道，成功绕地球飞行 2 圈；1962 年 2 月 20 日的"水星-宇宙神"任务 6 把约翰·格伦送入轨道，绕地球 3 圈，完成美国第一次载人轨道飞行任务；1962 年 5 月 24 日"水星-宇宙神"任务 7 送斯克特·卡彭特进入地球轨道；1962 年 10 月 3 日"水星-宇宙神"任务 8 把沃尔特·锡拉送入地球轨道；1963 年 5 月 14 日，"水星-宇宙神"任务 9 把戈登·库珀送入地球轨道。

　　后期"宇宙神"火箭用罗马数字命名，有"宇宙神"I 用于 1990 到 1996 年，"宇宙神"II 用于 1992 到 2003 年，"宇宙神"III 用于 2000 年到 2005 年，现在使用的是"宇宙神"V。"宇宙神"火箭家族现在是商业和军事卫星和其他太空任务的发射平台。

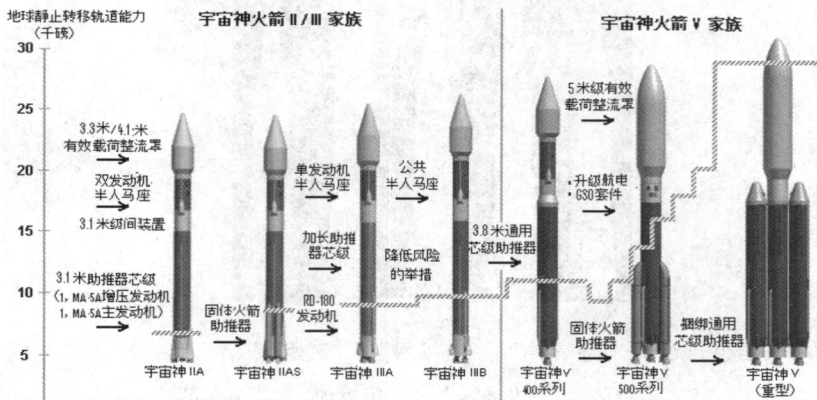

图 2-10-2 "宇宙神"演变

2.6.3 "宇宙神" I 运载火箭

制造：康维尔。

高度：43.90 米。

直径：3.05 米。

级数：2.5 级。

1.5 级设计的火箭级：LR-89 发动机，燃料：液氧 / 煤油。

第 2 级："半人马星座"，燃料：液氧 / 液氢。

采用 1.5 级设计可于发射时提供足够推力，能维持较长的推进时间。"宇宙神" I 用于 20 世纪 90 年代发射各种卫星，1990 年 7 月 25 日，首次发射了探测地球磁场的卫星。最后飞行 1997 年 4 月 25 日发射了国家气象部门的一颗对地静止环境监测卫星。"宇宙神" I 共 11 次发射，3 次失败。已退休。

2.6.4 "宇宙神" II 运载火箭

"宇宙神" II 运载火箭包括 II、IIA 和 IIAS 三个型号。最强型号是"宇宙神" IIAS。

制造：洛克希德·马丁。

高度：47.54 米。

直径：3.04 米。

助推器（IIAS 型号）：4 台固体火箭发动机。

助推器（II 和 IIA 型号）：2 台 RS-58-OBA 发动机，推进剂：煤油 / 液氧。

第一级：1 台 RS-58-OSA 发动机，推进剂：煤油 / 液氧。

第二级：2 台 RL-10A 发动机，推进剂：液氢 / 液氧。

第三级（可选）：1 台 R-4D 发动机，推进剂：四氧化二氮 / 一甲肼。

因为"宇宙神"I 在 20 世纪 80 年代发射成功率不高，1988 年 5 月，空军选择通用动力 (现在洛克希德马丁) 发展"宇宙神"II 运载火箭，用以发射国防卫星通信系统和商业用户卫星。"宇宙神"II 用于向低地球轨道，地球静止同步转移轨道，或地球同步轨道发射有效载荷。

因为二级都使用大推力发动机和加长油箱，"宇宙神"II 比"宇宙神"I 性能好。"宇宙神"II 的总推力达 2,200 千牛，可以把 2,767 公斤载荷送入 35,000 公里以上的地球同步轨道。该系列使用改进的"半人马星座"上面级来增加载荷能力。

1988 到 2004 年，"宇宙神"II、IIA 和 IIAS 型号共发射了 63 次。"宇宙神"II 首次飞行是 1991 年 12 月 7 日；IIA 是 1992 年 6 月 10 日；IIAS 是 1993 年 12 月 16 日。"宇宙神"II 最后飞行是 1998 年 3 月 16 日，IIA 是 2002 年 12 月 5 日，IIAS 是 2004 年 8 月 31 日。

2.6.5 "宇宙神"III 运载火箭

"宇宙神"III 运载火箭有 IIIA 和 IIIB 两个型号。

制造：洛克希德·马丁。

高度：52.8 米。

直径：3.05 米。

级数：2。

第一级：1 台俄罗斯 RD-180 发动机，推进剂：煤油 / 液氧。

第二级："宇宙神"IIIA-"半人马星座"，1 台 RL-10A 发动机，推进剂：液氢 / 液氧。

第二级："宇宙神"IIIB-"半人马星座"，2 台 RL-10A 发动机，推进剂：液氢 / 液氧。

近地轨道运载能力："宇宙神"IIIA 8,640 公斤。

"宇宙神"IIIB 10,218 公斤。

地球同步转移轨道运载能力："宇宙神"IIIA 4,055 公斤。

"宇宙神"IIIB 4,500 公斤。

"宇宙神"III 第一级采用一台大推力俄罗斯的 RD-180 发动机。"宇宙神"III 用于 2000 年到 2005 年。2000 年 5 月 24 日"宇宙神"III 首次飞行，把 EutelsatW4 通信卫星发射到地球静止轨道。"宇宙神"III 最后一次飞行在 2005

年 2 月 3 日，发射了国家侦察局的卫星。

2.6.6 "宇宙神" V 运载火箭

"宇宙神" V 运载火箭有"宇宙神" V 400 系列、"宇宙神" V 500 系列和"宇宙神" V（重型）三个型号。

用途：中 / 重型改进一次运载火箭。

制造：洛克希德·马丁，联合发射同盟。

高度：58.3 米。

直径：3.81 米。

助推器（非重型）：0 到 5 台固体发动机。

助推器（重型）：2 台宇宙神通用芯级，发动机 RD–180，推进剂：煤油 / 液氧。

第一级：宇宙神通用芯级，1 台 RD–180 发动机，推进剂：煤油 / 液氧。

第二级："半人马座"火箭；1 台 RL10A 或 1 台 RL10C 发动机，推进剂：液氢 / 液氧。

近地轨道运载能力：10,300 – 20,050 公斤。

地球同步转移轨道运载能力：4,100 – 8,200 公斤。

"宇宙神" V 第一级选用通用芯级，安装一台俄罗斯的 RD–180 火箭发动机。通用芯级直径 3.8 米，长 32.5 米，推进剂：液氧 / 精炼煤油 284,450 公斤。有些第一级捆绑多至 5 台喷气飞机公司制造的固体助推火箭。发射时第一级工作约 4 分钟，产生 4.152 百万牛顿推力。推力中主要部分由俄罗斯 RD–180 发动机提供。"宇宙神" V（重型）的第一级捆绑 3 个通用芯级，以便发射大型载荷。

"宇宙神" V 第二级使用"半人马座"上面级。"半人马座"上面级使用一至二台普惠 RL10A–4–2 发动机。每台发动机提供 99.2 千牛推力，推进剂为液氢 / 液氧。"半人马座"上面级的发动机可以在太空多次启动，保证进入近地停泊轨道，接着滑行一段时间，然后进入地球同步转移轨道。

"宇宙神" V 标准的有效载荷整流罩尺寸为直径 4 或 5 米，长度不同。为了容纳更大有效载荷，已有直径 7.2 米的考虑。

从 2002 年 8 月 21 日首次飞行，"宇宙神" V 有很好的成功记录。2010 年 4 月 22 日"宇宙神" V 发射了 X–37B 太空飞机，进行 X–37B 首次轨道飞行，12 月 3 日回到地面。2011 年 3 月 5 日，"宇宙神" V 第二次从加利福尼亚发射了 X–37B 太空飞机，进行第二次轨道试验飞行。

有趣的是，"宇宙神"原为对付苏联的洲际弹道导弹，但是后来"宇宙神" III

和"宇宙神"V却使用了俄罗斯RD-180发动机。而且该发动机在美国普惠公司获得生产许可证。当初洛克希德·马丁用来做结构和频率响应测试的RD-180发动机还陈列在丹佛第23届G8峰会美国总统克林顿和俄罗斯总统叶利钦会晤的地方。

在冷战结束后的克林顿政府时期，美俄太空合作，俄罗斯RD-180发动机出口到美国，用于洛克希德·马丁"宇宙神"III运载火箭，并于2000年首飞。该发动机也用于"宇宙神"III的后继运载火箭"宇宙神"V。俄罗斯RD-180发动机自从2000年第一次用于"宇宙神"III运载火箭，13年过去，从未出现任何供应问题。

RD-180发动机供应问题发生在2014年3月俄罗斯对乌克兰的军事干预。导致美国对俄罗斯的一系列制裁，其中包括美国法庭的短暂司法禁令，但是这些禁令对美国进口俄罗斯RD-180发动机并不明确。

作为反制裁，2014年5月13日，俄罗斯副总理罗戈津宣布："俄罗斯将禁止美国使用俄制火箭发动机进行军事发射"。作为回应，美国要求航空航天公司开始评估RD-180发动机的替代方案。

2014年9月，联合发射联盟宣布与蓝色起源（Blue Origin）公司建立合作伙伴关系，开发BE-4液氧（LOX）和液态甲烷（CH4）发动机，以替代RD-180发动机。由于"宇宙神"V芯级围绕RP-1煤油燃料设计，不能改装使用甲烷燃料发动机，因此必须开发新的第一级。

2015年4月13日，在第31届太空研讨会上联合发射联盟宣布新的运载火箭叫"火神"火箭（Vulcan），计划替代联合发射联盟当前飞行的三种火箭："宇宙神"V，"德尔塔"II和"德尔塔"IV。

2.7 "土星"运载火箭

2.7.1 "土星"运载火箭简介

"土星"系列运载火箭是美国国家航空航天局专为"阿波罗"登月计划研制的大型液体运载火箭，有"土星"I、"土星"IB、"土星"V三个型号。

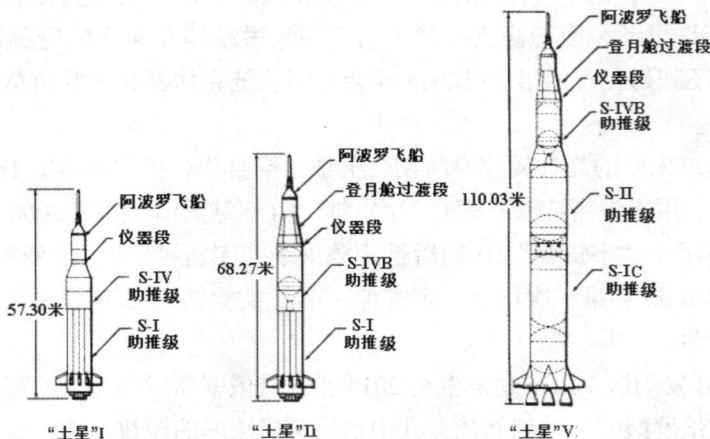

图 2-11 "土星"系列运载火箭

"土星"Ⅰ为研制型,用于"阿波罗"登月计划早期亚轨道和轨道飞行试验。全箭长 57.3 米,最大直径 6.53 米。1961-1965 年发射 10 次,成功 10 次。

"土星"ⅠB为改进型,用于载人或不载人"阿波罗"飞船的近地轨道飞行试验,包括指令舱/服务舱、登月舱近地轨道飞行试验,为登月任务积累经验。除了用于"阿波罗"飞船试验外,还 3 次将航天员送上"天空实验室"空间站和 1 次发射"阿波罗"载人飞船与"苏联的联盟"19 号飞船对接。全箭长 68.27 米,最大直径 6.6 米。1966 年到 1975 年共发射 9 次,9 次成功。

"土星"Ⅴ是最终型,专为"阿波罗"登月任务设计。三级火箭,全箭长 110.03 米,最大直径 10.06 米。是当时最强大的运载火箭。从 1967 年到 1973 年共发射 13 次,13 次成功,其中 6 次将"阿波罗"载人飞船送上月球,在航天史上写下了最动人的一页。

2.7.2 "土星"运载火箭早期发展

20 世纪 50 年代末,美国空军、陆军和新成立的 NASA 都在考虑研制大型运载火箭。空军有太空发射系统计划(Space Launching System — SLS),以及利用太空发射系统大型火箭的月球计划(Lunex Project);陆军弹道导弹局在发展它的大型运载火箭"朱诺"Ⅴ(后来的"土星"运载火箭),用于卫星和其他航天器发射平台,及探月和空间站计划;新成立的国家航空航天局在研究"新星"(Nova)系列火箭,计划送 24 吨的载荷到月球轨道,该设计于 1959 年 1 月 27 日报送当时总统艾森豪威尔。

国防部认为"土星"运载火箭太大太贵,担心"土星"项目占用其他关键项目资金,"土星"那样大型运载火箭是国家航空航天局的事。所以 1960 年 7

月1日，陆军弹道导弹局人员和组织从陆军转移到新成立的国家航空航天局，国防部转向"大力神"火箭家族的开发，因为"大力神"火箭制造和发射费用低。

这导致国家航空航天局有2个大型运载火箭设计方案，自己的"新星"火箭和新来的"土星"火箭，新来的项目是外来户，受到国家航空航天局的冷遇。

"土星"火箭家族由冯·布劳恩领导的德国科学家和工程师为主的火箭队伍开发。"土星"运载火箭项目可以追溯到1957年4月，当时陆军弹道导弹局的冯·布劳恩向美国国防部建议，发展一种推力为6,700千牛顿的运载火箭，作为通用运载火箭，提供各种军事服务，包括发射海军的导航卫星，陆军与空军的侦察、通信和气象卫星，可以把9,000公斤载荷送入近地轨道，在近地轨道装配一个90吨的月球航天器，还打算建立太空站，以及星际飞行。

冯·布劳恩队伍考虑了两种获得大推力火箭的方法。第一种方法使用多台火箭达到起飞推力6,700千牛顿；第二方法研制远大于当时所有发动机的单个发动机。

对于第一种方法，冯·布劳恩提出用8枚"红石"导弹捆绑在"木星"导弹周围构成第一级。这样9枚火箭中的每一枚都有一台洛克达因改进的S-3D发动机。把S-3D发动机推力从67吨提升到84吨。结果发动机叫作H-1。对于第二种方法，洛克达因公司开发新发动机F-1，它可以提供多台H-1发动机的综合推力。

1958年8月15日国防部高级研究计划局批准了多台发动机捆绑方案，研制开始。按陆军弹道导弹局设计人员想法，该运载火箭应该叫"朱诺"V，因为由"木星"C探空火箭和"木星"中程导弹改型的运载火箭分别叫"朱诺"Ⅰ和"朱诺"Ⅱ，而"朱诺"Ⅲ和"朱诺"Ⅳ已有构思，但还没有建造，排下来应该是"朱诺"V。

来自"木星"C探空火箭的"朱诺"Ⅰ以发射美国第一颗卫星"探险者"1号而闻名。来自"木星"导弹的"朱诺"Ⅱ是美国20世纪50年代和60年代的运载火箭，主要用于发射"先驱者"和"探险者"卫星。"朱诺"Ⅲ和"朱诺"Ⅳ并没有实施。"朱诺"V后来变成"土星"系列，是美国第一个专用太空运载火箭系列。

1958年10月，冯·布劳恩提议"朱诺"V运载火箭改名为"土星"运载火箭，排在"木星"火箭之后。1959年2月3日陆军弹道导弹局正式批准名字更改。1959年"土星"火箭评估委员会建议为"土星"火箭发展新的燃氢上级，从大量使用现有技术和成熟设计，到使用当时还没有的硬件设计，为"土星"火箭勾画了8个不同组合方案，即A-1、A-2、B-1、C-1、C-2、C-3、C-4，以及C-5，如下图所示。

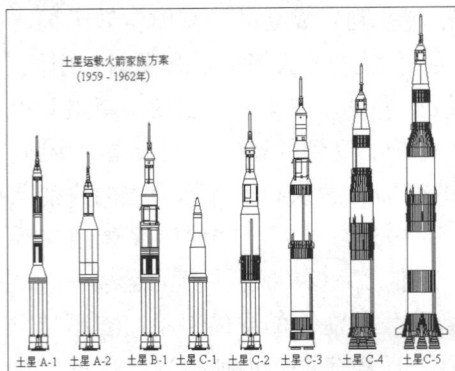

图 2-12　"土星"火箭方案

1960 年，洛克达因公司获得新液氢发动机合同。同年，道格拉斯获得发展"土星"Ⅳ（"土星"C-4）合同。

1961 年 5 月，肯尼迪总统宣布 10 年内把航天员送上月球。为了按时完成登月任务，对"新星"和"土星"两种火箭进行了评估。两者有类似设计，但是"土星"容易生产，因为许多零件通过空运就可以得到，只要设立一个新厂，而"新星"的主要火箭级需要建设一批新厂。因此，"土星"火箭入选，"新星"火箭落选。从此"土星"运载火箭和"阿波罗"登月计划紧紧地联系在一起。

1962 年 1 月，国家航空航天局开始为登月计划发展大型运载火箭。首先花六个月研究"土星"C-3、C-4、C-5 的相关材料，"土星"C-4 近地轨道运载能力 99,000 公斤，地月转移轨道运载能力 32,000 公斤，可以送 30,000 公斤的"阿波罗"指令/服务舱进入月球轨道，但是它不能搭载 15,000 公斤的月球舱。"土星"火箭评估委员会认为更强大的"土星"C-5（后来"土星"Ⅴ）才是最佳设计。

但是，"土星"C-5 的 3 级火箭都在纸面上，因为登月飞行试验需要尽早进行，所以国家航空航天局决定继续发展"土星"C-1（后称"土星"Ⅰ），作为试验用火箭。因为"土星"C-1 的第一级采用"红石"和"木星"导弹的现成技术，而且上级已经在研制中，所以 1962 年，国家航空航天局就用"土星"C-1 把"阿波罗"月球飞船送入地球轨道，为登月做准备和训练，赢得按时送人到月球的宝贵时间。

"土星"C-1 的改进型叫"土星"C-1B。1963 年 2 月，在国家航空航天局的项目命名委员会的建议下，"土星"C-1 简称"土星"Ⅰ，"土星"C-1B 简称"土星"ⅠB，"土星"C-5 简称"土星"Ⅴ。

1968 年 10 月 11 日"土星"ⅠB 成功地发射了首个载人"阿波罗"飞船 7 号。

1968 年 12 月 21 日"土星"Ⅴ运载火箭发射了"阿波罗"飞船 8 号，完成首次载人环绕月球飞行。1969 年 7 月 16 日，"土星"Ⅴ运载火箭发射"阿波罗"飞船 11 号，实现人类首次登月。

"阿波罗"月球计划完成后，美国实施了一系列"阿波罗"后续应用计划，但是只完成其中的"太空实验室"和与美苏"阿波罗—联盟"飞船对接两项任务。

1973 年 5 月 14 日一枚改型的"土星"V 火箭把"太空实验室"空间站送入地球轨道。同年 5 月 25 日到 11 月 16 日，"土星"IB 火箭三次把三名航天员送到"太空实验室"。

1975 年 7 月 15 日，"土星"IB 火箭再次发射"阿波罗"飞船，实现美苏"阿波罗—联盟"19 飞船对接。

2.7.3 "土星"I 运载火箭

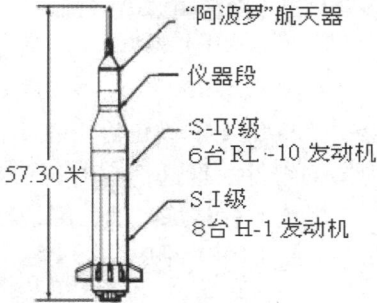

图 2-13　"土星"I 运载火箭

功能：载人近地轨道运载火箭。

制造：第一级 S–I，克莱斯勒。

第二级 S–IV，道格拉斯。

第三级 S–V（"半人马座"–C 没有飞行），康维尔。

全箭高度：57.30 米。

最大直径：6.52 米。

级数：2 或 3 级。

第一级 S–I：8 台 H–1 发动机，推力 6,700 千牛，推进剂：煤油 / 液氧；

第二级 S–IV：6 台 RL–10 发动机，推力 400 千牛，推进剂：液氢 / 液氧；

第三级 S–V：2 台 RL–10 发动机，推力 133 千牛，推进剂：液氢 / 液氧。

仪器段：

高度：2.3 米。

直径：3.9 米。

近地轨道运载能力：9,000 公斤。

地月转移轨道运载能力：2,200 公斤。

"土星"I 是近地轨道运载火箭，火箭推力主要来自捆绑发动机的第一级，原来打算作为 20 世纪 60 年代通用军事推进器平台。但是只有国家航空航天局发射了 10 个"土星"I，然后就被上级威力更大的"土星"IB 代替。

"土星" I 第一级（S-I）：

| "土星" I | "土星" I 第一级 | 8 台 H-1 发动机安排 | H-1 发动机 |

图 2-14 "土星" I 火箭第一级

上图中，左图红色部分为"土星" I 火箭的第一级 S-I。第一级包括 8 台 H-1 发动机，9 个推进剂容器，8 个舵面和一个推力结构组件。推进剂容器包括 8 个红石火箭燃料箱，其中 4 个白色贮存液氧，4 个黑色贮存精炼煤油，围绕在木星火箭液氧箱周围。四台外围发动机可以摆动，因此可以导向火箭。

"土星" I 第二级（S-IV）：

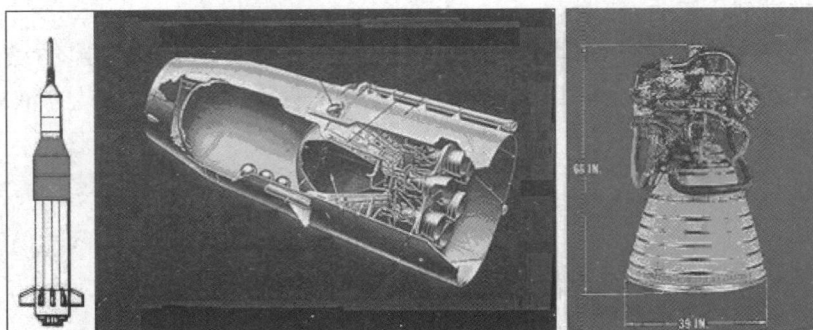

| "土星" I | "土星" I 第二级 | RL-10 发动机 |

图 2-15 "土星" I 火箭第二级

上图左边红色部分为"土星" I 第二级。第二级是大型液氢 / 液氧火箭级，由 6 台 RL-10 发动机推动。RL-10 发动机可以摆动，控制火箭飞行。级内燃料箱由一块公共壁板分成液氢 / 液氧箱，这样可以节省 10 吨重量。

"土星"I仪器段

"土星"I仪器段是一个环形结构,由马歇尔太空飞行中心制造。里面是导向平台、控制系统和遥测系统。仪器段有一个光学窗口,以便用地面光学经纬仪准直。

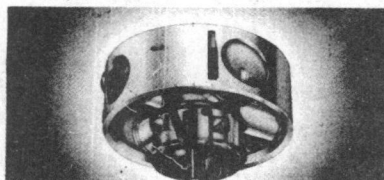

图2-16 "土星"I火箭仪器段

第1-4枚"土星"I用于亚轨道飞行,只有第一级S-I,上面是模拟级,仪器放在模拟级容器里,控制"土星"I火箭。模拟级和第一级不分离。

第5-10枚"土星"I火箭用于绕地球轨道飞行,包括2级。仪器段在第2级上面。其中第5-7枚"土星"I仪器段直径3.9米,高1.5米,仪器安装在中心(左图上部)。第8-10枚"土星"I的仪器段高度降到0.86米,仪器挂在圆柱体内壁(左图下部),减少了重量。

"土星"I发射纪录

图2-17 "土星"I的10次飞行的星箭结构

"土星"I执行了10次飞行任务,用于"阿波罗"登月计划早期近地轨道飞行试验,以及发射探测卫星。

2.7.4 "土星"IB运载火箭

功能:载人近地轨道运载火箭。

制造:第一级S-IB,克莱斯勒。

第二级S-IVB,道格拉斯。

全箭高度：68 米。

最大直径：6.6 米。

级数：2 级。

第一级 S–IB：8 台 H–1 发动机，推力 6,700
千牛，推进剂：煤油 / 液氧。

第二级 S–IVB：1 台 J–2 发动机，推力 890
千牛，推进剂：液氢 / 液氧。

近地轨道：15,300 公斤。

"土星" IB 是"土星" I 的改进型，有强
大的第二级 S–IVB。和早期"土星" I 不一样，"土
星" IB 有足够力量把"阿波罗"指令 / 服务舱
或登月舱送入地球轨道。在"土星" V 研发阶段，用"土星" IB 试验"阿波罗"
飞行器，为按时完成载人登月任务赢得时间。"土星" IB 后来还用于载人"天
空实验室"飞行和"阿波罗" – "联盟" 19 飞船对接任务。

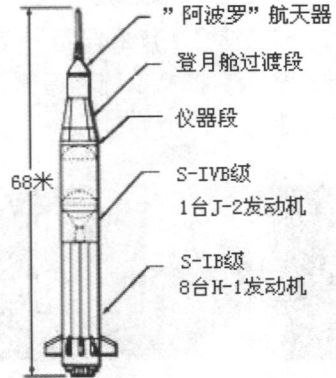

图 2-18 "土星" IB 运载火箭

"土星" IB 第一级 S–IB

"土星" IB 第一级
S–IB 有 9 个推进剂容
器，8 台 H–1 火箭发动
机，以及许多其他零件。
推进剂容器包括 8 个红
石火箭油箱（4 个放液
氧，4 个放煤油），围
绕 1 个放液氧的木星火
箭油箱。4 个外围发动
机可以摆动，用于火箭
控制。

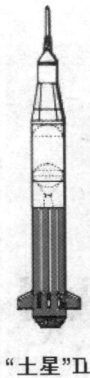

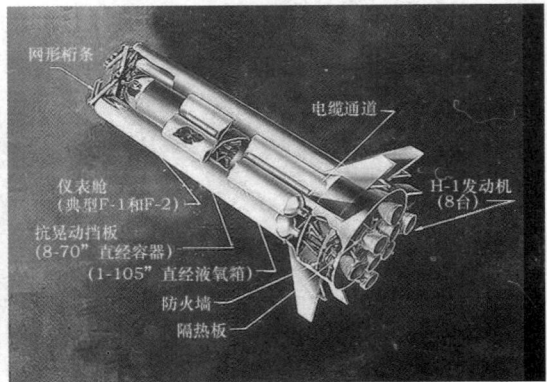

"土星"Ⅱ

图 2-19 "土星" IB 第一级

"土星" IB 第二级 S–IVB

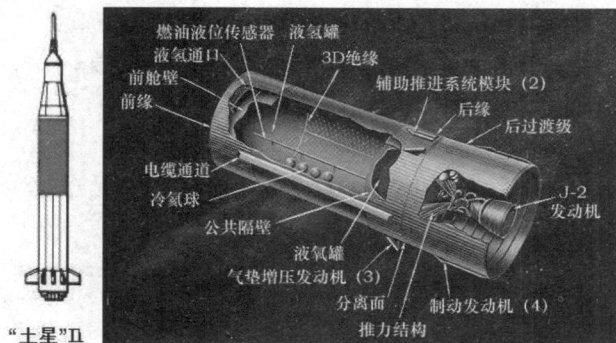

图 2-20　"土星" IB 第二级

"土星" IB 第二级由一台 J–2 发动机提供动力，发动机可以摆动，控制飞行。推进剂液氢 / 液氧箱用一个公共壁板分割，减少重量约 10 吨，长度缩短 3 米。

"土星" IB 共 9 次发射。前 5 次为试验飞行，后 4 次包括 3 次把航天员送入太空实验室，以及 1 次搭载 3 位航天员完成"阿波罗—联盟"飞船对接。

图 2-21　"土星" IB 火箭 9 次飞行的星箭结构图

2.7.5 "土星" V 运载火箭

功能：载人近地轨道飞行和月球飞行运载火箭。

制造：第一级 S–IC，波音。

第二级 S–II，北美航空。

第三级 S–IVB，道格拉斯。

全箭高度：110 米。

最大直径：10 米。

起飞重量：3,000 吨。

级数：3 级。

载荷能力：

近地轨道：118 吨。

月球轨道：47 吨。

首飞：1967 年 11 月 9 日。

最后飞行：1972 年 12 月 6 日。

总发射次数：13。

成功次数：13。

"土星"V 运载火箭（又称月球火箭），由马歇尔航天飞行中心的冯·布劳恩领导设计，波音、北美航空、道格拉斯和 IBM 为主要合同单位。从高度、重量和有效载荷来看，"土星"V 是当时最强大的运载火箭。

1967 年到 1973 年，NASA 发射了 13 枚"土星"V 火箭，从未丢失有效载荷。"土星"V 有效载荷是载人登月"阿波罗"飞船，曾先后将 12 名航天员送上月球。"土星"V 还发射了"天空实验室"空间站。

"土星"V 运载火箭第一级和第二级在密西西比州的斯坦尼斯航天中心试车。该试验中心后来用于测试航天飞机主发动机、"德尔塔"IV 火箭发动机、还曾计划用于测试"战神"V 的 RS-68 火箭发动机。

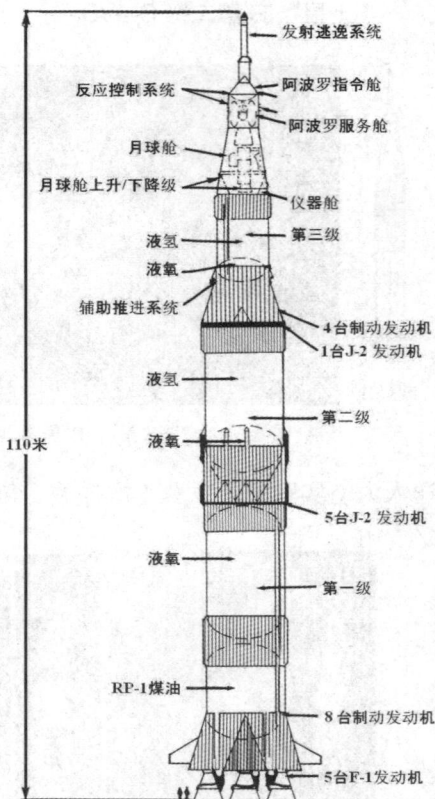

图 2-22 "土星"V 火箭／"阿波罗"飞船／发射逃逸系统

"土星"V 第一级（S-IC）

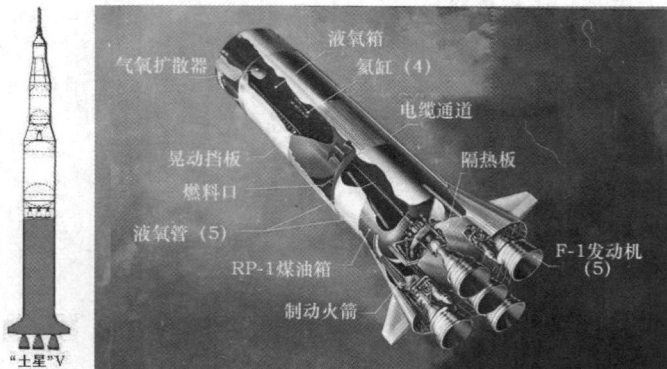

图 2-23 "土星"V 第一级 S-IC

高度：42 米。

直径：10 米。

动力：5 台 F–1 发动机。

推进剂：煤油 / 液氧。

第一级由波音在新奥尔良的密乔装配厂制造。起飞质量 2,000 多吨，大部分是精炼煤油和液体氧化剂。第一级推力大于 34,000 千牛，保证火箭通过 61 公里的上升段。5 台 F–1 发动机排成十字，中间发动机是固定的，外围 4 台发动机可以液压摆动，控制火箭飞行。飞行时，中间发动机首先关机，限制加速。

"土星" V 第二级（S–II）

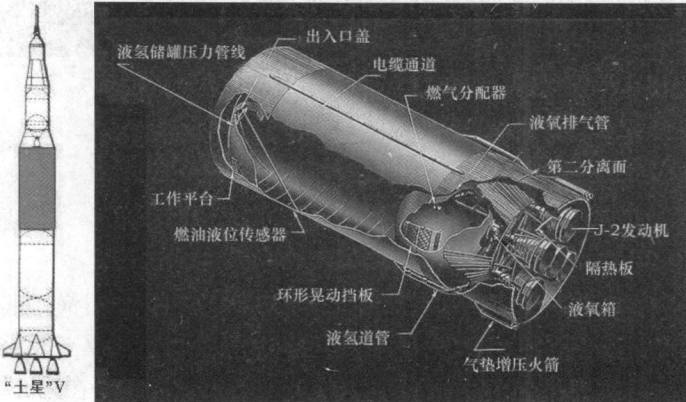

图 2–24 "土星" V 第二级 S–II

高度：24.9 米。

直径：10 米。

动力：5 台 J–2 发动机，推力 5,000 千牛。

推进剂：液氢 / 液氧。

第二级由位于加利福尼亚州的北美航空制造，5 台 J–2 发动机十字排列，用外围 4 台发动机控制火箭飞行。推力 5,000 千牛，加速"土星" V 火箭通过上层大气。加载后，重达 480 吨，90% 以上质量是推进剂。和第一级不一样，不再使用分离液氢和液氧箱，而用一个公共隔板分开，隔板下面是液氧，上面是液氢。隔板由 2 块铝板中间夹苯酚树脂蜂窝构成，隔板分隔的 2 箱间有 70 摄氏度的温差。使用公共隔板节省 3.6 吨重量。

"土星"V 第三级（S-IVB）

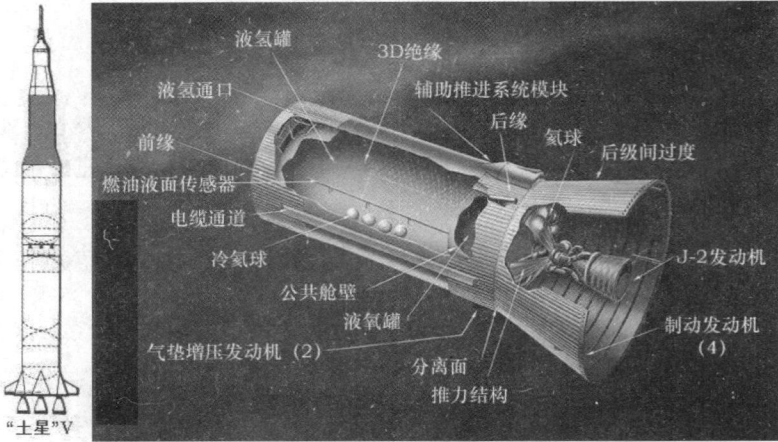

2-25 "土星"V 第三级 S-IVB

高度：17.85 米。

直径：6.60 米。

动力：1 台 J-2 发动机，推力：1,000 千牛。

推进剂：液氢 / 液氧。

第三级采用"土星"IB 的第二级，都是 IVB。由位于加利福尼亚州的道格拉斯飞机公司制造，是"土星"V 唯一能用飞机运输的火箭级。液氢和液氧箱用一个公共隔板分开。第三级在执行任务时用到 2 次：第一次，在第 2 级关机后，工作 2.5 分钟把"阿波罗"飞船送入地球轨道。第二次工作 6 分钟把"阿波罗"飞船推入地月转移轨道。

"土星"V 仪器段

仪器段由国际商业机器股份有限公司 IBM 制造，安装在第 3 级的上面。它由亚拉巴马州亨茨维尔市的太空系统中心研发。从起飞到第 3 级 S-IVB 被抛弃，仪器段一直控制着火箭。仪器段包括火箭导航和遥测系统。通过测量加速度和火箭姿态，可以计算火箭位置和速度，纠正任何偏差。仪器段用大型宽体运输机运输。

"土星"V 装配和运输

"土星"V 第一、二级太大，只能通过水路由驳船运输。第一级 S-IC 从路易斯安那州新奥尔良沿密西西比河顺流而下，到墨西哥湾，绕过佛罗里达，然后沿内河道上行到肯尼迪航天中心的垂直装配大楼进行装配。第二级 S-II 从太平洋西海岸，经巴拿马运河，运至东岸大西洋，直到卡纳维拉尔角的垂直装配厂房。第三级和仪器段由大型运输机空运到卡纳维拉尔角的垂直装配厂房。

　　火箭各级／段一到垂直装配大楼，在水平状态检查后就吊起到垂直装配状态，进行对接。NASA制造了各级／段巨大的纱锭形状代用结构，如果某级／段没有运到，可用代用结构。这些代用结构和实际级／段有同样重量、质量和电器连接。

　　"土星"V在移动发射平台上装配，移动发射平台上有9个摆动臂（包括乘员通道臂）的发射脐带塔，一部吊车，以及一个在发射前工作的水抑制系统。装配完成后，用履带运输车从垂直装配厂房运到发射场。到发射场的5公里运输要保持火箭垂直。

"土星"V发射任务

　　1967到1973年，"土星"V执行了13次发射任务，其中包括：1967年11月9日到1969年5月18日发射了"阿波罗"4，6，8，9，10号；1969年7月16日到1972年12月6日发射了"阿波罗"11，12，13，14，15，16，17号登月任务；1973年5月14日"土星"INT-21（2级"土星"V）成功发射"天空实验室"。

　　"土星"V运载火箭13次发射都获得良好记录（包括第8次"阿波罗"13航天员没有完成登月任务）。"阿波罗"4号是"土星"V首次试验飞行，"阿波罗"8号是"土星"V首次载人环绕月球飞行，"阿波罗"11号实现首次人类登月。"土星"V共输送27人进入月球轨道，其中12人着陆月球表面，并安全返回地球。

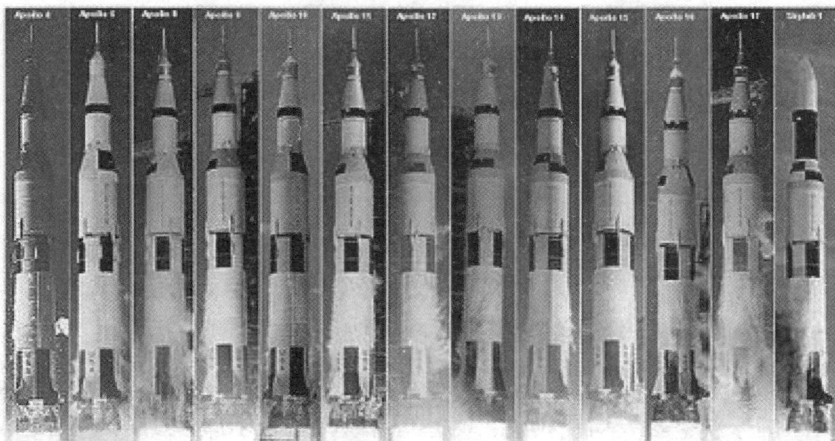

图2-26　"土星"V运载火箭13次发射的星箭图

2.8 "战神"运载火箭

"战神"系列运载火箭包含"战神"I、"战神"IV 和"战神"V 运载火箭，用于 2010 年航天飞机退役后，接替发射任务的火箭，是"星座"计划的一部分。该计划最终因为 2010 年 6 月由奥巴马总统提出的太空政策而遭到废除。

2.8.1 "战神"运载火箭出台背景

2003 年 2 月 1 日，"哥伦比亚"号航天飞机返航时，在得克萨斯州上空解体，7 名机组人员全部罹难，这是航天飞机继"挑战者"号事故后遭到的第二次毁灭性打击。经过近 1 年的停飞和整顿，乘火星探测漫游器成功登陆火星的东风，2004 年 1 月 14 日，小布什总统发表了"太空探索新设想"的政策性讲话。

小布什总统讲话后，NASA 出台了"星座"计划（见第 10 章）。"战神"运载火箭是"星座"计划的一部分，用于"星座"计划航天器的发射，包括国际空间站供应和人员往来，建立月球基地，以及载人飞往火星等。

图 2-27 "土星"V、航天飞机和"战神"火箭家族（"战神"I，"战神"V，"战神"IV）比较

2005 年，NASA 决定利用部分航天飞机零件、技术和设施制造新的运载火箭"战神"I 和"战神"V，代替航天飞机，提供发射服务。2007 年初 NASA 又决定研制"战神"IV 运载火箭。"战神"IV 既可以负责乘员运输，也可以负责货物运输，兼顾"战神"I 和"战神"V 的功能。

随着政权的更迭，经济危机肆虐美国，美国太空计划发生了重大变化。根据 2010 年国家航空航天局授权法，奥巴马总统于当年 10 月取消了包括"战神"运载火箭在内的"星座"计划。

2.8.2 "战神"I运载火箭

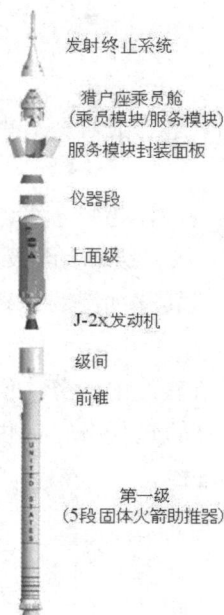

发射终止系统

猎户座乘员舱
(乘员模块/服务模块)

服务模块封装面板

仪器段

上面级

J-2x发动机

级间

前锥

第一级
(5段固体火箭助推器)

图 2-28 "战神"I
乘员运载火箭

"战神"I原来叫乘员运载火箭，用于发射"星座"计划中的"猎户座"载人飞船。"猎户座"是航天飞机退休后的载人航天器，类似"阿波罗"载人飞船，用于国际空间站和地面间的乘员运输，以及载人飞往月球，甚至飞往火星及其他星体的交通工具。和航天飞机不一样，"战神"I只承担人员运输，而航天飞机承担人员和货物双重运输任务。

用途：载人轨道器运载火箭。

制造：第一级：阿连特技术系统公司；第二级：波音。

高度：94 米。

直径：5.5 米。

级数：2。

近地轨道载荷能力：25,400 公斤。

第一级：1 台固体火箭发动机，由航天飞机固体火箭改进而来。和航天飞机的四段固体火箭相比，最大不同是加了第五段，提高推力。

第二级（上面级）：1 台 J-2X 液体火箭发动机，推进剂液氢 / 液氧。NASA 原想采用航天飞机主发动机，但是太贵（每台 55-60 百万美元），J-2X 便宜得多（每台 20 百万美元），而且 J-2 本来就为高空使用，因此选用了 J-2X 发动机。

2.8.3 "战神"V运载火箭

功能：货物运载火箭。

制造：第一级待定。

第二级待定。

高度：116 米。

直径：10 米或 8.4 米。

级数：2。

助推器：2 台 5 段固体火箭。

第一级：5 台 -68B 发动机，推进剂：液氢 / 液氧；

第二级：1 到 2 台 J-2X 发动机，推进剂：液氢 / 液氧。

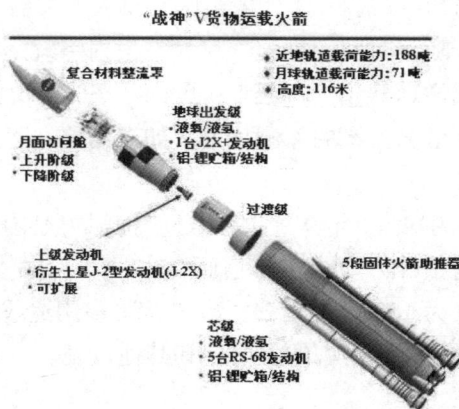

"战神"V货物运载火箭

复合材料整流罩

近地轨道载荷能力：188吨
月球轨道载荷能力：71吨
高度：116米

月面访问舱
上升阶级
下降阶级

地球出发级
液氢/液氧
1台J2X+发动机
铝-锂贮箱/结构

过渡级

上级发动机
衍生土星J-2型发动机(J-2X)
可扩展

5段固体火箭助推器

芯级
液氢/液氧
5台RS-68发动机
铝-锂贮箱/结构

图 2-29 "战神"V运载火箭分段视图

近地轨道载荷能力：188,000公斤。

月球轨道载荷能力：71,000公斤。

2.8.4 "战神"Ⅳ运载火箭

2007年1月，NASA宣布"战神"Ⅳ计划。"战神"Ⅳ是"战神"Ⅴ重型运载火箭缩减版。

"战神"Ⅳ高113米，第一级包括"战神"Ⅴ运载火箭的液体燃料芯级，以及2台5段固体火箭推进器，保持"战神"Ⅴ第一级的配置。第二级（上面级）采用"战神"Ⅰ上级，有1台J–2X液体火箭发动机。直接地月转移加注的总载荷能力为41,100公斤。

"战神"Ⅳ可能代替"战神"Ⅰ和"战神"Ⅴ的部分或所有发射任务。但是2007年1月底NASA宣布"战神"Ⅳ仅用于早期载人月球轨道任务、提供载人航天器的震动试验和评估载人航天器乘员舱的高速再入过程。

2.9 太空发射系统

太空发射系统（Space Launch System –SLS）是航天飞机退役和"星座"计划被取消后，2010年美国航空航天局提出的新一代运载火箭，旨在将"星座"计划的"战神"Ⅰ和"战神"Ⅴ转变为既可用于乘员也可用于货物运输的单一运载火箭，类似于"战神"Ⅳ。太空发射系统具有与"土星"Ⅴ相当的总推力和有效载荷，属于超级重型运载火箭。（注意这里的太空发射系统和2.7.2节中的20世纪50年代末美国空军太空发射系统不是一回事）

随着时间的推移，对太空发射系统运载火箭要求不断升级，由初始1版本的低地球轨道70吨到2版本的130吨以上。升级后的太空发射系统可以满足小行星、火星的深测任务。如有需要，太空发射系统也要支持前往国际空间站任务。

在2011年9月，参议院和美国航空航天局联合会指出，太空发射系统计划的预计开发成本将达到2017年的180亿美元，其中太空发射系统火箭的投资额为100亿美元，"猎户座"多用途飞船为60亿美元，20亿美元用于升级肯尼迪航天中心的发射台和其他设施。

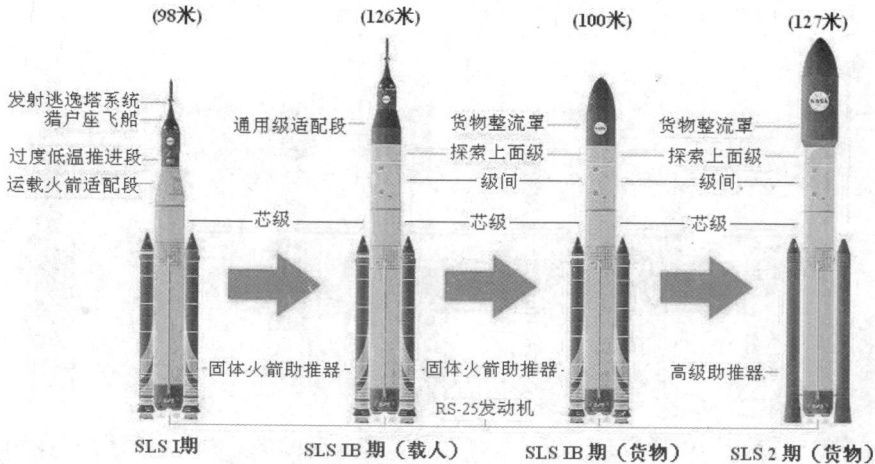

图 2-30 太空发射系统火箭升级图

2.9.1 太空发射系统火箭系列

助推器级（1 期，1B 期）

数量：2 台 5 段固体助推器。

燃料：PBAN，APCP。

总推力：72,000 千牛。

第一级（1 期，1B 期，2 期）– 芯级

高度：64.6 米。

直径：8.4 米。

发动机：4 台 RS–25D/E。

推进剂：液氢 / 液氧。

总推力：32,000 千牛。

第二级（1 期）– 过渡低温推进级

高度：13.7 米。

直径：5 米。

发动机：1 台 RL10B–2。

推进剂：液氢 / 液氧。

推力：110.1 千牛。

地球轨道能力：70 ～ 130 吨。

2.9.2 太空发射系统的比较

美国载人航天器运载系统比较：

图 2-31 "土星"Ⅴ，航天飞机，"战神"Ⅰ、Ⅴ、Ⅳ，太空发射系统 1 期和 2 期的比较

2.10 未来运载火箭的发展

经过 20 世纪六七十年代美苏太空赛，以及后来的发展，火箭技术已经发展得比较成熟。那么，未来运载火箭将如何发展？

2.10.1 改进一次性运载火箭

火箭各级，随火箭上升和加速，逐一被抛弃，浪费很大，成本很高。实现可重复使用的运载工具是火箭发展的追逐目标，但是可重复使用运载工具技术难度大，所以近期还无法取代一次性运载火箭。各国正在发展改进一次性运载火箭，主要表现在一次性运载火箭的更新换代，加大直径、减少级数和加大运载能力；另外，由于商业发射市场运载能力过剩，火箭要求降低成本、提高可靠性、简化设计、组件通用化，以及继承和创新相结合。

改进一次性运载火箭打算使用现成的"德尔塔"Ⅱ，"宇宙神"Ⅱ，以及"大力神"Ⅳ运载火箭中经过考验的硬件，研制新运载火箭。用标准整流罩、芯级、上级、载荷接口和固体火箭建立一个价廉、有效、大小合适的太空运载火箭家族。

改进一次性运载火箭项目开始时，竞争主要来自 4 个主要国防合同单位，包括洛克希德·马丁、波音、原来的麦克唐纳·道格拉斯和联合技术系统公司。竞争的结果，波音以"德尔塔"Ⅳ为核心，发展了公共助推器芯级。洛克希德马丁发展了公共芯级助推器，类似"宇宙神"Ⅴ两家思路一样，结果，双方同意整合力量成立联合发射同盟，各占 50% 股权。

2.10.2 开发核动力火箭

火箭承载能力更大的突破在于动力装置的变革。目前航天器的飞行是先通过燃料产生冲力，脱离地球引力。之后，升空的航天器在浩瀚的太空利用太阳能电力装置获得能量，以维持绕地球飞行或者在太阳系星际间的考察活动。如果核动力火箭和航天器研制成功，情况将大为改观。美国国家航空和航天局认为核动力火箭能更快、更精确地将载荷送到预定太空轨道。而核动力航天器的诞生将找到太阳能之外有效的动力，使航天器飞行的时间更长，速度更快。到那时对火星、土星，甚至太阳系外的探索都将更精确，更方便。

美国国家航空航天局负责人表示，核动力火箭的诞生，将使美国航天业摆脱对传统动力火箭的依赖，是航天运输和飞行技术的一次"脱胎换骨"。研制核动力火箭和航天器，可以确保美国航天技术领先地位。

对核动力火箭的开发也有不同意见，有人担心，如果发生故障，核动力装置会变成危险的太空核武器。对此，美国国家航空航天局官员表示，为避免上述危险，研制过程中，美国国家航空航天局将把安全作为要点，要在装置中设计防止核故障危险的功能，尤其要防止核动力火箭在发射时的爆炸，因为这无异于一场核灾难。

2.10.3 离子电推进火箭

离子推力器又称离子推进器、离子发动机，其原理是先将气体电离，然后用电场力将带电的离子加速后喷出，以其反作用力推动火箭。这是目前已实用化的火箭技术中，最为经济的一种，因为只要调整电场强度，就可以调整推力，由于比冲远大于现有的其他推进技术，因此只需要少量的推进剂就可以达到很高的终端速度，因此太空船本身不需要携带太多燃料，总重量大幅减少后就可以使用较小而经济的运载火箭。

离子推进器的缺点是它的推力小，即使在太空中也需要很长的时间进行加速。离子推力器目前只能应用于真空环境。在经过很长时间的持续推进后，将会获得比化学推进快得多的速度。

2.10.4 私人企业太空商业活动

航天飞机退休和美国经济危机，促使奥巴马政府鼓励和支持私人企业参与太空商业活动，让NASA发展更大规模的"太空发射系统"。2008年美国国家航空航天局提出商业轨道运输服务合同，要求相关公司证明将货物运至国际空间站的能力，激发私人企业参与太空商业活动。美国私人企业如轨道科学公司发展了空中发射的四级小型运载火箭"飞马座"，地面发射的两或三级中推力运载火箭"安塔尔"和货运宇宙飞船"天鹅座"等；宇宙探索技术公司发展了"猎鹰"9重型运载火箭和载人"龙"飞船；联合发射联盟正在发展重型运载火箭"火神"。

"飞马座"火箭

图 2-32 "飞马座"火箭

"飞马座"（Pegasus）是由 Orbital ATK 开发的空中发射火箭，是一次性带翼太空助推火箭，由 3 级固体火箭提供动力，用于部署近地轨道 443 公斤以下的小卫星。该系统为商业、政府和国际客户服务。高空发射可以避免火箭耗油最多的大气阶段。"飞马座"火箭数据如下。

* 功能：空中发射的运载火箭（载机 B-52 或 L-1011）。
* 制造：Orbital ATK。
* 长度：16.9 米（飞马座），17.6 米（飞马座 XL）。
* 直径：1.27 米。
* 翼展：6.7 米。
* 级数：3 级，固体火箭。
* 质量：18,500 公斤（"飞马座"），和 23,130 公斤（"飞马座"XL）。
* 近地轨道运载能力：443 公斤。

"飞马座"火箭由载机搭载升空，在 12,000 米左右高空发射，先自由下落 5 秒，然后点燃它的第 1 级火箭发动机。在离开大气前，借助三角机翼气动升力，作为火箭动力的飞机飞行。尾翼提供第 1 级飞行控制，因为第 1 级发动机没有矢量推力喷嘴。离开大气后，先后由第 2 和第 3 级具有推力引导的发动机控制俯仰和偏航，滚转由第 3 级上的氮推进器控制。有时增加第 4 级肼辅助推进系统，肼辅助推进系统由 3 个可以再启动的单组元肼推力器驱动，以达到更高高度和精度，或更复杂的机动飞行，送航天器进入轨道。

1990 年 4 月 5 日，"飞马座"火箭在加利福尼亚的德莱顿飞行研究中心首次从 B-52 载机发射，开创了空射型火箭发射卫星先河。载机实际上充当了可重复使用的第一级，因而可以降低发射成本。

"飞马座"火箭成为便宜可靠的世界标准小型运载工具，向客户提供无比的灵活性，在地球上任何地方只要很少的地面支持就可以发射。"飞马座"运载系统已在美国、欧洲和太平洋马绍尔群岛等不同地方发射过。截至2016年底，已经发射43次，其中3次失败，2次部分成功。

"安塔尔"运载火箭

图2-33 "安塔尔"火箭首次发

"安塔尔"火箭在早期发展阶段则称为"金牛座"Ⅱ号运载火箭，也由美国轨道科学公司研发，2011年12月12日，"金牛座"Ⅱ号改名为"安塔尔"。

"安塔尔"火箭可以将5,000公斤的有效载荷送入近地轨道，2013年4月21日首次飞行测试成功。"安塔尔"火箭为轨道科学公司大型火箭，计划未来发射"天鹅座"宇宙飞船为国际空间站提供商业补给服务，此外"安塔尔"火箭也能够承担一些小型与中型任务。

"猎鹰"运载火箭

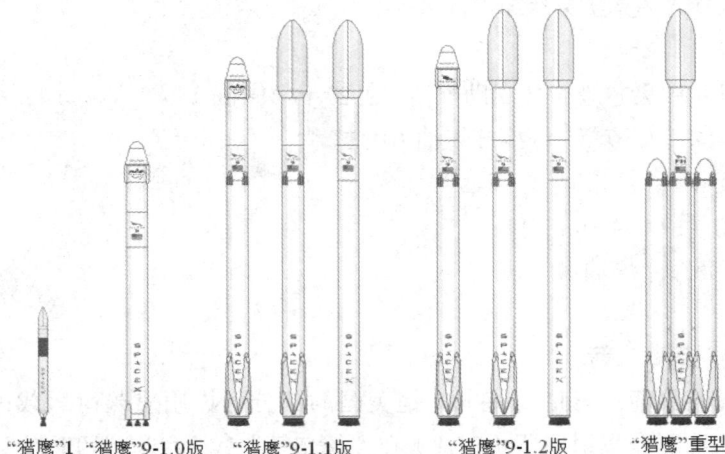

"猎鹰"1 "猎鹰"9-1.0版 "猎鹰"9-1.1版 "猎鹰"9-1.2版 "猎鹰"重型

图2-34 "猎鹰"运载火箭家族

"猎鹰"火箭家族由太空探索技术公司（SpaceX）开发和运营的多用途运载火箭家族，包括"猎鹰"1、"猎鹰"9和"猎鹰"重型发射系统。

"猎鹰"1于2008年9月28日首飞成功。"猎鹰"9号于2010年12月8

日成功把"龙"飞船从卡纳维拉尔角发射升空。约十分钟后,飞船进入太空轨道。这是宇宙探索技术公司"龙"飞船的首次不载人太空飞行,是商业轨道运输服务的首次飞行。2012 年 5 月 22 日,"猎鹰"9 号火箭完美发射"龙"号太空飞船,成功将飞船的补给品送往国际空间站。

"猎鹰"重型运载火箭是"猎鹰"9 号运载火箭的衍生型,由一个强化的"猎鹰"9 号中央芯级和两个额外的"猎鹰"9 号第一级组成。这让"猎鹰"重型运载火箭的近地轨道运载能力达到 63.8 吨,而"猎鹰"9 号运载火箭全推力版近地轨道运载能力仅有 22.8 吨。"猎鹰"重型运载火箭一开始就按照载人标准设计,并具有向月球或火星发射载人任务的潜力。另外也可以发射小行星采矿所需要的重型挖掘机具。

"猎鹰"重型运载火箭

高度:70 米。

直径:3.66 米。

质量:1,420,788 千克。

级数:2+。

辅助火箭

辅助火箭数量:2。

发动机:9 台 Merlin 1D。

燃料深冷却液氧 / 深冷却煤油 RP-1。

第一级

发动机(中央芯级 + 两支助推器):27 台 Merlin 1D。

燃料:深冷却液氧 / 深冷却煤油 RP-1。

第二级

发动机:1 台 Merlin 1D。

燃料:液氧 / 煤油 RP-1。

"火神"运载火箭

"火神"火箭(Vulcanrocket)是美国的部分可再用重载荷运载火箭,自 2014 年以来由联合发射联盟(ULA)在"德尔塔"IV 运载火箭和"宇宙神"V 基础上开发,首次发射要在 2019 年以后。

第3章 人造卫星

人造卫星是人类用火箭把人造物体送入围绕地球或其他星体的轨道，用于完成某些特定任务的人造天体。地球轨道上的载人航天器，如太空飞船、航天飞机和太空站都属于人造卫星。但是太空碎片，如未落地球的没有烧掉的火箭助推器、空的燃料箱等并不属于人造卫星。

1955年7月29日美国宣布1957年7月到1958年12月的国际地理年将发射一颗科学探测卫星。那时美国有3个候选运载火箭，空军的"宇宙神"导弹、陆军的"红石"导弹和海军的"海盗"探空火箭。但是"宇宙神"和"红石"弹道导弹是重要军事项目，不能因为额外太空发射任务而延误。因此，海军的"海盗"探空火箭的改型"先锋"火箭于1955年9月被选为美国第一颗卫星的运载火箭。"先锋"火箭由海军研究试验室研发，马丁公司制造。卫星重量虽然不到2公斤，却装有很多科学研究的高精密电子仪器。

1955年7月31日，苏联也宣布在1957年秋天国际地理年发射一颗卫星。到1957年10月4日，苏联成功发射人类第一颗人造卫星"史泼尼克"1号（84公斤），每99分钟绕地球一圈，并发出无线电信号，供地面接收。紧接着，1957年11月3日苏联又发射"史泼尼克"2号（508公斤）。"史泼尼克"2号还携带了一只名叫"莱卡"的小狗，它是第一个遨游太空的生命。苏联的卫星发射，轰动了世界，也引起了美国的"史泼尼克"危机。

当时美国总统艾森豪威尔决定尽快发射"先锋"火箭。首次发射安排在1957年12月6日，但是火箭发射时爆炸，发射失败。1958年1月31日，艾森豪威尔不得不改用来自陆军"红石"中程弹道导弹的"朱诺"1号运载火箭，将美国第一颗卫星"探索者"1号送入地球轨道。卫星净重14公斤，装有很多科学研究的电子设备。这些设备获得大量太空情况的新信息，最重大的发现是环绕地球有一条"范·艾伦辐射带"。

现在世界上有大约40个国家研发、发射和运营各种卫星。大约有3,000个有用卫星，以及6,000个太空碎片围绕地球轨道运转。

人造卫星发展很快，种类繁多，根据任务，人造卫星有科学研究卫星、通信卫星、导航卫星、气象卫星、地球观测卫星和军用卫星等。本章介绍地球轨道卫星的几种主要应用。第 11 章还要介绍太阳系的探测和宇宙观察卫星。

3.1 通信卫星

卫星通信是利用人造卫星提供地球上各点之间的信息传播。卫星通信在全球电信系统中起着至关重要的作用。有 2,000 个左右人造卫星绕行地球承担着语音、视频、数据和信号的全球传播。

卫星通信系统主要有两部分组成：地面部分包括发射、接收及配套的固定和移动设备；空间部分主要是通信卫星本身。一个典型的卫星通信链包括信号从地面站到卫星的上传输和卫星对信号接收、放大和移频后重新传回地面的下传输，并由地面站和终端接收、再增放、输送到用户。卫星地面接收器包括直接到户的卫星设备、移动接收设备、卫星电话和手持设备。

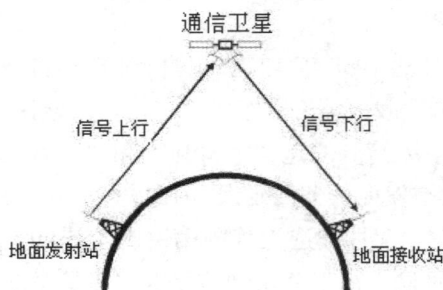

图 3-1　卫星通信

3.1.1 通信卫星

人们利用无线电波进行通信，其中超短波（10 ～ 1 米）和微波（波长 1 米以下）通信具有传输信息容量大、稳定可靠等优点，适于远距离通信。但是超短波和微波也有缺点，它们只能直线传播，一旦被高山阻隔或处于地平线之下，就无法传播了。

过去，为了让超短波和微波传播得更远，人们在地面建立起"驿站"——每隔 50 公里左右建立一个中继通信站。每个中继通信站都有接收机、发送机和塔式天线。电波通过中继通信站的接力，便可向远方传播。但是在地面上建造中继站造价昂贵，而且遇到海面就无法建造中继站，洲际通信只能望洋兴叹。

为了寻找理想的"驿站"。人们首先想到了飞机，但是，飞机在空中扎不了"根"。人们又想到月亮，但是月亮本身要吸收电波的部分能量，回波信号很弱，加之干扰大，不清晰。再有，月亮距地球 38 万多公里，电波往返路程约 77 万公里，信息来回要延误两秒半钟。因此，月亮"驿站"也不理想。

人造地球卫星上天后，人们看到它将是微波通信的理想"驿站"，它常驻太空，轨道可以人为设计，信号可以放大，几乎没有时间延迟。

1958年12月18日美国军方发射了"信号通信轨道转发器"卫星，它带一台存储和播送声音的带式录音机。用于播送艾森豪威尔总统对全世界的圣诞节问候。虽然"信号通信轨道转发器"不是真正意义上的通信卫星，但是它开创了发展通信卫星的大门。

1960年8月12日美国发射了世界上第一个真正通信卫星"回声"Ⅰ号，它是一颗用镀铝塑料薄膜制成的球形无源通信卫星，信号从地面站发出，由"回声"Ⅰ反射到另一个地面接收站。"回声"Ⅰ号一直留轨到1968年5月24日。

1960年10月4日发射的"快递"1B是世界第一个有源通信卫星，可以接收、放大和发射无线电信号。该卫星工作了17天，绕地球228圈。与无源通信卫星不同，有源通信卫星内部具有产生无线电波的能源，它接收到微弱的电波信号后，再把它变成大功率的信号发回地面。

1962年7月10日发射的"电星"1号是第一个有源、直接转播的通信卫星。"电星"1号近似球形，直径0.88米，重77公斤，旋转稳定，外表覆盖太阳电池，提供15瓦微弱电力。卫星处于地球低轨道，轨道倾角45°，周期2小时37分，近地点1,000公里，远地点6,000公里。卫星较长时间悬挂在北半球，以便延长在北半球转播时间。"电星"Ⅰ号首次从太空传播了电视、电话和传真。

"辛康"1号是地球同步轨道商业卫星首次试验，发射于1963年2月14日，轨道倾角30°，在大西洋上空，开始工作正常，后来在调轨过程失去联系。"辛康"2号发射于1963年7月26日，每天绕地球一转，轨道倾角33°，星下点轨迹为长8字，有南北运动，要专门设备跟踪。

今天，借助于通信卫星，人们能够和远隔重洋的亲人通电话和打电报；从电视上观看世界新闻和体育比赛；传送整个版面报纸和各种数据资料；医生给万里之遥的病人诊断；部队的将领指挥千里之外的战争。通信卫星给人类的社会活动和日常生活带来巨大的变化。

3.1.2 地球静止轨道通信卫星

从1945年10月英国杂志《无线电世界》发表英国科学家克拉克的《地球外的中继站》论文，提出向地球同步轨道发射卫星进行全球通信的设想，到1963年同步卫星首次进行实验性通信，前后不到20年。此后，通信卫星技术日新月异，无论是在通信容量方面，还是在转播器辐射功率及卫星使用寿命等方面，都有了长足发展。如今，

图3-2 近似球形的"电星"1号

在离地球表面约 36,000 公里的地球静止同步轨道上，驻留着 100 多个人造通信卫星，承担了全部洲际通信业务和电视传输。

地球同步轨道通信卫星第一个特点是高，而且覆盖面积大。距地面 35,860 千米，覆盖 1 亿 7 千万平方公里，约为地球表面的三分之一。如果在赤道上空地球同步轨道均布三至四颗通信卫星，便可实现除南、北两极之外的全球通信。

地球赤道同步通信卫星的另一个特点是固定，位于地球赤道的上空，以每秒 3.07 千米的速度自西向东绕地球作圆周运动。环绕地球一周的时间为 23 小时 56 分 4 秒，与地球自转一周的时间相等。从地面上看去，它好像"悬停"在空中，所以又称为"定点卫星"，其轨道称为"地球静止轨道"。由于"定点"和"静止"，地面站的天线就不必为了跟踪卫星而整天转动。

第一颗真正地球静止卫星"辛康"3 号发射于 1964 年 8 月 19 日，定点在东经 180°，太平洋国际日变更线上空。"辛康"3 号转播了 1964 年东京奥林匹克夏季运动会。

国际通信卫星组织的"国际通信卫星"1 号发射于 1965 年 4 月 6 日，定位在西经 28°。它是大西洋上空第一颗静止通信卫星。国际通信卫星组织建立于 1964 年，该组织已增加到 148 成员国。到 2001 年，该型号卫星已发展到第九代"国际通信卫星"9，每一代都在体积、重量、技术、通信能力、卫星寿命等方面有一定提高。

图 3-3 克拉克
（1917.12.16–2008.3.19）

1972 年 11 月 29 日，服务北美大陆的第一颗静地卫星，Anik A1，由加拿大卫星通信公司发射；接着美国的金融服务和通信公司西联在 1974 年 4 月 13 日发射了相应 Westar 1 静地卫星。1974 年 12 月 19 日，法德研制的世界上第一颗 3 轴稳定地球静止轨道通信卫星 Symphonie 发射。地球静止轨道通信卫星像雨后春笋一样地发展。

3.1.3 近地轨道通信卫星

近地轨道卫星对地面位置改变快，要使任务连续不断，需要大量卫星组成一个卫星星座，来提供服务。

近地轨道卫星发射比静地轨道卫星便宜，由于接近地面，不需要高的信号强度（信号强度随距离平方下降）。因此，卫星数量和费用间有补偿。此外，两种卫星所需地面和机载设备也大不一样。

典型近地轨道卫星星座有 Iridium 和 Globalstar。Iridium 近地轨道卫星星座有 66 颗卫星，高度在 781 公里，提供全球卫星电话，传呼机和无线电收发两用机的语音和数据通信；Globalstar 有 48 颗卫星，高度在 1400 公里，提供卫星电话和低速数据通信。

不提供连续覆盖也是可行的，如卫星经过地球某地上空时接收储存信息，经过另一地方再播该信息。加拿大的 CASCADE 系统就是这种情况。另一个使用储存和播放方式的是 Orbcomm 公司的 M2 M 系统，它包括高度在 775 公里的 29 颗卫星，提供全球资源的监测和信息服务。

3.1.4 大倾角大偏心率椭圆轨道通信卫星

地球静止轨道通信卫星不用在艰难地区建造中继通信站，就可以把整个国家方便地联系起来，这对于领土辽阔、东西跨 13 个时区的苏联是最理想的选择。但是地球静止轨道卫星必须布置在赤道上空。在高纬度地区，地球静止轨道卫星出现在地平线上空的高程低，不但影响连接，而且有地面效应（信号从地面反射到地面天线引起的干扰）。

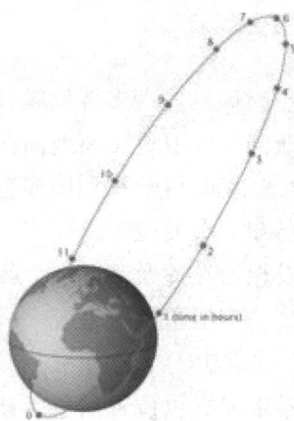

图 3-4 "闪电"信卫星轨道

在 20 世纪 60 年代早期，苏联通信科学家就研究让通信卫星能高悬在北半球的"闪电"卫星通信系统。卫星所在轨道叫"闪电"卫星轨道，它是一个大倾角大偏心率椭圆轨道，轨道倾角 62.8°，远地点在 44,000 公里，而近地点在 400 公里。轨道周期约 12 小时，其中 10 小时在俄罗斯上空，2 小时快速绕过南半球。卫星在远地点附近时，卫星对于北半球的俄罗斯、北欧、格陵兰及加拿大都有很好的可见度。一个 3 颗"闪电"卫星星座就可以提供不间断覆盖。

3.2 导航卫星

3.2.1 卫星导航

美国卫星导航系统是覆盖全球的自主空间定位的卫星系统，让小巧的电子接收器确定它的所在位置（经度、纬度和高度）。

截至 2012 年，只有美国的全球定位系统（GPS：由 24 颗卫星组成）及苏联的格洛纳斯系统（GLONASS）是覆盖全球的定位系统。中国的北斗卫星导航系统（BDS）于 2012 年 12 月开始服务于亚太地区，预计 2020 年覆盖全球。欧洲联盟的伽利略定位系统为初期部署的全球导航卫星系统，预定 2020 年才能够充分运作。其他国家，包括法国、日本和印度，都在发展区域导航系统。

每个覆盖全球的卫星导航系统通常都由 20~30 颗卫星组成，分布在几个轨道平面上的中地球轨道上。实际的系统各不相同，但是使用的轨道倾斜都大于 50°，轨道周期都是 12 小时左右（高度大约 20,000 千米）。

20 世纪 60 年代中期，美国军方在地球轨道上组建导航卫星星座，帮助军方定位船舶、飞机和人员位置。先建立了 5 颗卫星的"子午仪"（Transit）系统，后来又发展 Timation 系统和 621B 导航卫星系统。尔后 Timation 和 621B 合并，发展了后来的 24 颗卫星和 3 颗备用卫星的全球定位系统（Global Positioning System）。全球定位系统用户定位在米级以内。步兵可以非常精确确定他们的位置，比看地图更可靠；飞机不需要传统导航设备就可以飞往世界上任何地方；武器有精确制导能力。

3.2.2 "子午仪"卫星导航系统

1958 年美国科学家在跟踪苏联第一颗人造地球卫星时偶然发现多普勒频移现象，即卫星飞向地面接收机时，无线电信号频率逐渐升高，卫星飞离地面接收机时，频率就变低。约翰·霍普金斯大学应用物理实验室的科学家利用多普勒频移现象确定人造卫星的轨道。该中心认为，如果已知卫星的位置，应该也能测量出接收者的所在位置，这就是导航卫星的基本设想。在此及基础上，约翰·霍普金斯大学应用物理实验室为美国海军研制了第一个卫星导航系统——"子午仪"卫星导航系统。在军事和民用方面取得极大的成功。

系统的空间部分是 5 颗卫星组成的星座，用于向潜水艇提供位置信息，该系统也用于海军导航，及水文和大地测量。

系统于 1958 年开始发展，"子午仪"的原型卫星 1A 发射于 1959 年 9 月，但是没有进入轨道。第二颗"子午仪"卫星 1B 于 1960 年 4 月 13 日成功发射，系统于 1964 年投入海军服务。所用卫星在极地轨道，高度 1,100 公里，周期 106 分钟。星座包括 5 颗卫星，覆盖全球。系统实际上至少有 10 颗卫星在运行，因为每颗卫星的轨道上有一颗备用卫星。

"子午仪"系统卫星用 2 个超高频载波信号，提供及时的卫星 6 个轨道参数。轨道星历表和时钟校正从海军 4 个跟踪和注入站之一每天 2 次上传到每颗卫星。卫星接收器使用多普勒频率变化计算位置。"子

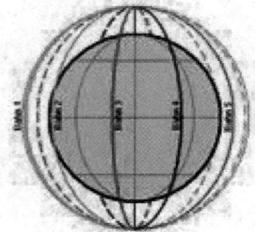

图 3-5　五颗"子午仪"
卫星星座的轨道

午仪"系统首次让世界各地时钟同步倒50毫秒以内。

由于"子午仪"无法提供高速、实时位置测量，1996年被全球定位系统完全替代。

3.2.3 全球卫星定位系统

全球定位系统（Global Positioning System –GPS）又叫全球导航卫星系统（global navigation satellite system–GNSS），由美国国防部研制，是世界上唯一完全投入服务的全球导航卫星系统。任何人，任何地方都可以自由利用该系统。系统包括24到32颗中高度轨道卫星星座，转播无线电信号，让全球定位系统接收器利用导航卫星进行测时、测距和测速。

全球定位系统于1973年开始研制，1978年发射第一颗卫星，1994年全面建成，1995年4月27日投入全面工作，历时20余年，耗资200亿美元，具有海、陆、空全方位三维导航与定位能力。

GPS系统的用户是隐蔽的，它是一种单程系统，用户只接收而不必发射信号，因此用户的数量是不受限制的。虽然GPS系统一开始是为军事目的而研制的，但很快在民用方面得到广泛应用，各类GPS接收机和处理软件纷纷涌现，应运而生。

目前全球定位系统是美国第二代卫星导航系统，使用者只需拥有GPS终端机即可免费使用该系统提供的服务。GPS信号分为民用的标准定位服务和军规的精确定位服务。民用讯号中人为地加入误差以降低其精确度，使其最终定位精确度大概在100米左右；军规的精度在十米以内。长期以来，美国对本国军方提供的是精确定位信号，对其他用户提供的则是加了干扰的低精度信号——也就是说，地球上任何一个目标的准确位置，只有美国人掌握，其他国家只知道个"大概"。在海湾战争时，美国还曾经置欧盟各国利益不顾，一度关闭对欧洲全球定位系统服务。

2000年以后，克林顿政府决定取消对民用信号的干扰。因此，现在民用GPS也可以达到十米左右的定位精度。

美国全球定位系统垄断了全球军用和民用卫星导航市场。美国利用全球定位系统获得巨大的经济利益，多年来在出售信号接收设备方面赚取了巨额利润。以1986年为例，当时一台一般精度的全球定位系统定位仪价格5万美元，高精度的则达到10万美元。现在价格虽然有所下降，但也可推算出20年来全球定位系统"收获颇丰"。以全球定位系统为代表的卫星导航定位应用产业，已成为八大无线产业之一。据美国国家公共管理研究院进行的调查评估表明，全球定位系统的全球销售额将以每年38%的速度增长，2005年全球定位系统市场达到 310 亿美元。

* 出台背景

由于"子午仪"系统对舰艇和舰船导航方面存在不少缺陷，美国海陆空三军及民用部门都感到迫切需要一种新的卫星导航系统。为此，美国海军研究实验室提出了 27 颗卫星，布置在 12,875 公里中高度的 Timation 全球定位计划，并于 1967 年、1969 年和 1974 年各发射了一颗试验卫星，在这些卫星上初步试验了原子钟计时系统，这是全球定位系统精确定位的基础。在这期间，美国空军也提出了在地球同步或接近地球同步轨道或 40,000 公里左右轨道布置 5 组 3 或 4 颗卫星的 621B 全球定位计划，该计划在信噪比低于 1 ％时也能将信号检测出来，为全球定位系统取得又一个重要基础。由于两个计划都是为了建立全球定位系统，1973 年美国国防部将二个计划合二为一，导致后来全球定位系统计划的诞生。

全球定位系统开始将 24 颗卫星放置在互成 120 度的三个轨道上。每个轨道上有 8 颗卫星，地球上任何一点均能观测到 6 至 9 颗卫星。这样，粗码精度可达 100 米，精码精度为 10 米。由于预算压缩，GPS 计划减少卫星发射数量，改为 18 颗卫星，分布在互成 60 度的 6 个轨道上。由于这一方案使可靠性得不到保障，1988 年又进行了最后一次修改，采用 21 颗工作星和 3 颗备份星工作在互成 30 度的 6 条轨道上。这就是现在全球定位系统卫星所使用的工作方式。

* 全球定位系统组成

全球定位系统包括 3 个主要部分：太空部分、控制部分和用户部分。

** 太空部分

全球定位系统 GPS 卫星星座由 24 颗卫星组成，其中 21 颗为工作卫星，3 颗为备用卫星。24 颗卫星均匀分布在 6 个轨道平面上上，即每个轨道面上有 4 颗卫星。

卫星轨道面相对于地球赤道面的轨道倾角为 55°，各轨道平面的升交点的赤经相差 60°，一个轨道平面上的卫星比西边相邻轨道平面上的相应卫星升交角距超前 30°。这种布局的目的是保证

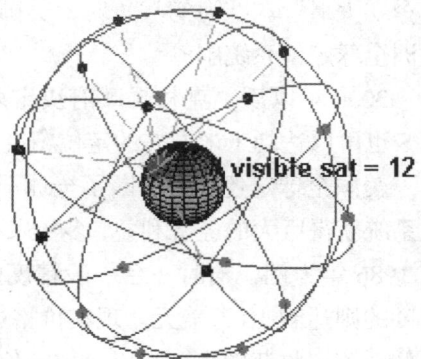

图 3-6 带地球旋转的 GPS 星座运动图
（注意在地球北纬 45° 给定点可见卫星数的变化）

在全球任何地点、任何时刻至少可以观测到4颗卫星。轨道高度20,200公里左右，轨道周期12小时，每颗卫星每天绕轨道飞行2圈。保证很好地覆盖地球表面。

全球定位系统卫星三轴稳定，星上有高精度原子钟，以确保频率稳定和系统时间同步。全球定位系统卫星由太阳提供动力，有备用电池，在日食无太阳能时提供能源。太阳板展宽5米，发射功率小于50瓦。卫星寿命至少10年。卫星上推进器，用于姿态控制。

卫星向地面发射五个波段的载波信号，频率分别为L1波段（1575.42兆赫兹）、L2波段（1227.60兆赫兹）、L3波段（1381.05兆赫兹）、L4波段（1379.913兆赫兹）和L5波段（1176.45兆赫兹）。

卫星不间断地发送自身的星历参数和时间信息，用户接收到这些信息后，经过计算求出接收机的三维位置、运动速度和时间信息。

全球定位系统卫星分试验型GPS I期，工作型GPS II期和更新的GPS III期。第II期又有II、IIA、IIR、IIR-M和IIF型号，其中I、II和IIA由洛克维尔国际公司制造，IIR和IIR-M由洛克希德·马丁制造，IIF由波音制造。

1995年7月17日，全球定位系统达到全部工作能力后，GPS完成了它的设计目的。但是对现有系统的新技术和新要求，导致全球定位系统更新。2000年美国国会批准全球定位系统GPS III。

** 地面控制部分

卫星轨道由设在夏威夷、夸贾林环礁、阿森松岛、迪戈加西亚岛、科罗拉多州的斯普林斯、科罗拉多的空军监测站，及国家地球空间信息情报局的监测站跟踪。跟踪信息送主控站，主控站设在科罗拉多斯普林斯的太空指挥部。主控站利用阿森松岛、迪戈加西亚岛、夸贾林环礁和科罗拉多斯普林斯地面天线联系全球定位系统卫星，对卫星进行导航更新，让卫星上的原子钟互相同步到纳秒级，并调整每颗卫星的位置星历表。

** 用户部分

用户定位设备由接收机、定时器、数据预处理器、计算机和显示器等组成。目前各种类型的接收机体积越来越小，重量越来越轻，便于野外观测使用。

* 应用

全球定位系统原来是专门用于洲际导弹导航，用它导航精确打击目标，军队依靠它来保证正确的前进路线。全球定位系统在1991年的海湾战争中首次得到实战应用。随后在科索沃战争、阿富汗战争、伊拉克战争和利比亚战争中都大显身手。从克林顿时代起，该系统开始用于民事。

全球定位系统具有海、陆、空全方位三维导航与定位能力。除了军用，在大地测量、工程测量、航空摄影测量、运载工具导航和管制、地壳运动监测、工程变形监测、资源勘察、地球动力学多个领域都获得广泛引用与好评。

今天，一提到全球定位系统，人们首先会想到 GPS 导航仪，随着系统的不断改进，硬软件的不断完善，应用领域不断开拓，目前已遍及国民经济各种部门，并逐步深入人们的日常生活。

3.3 气象卫星

3.3.1 气象卫星观察

气象卫星好像一个高空气象站，具有观测范围广、及时迅速、连续完整的特点，上面装有各种气象观测仪器、电视摄像机和图像传输系统等设备，观测全球范围的气象变化，拍摄全球范围的云层覆盖图并自动传输到地面。把通过卫星获得的气象资料同用其他方法获得的气象资料一起进行综合分析后，就可以准确地预报天气。

气象卫星大大地改变我们地球上的生活。在气象卫星前，气象专家可以观测 20% 地球表面气象条件。今天，气象专家可以观测 100% 地球表面，使人们能准确地获得连续的、全球范围的大气运动规律，每 6 小时更新温度、风力和风暴信息，做出精确的气象预报，大大减少灾害性损失。彻底改变了"天有不测风云"局面。

根据轨道划分，气象卫星主要有太阳同步轨道气象卫星（又称极轨气象卫星）和静止气象卫星。太阳同步轨道气象卫星周期 12 小时，每天对全球观察 2 次，地球全纬度都能观测到。静止气象卫星静止在地面上空，可以连续、重复对中低纬度地区观测。

气象预测过程中非常重要的卫星云图的拍摄也有两种形式：一种是借助于地球上物体对太阳光的反射程度而拍摄的可见光云图，这只限于白天工作；另一种是借助地球表面物体温度和大气层温度辐射的程度，形成红外云图，这可以全天候工作。

自 1958 年美国开始发射携带气象仪器的人造卫星到现在，已经形成了一个全球性的气象卫星网。目前，美国、欧洲、印度、中国、俄罗斯和日本的气象卫星提供几乎连续的全球气象观察和预报。

美国气象卫星由 NASA 研制，由国家海洋大气观察局运营。极地轨道气象卫星有"泰罗斯""艾萨"、改进"泰罗斯"系列和"云雨"系列卫星。地球同步气象卫星有"戈斯"系列卫星。

3.3.2 "泰罗斯""艾萨"、改进"泰罗斯"极轨气象卫星

1958 年 5 月，美国气象卫星委员会在计划它的未来任务时萌发了"泰罗斯"

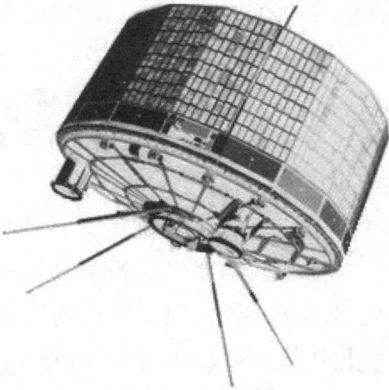

工程。"泰罗斯"是电视红外线观测卫星（Television Infrared Observation Satellite-TIROS）的简称。"泰罗斯"1 号发射于1960 年 4 月 1 日，开创了气象科学新纪元。从 1960 年到 1965 年，美国共发射了 10 颗"泰罗斯"气象卫星，其中最后两颗"泰罗斯"9 和"泰罗斯"10 是太阳同步轨道卫星。试验性"泰罗斯"（1-10）气象卫星获得巨大成功，为后续气象卫星发展奠定了基础

图 3-7 "泰罗斯"1 号气象试验卫星

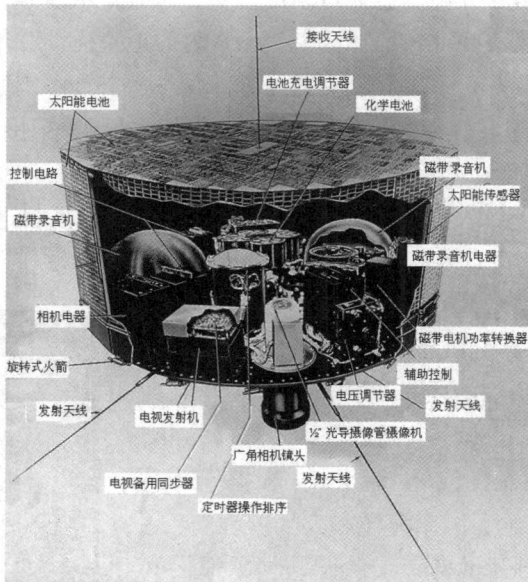

图 3-8 "泰罗斯"1 号气象试验卫星内部结构

"泰罗斯"1 号为圆柱形，由 18 块太阳电池板构成，高 57 厘米，宽 107 厘米，重 121 公斤。两台电视摄像机，一台相机有广角镜头，另一台相机有长焦镜头。

卫星侧面覆盖 9620 块光电池，给内部镍镉电池充电，提供摄像机、遥控磁带记录仪、通信设备，以及指挥系统电力。"泰罗斯" I 有 4 根发射天线和 1 根接收天线。

"泰罗斯" 1 号气象试验卫星轨道倾角 48°，轨道周期 99.19 分，近地点 796 公里，远地点 867 公里，是一个近圆轨道。卫星大约覆盖北纬 48° 到南纬 48°。使用广角镜头卫星可以斜看到纬度 55°。卫星旋转稳定，当它和火箭第三级分离时，转速约 136 转/分。为了拍摄清晰照片，在入轨道后，旋转速度降到 12 转/分。

"泰罗斯" 1 工作 78 天，绕地球 1302 圈，生成当时最高水平的 23,000 张地球彩色图。观察所得彩色图片传真到世界各地气象局和研究中心。1960 年 6 月 17 日，由于电器问题，"泰罗斯" I 失效，6 月 29 日退休。

作为"泰罗斯"极轨气象卫星的改进，"艾萨"成为应用极轨气象卫星系统。1966 年 2 月 3 日"艾萨" 1 号由"德尔塔"火箭，从佛罗里达州卡纳维拉尔角升空，一直工作到 1966 年 10 月 6 日摄像机出问题，留在轨道一段时间用于其他用途，1967 年 5 月 8 日"艾萨" 1 完全停止工作。从 1966 年到 1969 年，共发射了 9 颗"艾萨"卫星，名为"艾萨" 1 到"艾萨" 9。

"艾萨" 1 号气象卫星旋转稳定，发射质量 304 公斤，轨道平面倾角 97.91°，轨道周期 100 分钟。近地点 702 公里，远地点 845 公里。"艾萨" 1 号的设计和"泰罗斯"卫星相似，也是一个 18 边的正棱柱，对角尺寸 107 厘米，高 56 厘米。"艾萨" 1 号有 10,000 块 1 厘米乘 2 厘米的太阳光电池，给 21 块镍镉电池充电。卫星转速 9.225 转/分。"艾萨" 1 号用于拍摄和记录白天云层，经过地面站时，把照片和信息发回地面。

"艾萨"系列后，"泰罗斯"系列卫星继续发展，出现改进"泰罗斯"系列，如"泰罗斯"–M、"泰罗斯"–N 和高级"泰罗斯"–N 系列极轨气象卫星。

3.3.3 "云雨"系列极轨气象卫星

1964 年 8 月 28 日，美国开始发射第二个系列极轨气象卫星——"云雨"号。从 1964 年到 1978 年，一共发射了 7 颗"云雨"卫星。后来 NASA 把"云雨"号任务的技术转让给了国家海洋和大气管理局。

"云雨"系列卫星携带了绘图、气象探测和其他领域研究的各种仪器，部署在太阳同步轨道，倾角 98.48°，近地点 450 公里，远地点 924 公里。

美国下一代监测地球气候、大气、海洋、

图 3-9 "云雨"系列卫星示意图

陆地和近太空环境的卫星系统是极轨环境卫星系统（NPOESS）。极轨环境卫星系统将保持目前美国航空航天局采用的成熟技术和传感器版本。第一颗NPOESS卫星，估计于2013年发射。

3.3.4 "戈斯"系列地球静止轨道气象卫星

"戈斯"系列地球静止轨道气象卫星支持天气预报，跟踪暴风雨和气象研究，以便更好地了解陆地、大气、海洋和气候的相互作用。"戈斯"系列地球静止轨道气象卫星在地球赤道平面35,800公里上空与地球同步运行。从地球同步轨道高位拍摄地球气象大幅照片，通过连续观测，提供大量分析数据。

卫星每天提供半个地球的可见和红外图片。第一代"戈斯"卫星（1-7）由休斯公司制造，旋转稳定。第一代"戈斯"（8-12）由罗拉公司制造，三轴稳定。第三代"戈斯"（13-15）主要由波音公司制造，其中"戈斯"15发射于2010年3月4日。

"戈斯"卫星发射前按字母（A,B,C...）命名。一旦发射成功，用数字（1,2,3...）命名。因此"戈斯"A到"戈斯"F变成"戈斯"1到"戈斯"6。"戈斯"G发射没有成功，因此不会有数字。自那以后，"戈斯"H到"戈斯"N变成"戈斯"7到"戈斯"13，其余类推。

下一代"戈斯"是"戈斯"R系列卫星，正在计划阶段。第一颗"戈斯"R系列卫星2015年发射，工作到2027年12月。有效载荷包括先进基线成像仪、磁层粒子传感器、高能重离子传感器、太阳能和银河质子传感器、太阳紫外线成像器、太阳X射线传感器、紫外传感器、地球静止闪电映射仪和磁力计。

图3-10 "戈斯"1卫星示意图

图3-11 "戈斯"1获得的第一张图片

"戈斯"1是美国第一颗地球静止应用环境卫星，1975年10月16日"戈斯"1搭载"德尔塔"火箭从卡纳维拉尔角空军基地升空，置于印度洋赤道正上方地球静止轨道。卫星进入地球静止轨道9天后的1975年10月25日发回第一张图片。

"戈斯"1地球静止轨道气象卫星

寿命：111个月。

轨道：地球静止轨道。

近地点：34,165公里。

远地点：36,458公里。

转速：100（转/分）。

倾角：9.9°。

"戈斯"1携带有效载荷包括可见光红外自旋扫描辐射计，提供日夜地球云层图像。此外，"戈斯"1还有太空环境监测仪和数据收集系统。卫星携带的其他仪器还有搜索和救护应答器、数据收集器、地面数据平台转播系统和太空环境监测器等。当前在位的4颗"戈斯"卫星如下。

"戈斯"-11设为"戈斯"-西，在西经135°，覆盖太平洋；

"戈斯"-12设为"戈斯"-南，在西经75°，覆盖南北美洲和大西洋；

"戈斯"-13设为"戈斯"-东，在西经105°，提供大部分美国气象信息；

"戈斯"-14于2009年7月7日入轨，定位西经90°，被安置在轨道上备用。

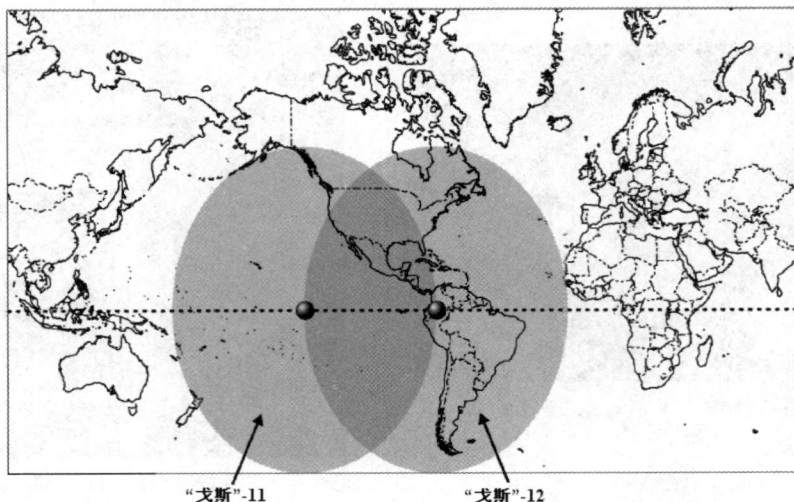

图3-12 "戈斯"11-西经135°和"戈斯"12-西经75°覆盖范围

3.4 地球资源卫星

3.4.1 卫星地球资源勘探

地球资源卫星是勘探和研究地球资源的人造地球卫星。先进的资源卫星代表了 20 世纪后期的卫星技术、遥感技术、数据传输与处理技术的综合发展。地球资源卫星系统由地球资源卫星和地面系统组成。卫星利用多光谱遥感设备获取地物目标辐射和反射的多种谱段的电磁波信息。信息转换成电信号后，通过数据传输系统发送到地面站。遥感数据处理中心根据事先掌握的不同地物的波谱特性，对地面接收站所收到的数据进行处理和判读，了解地球矿物、水源、植物等资源分布信息。

地球资源卫星的出现不但让人类从太空高度观察地球上的各种现象和变化，而且把人类视觉从可见光范围扩展到红外和紫外光辐射范围，使人类对地球的观察进入一个崭新时代。

地球资源卫星要在相同光照条件下获取地面目标的图像和对同一地点周期性地探测，因此地球资源卫星选用太阳同步轨道。轨道高度在 500 公里到 900 公里，轨道倾角 97º 到 99º。卫星高度较低，受大气阻力和其他摄动力影响较大，需要轨道维持。

3.4.2 "陆地"卫星

"陆地"卫星是美国利用星载遥感器获取地球表面图像数据进行地球资源调查的卫星。1968 年，有关部门提出用一颗卫星进行地球资源观测，1969 年该要求得到批准，与 NASA 建立一个合作计划，并获得资金。到 1972 年 7 月 23 日第一颗地球资源技术卫星发射，该卫星后来改叫"陆地"卫星。第 7 颗"陆地"卫星发射于 1999 年 4 月 15 日。

"陆地"卫星项目是美国从太空获取地球照片的最早计划。"陆地"卫星上的仪器已经获取数百万张照片，供应美国和世界各地需要。"陆地"卫星 7 有 8 个光谱段，空间精度从 15 到 60 米。

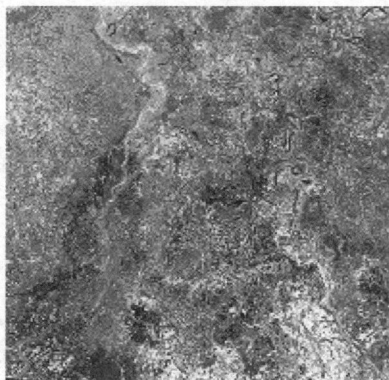

图 3-13 "陆地"卫星 7 拍摄的印度加尔各答地区彩色卫星图片

通用电气公司制造了头三个"陆地"卫星，它们是"云雨"系列气象卫星的加大和改进，用于系统调查地球表面的试验。当"陆地"卫星 1 开始传送地球图形时，来自 50 个国家的 300 名调查人员对图形质量都非常惊讶，很快证明可以用作土地管理、能源寻找和环境调查。

"陆地"卫星 1 号的星载设备包括：①一台三相机返回束摄像机，安装于卫星底部，用于探测可见光和近红外信号；②一台 4 通道多光谱扫描仪，用于接收地表的电磁辐射；③一个数据收集系统，用于向地面接收站发回有用信号。通过这些设备，"陆地"卫星 1 号每天向地球发回 188 帧图像。

根据 NASA 的相关规划，它邀请了包括加拿大、巴西、意大利等其他一些国家参与"陆地"卫星计划的实施（主要是在这些国家修建地面接收站）。这些国家因此可以有偿获得"陆地"卫星 1 号发回的遥感图像。

近 40 年来，"陆地"卫星收集了大量地球表面数据，支持全球变化的科学研究和应用。最近的"陆地"卫星 8 发射于 2013 年 2 月 11 日。

3.4.3 地球观察系统

1987 年，里根政府第二任期，为了强化美国在太空探险领域的领导地位，NASA 成立了一个任务组，由女航天员 Dr. Sally Ride 领导，确定 NASA 未来太空项目。该组拟定了四个不同探险领域，其中之一就是我们的地球，该任务叫"地球使命"，后来改名为"地球科学"，目的是科学地了解整个地球。

NASA 的"地球科学"开始于 1991 年，作为从太空研究地球环境变化的综合计划，通过各种地球观察仪器获取数据，以便科学家深入了解当地资源，加强对自然灾害的预报能力和观察人类活动对环境的影响。当前数据收集项目包括大量围绕地球的卫星、航天飞机和空间站等。

"地球科学"观察系统不但向全世界研究人员提供观察数据，而且提供一般民众的教育。"陆地"卫星也是地球观察系统大家庭成员之一。

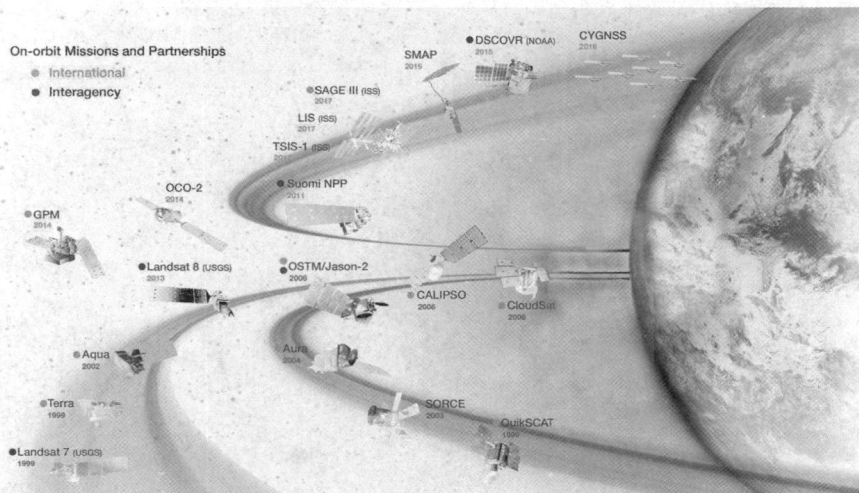

图 3-14　NASA 地球观察系统（图中 Landsat 8 即为"陆地"卫星 8）

从 1997 年到 2013 年，地球观察系统已经发射了包括"陆地"卫星 8 在内的 22 颗卫星。

第4章 "水星"计划

"水星"计划（1959年到1963年）是美国第一个载人航天飞行计划，目的是把人送入地球轨道，然后安全返回地球。探讨太空对人体的影响、人类是否能够适应太空失重、人类能否在太空完成各种动作。早期的"水星"计划由国家航空航天局的前身——国家航空咨询委员会执行，本计划的实施由新成立的国家航空航天局负责。1958年10月7日，国家航空航天局第一任局长基思·格莱南批准"水星"计划，12月17日公开宣布"水星"计划。

要实现围绕地球轨道载人飞行，首先要试飞火箭；其次得打造飞船；还要建立全球无线电通信系统和选拔、培训航天员。

1958年12月29日，北美航空公司获得用于试验的"小乔伊"火箭设计和制造任务。1959年1月麦克唐纳飞机公司被选为"水星"飞船主要合同方，2月获得12个"水星"飞船合同。来年1月，西方电气公司获得"水星"跟踪网合同，合同金额3千3百多万美元。1959年4月选出"水星"计划的7位航天员，即"水星"七杰。

到1960年1月，麦克唐纳交付第一个生产型"水星"飞船。4月第一个"水星"飞船运到沃罗普斯岛供试验。5月9日，试验完全成功。

第二年5月5日，航天员艾伦·B·谢泼德驾驶"水星"飞船和运载火箭"自由"7号成功进行首次载人亚轨道飞行，成为继苏联之后世界上第二个具有载人航天能力的国家。1962年2月20日，航天员约翰·格伦实现美国首次绕地球轨道飞行。

4.1 "水星"载人飞船

"水星"载人飞船用于搭载一位航天员进入太空并将其安全送回地面。飞船外形呈圆柱加圆锥形状，长3.51米，锥底直径1.89米。发射重量1,935公斤。

飞船的上面是逃逸塔。底部有一个烧蚀隔热罩，保护飞船重返大气时不被烧坏。实验证明，烧蚀隔热可靠、厚度薄、重量轻，而且生产容易和便宜。

逃逸系统包括 3 个固体助推火箭和逃逸塔。如果发射时运载火箭出问题，逃逸系统火箭启动，拉着"水星"飞船和航天员脱离问题火箭。然后固体分离火箭把飞船和逃逸系统分离，飞船靠降落伞回收系统降落。

飞船头部有一块小的金属件，叫扰流板。当飞船飞入大气时，流经扰流板的气流把飞行器转动到适当位置，让隔热板首先再入大气。飞船再入大气时，航天员要经受 4g 过载。

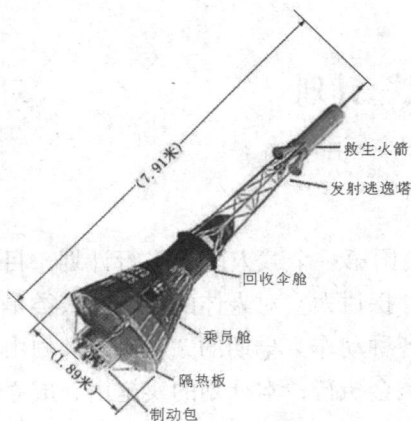

图 4-1　"水星"计划载人飞船和逃逸塔

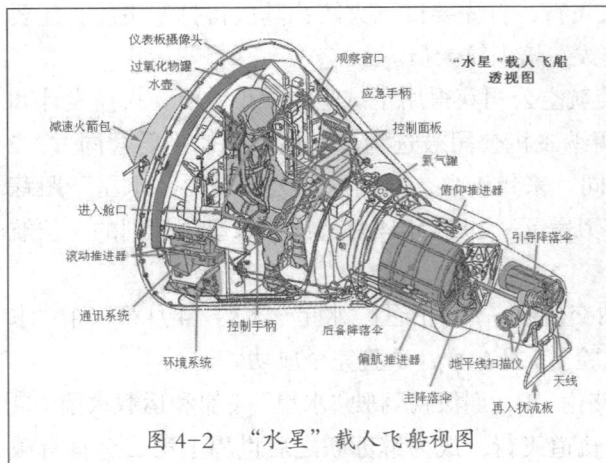

图 4-2　"水星"载人飞船视图

图 4-3　Maxime Faget
（1921 年 8 月 26 日 ~2004 年
10 月 9 日）

图 4-4　"水星"飞船的隔热罩和 3 个制动火箭

"水星"飞船的乘员舱尺寸较小，1.7 立方米，只能容纳 1 名航天员，里面还有 120 个控制器：55 个电子开关，30 个保险器和 35 个机械杆件。"水星"载人飞船由 Max Faget 和 NASA 的太空任务组设计。

"水星"飞船安装了偏航、俯仰和滚转的自动和手动喷管，用于轨道插入后到返航启动前姿态控制，没有轨道改变能力。飞船设计保证驾驶员无法工作时，可以完全由地面控制。

　　飞船有 3 个固体燃料制动火箭，每个工作 10 秒钟，如果其他 2 个失效，一个也能保证飞船返回地球。它们的点火程序是第一个启动，5 秒后第二个启动（第一个仍在工作），再 5 秒后第三个点火（第二个仍在工作）。

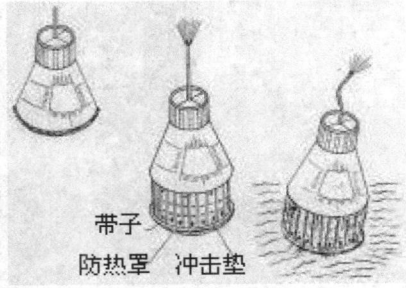

带子
防热罩　冲击垫

图 4-5　着陆气囊

　　重返大气层后，小引导减速伞在 6,405 米高空打开，开始对飞船减速以备着陆。主降落伞在 3,050 米高空打开，继续对飞船减速，为水上着陆做准备。在撞击水面之前，着陆气囊从防热罩后面急速膨胀以减少撞击力。着水之后，其他的气囊立即膨胀，使太空舱在水中保持直立。

　　NASA 前后向麦克唐纳飞机公司订购了 20 艘"水星"飞船，命名为"水星"1 到 20，其中"水星"10、12、15、17 和 19 没有飞行；"水星"3 和 4 在无人试飞行时毁坏；"水星"11 沉没海底，38 年后才从大西洋洋底捞回。有些飞船生产后又改装，并在它们编号后架一个字母，如"水星"2B 和 15B。有些"水星"改装了 2 次，如"水星"15 变成"水星"15A，然后又变成"水星"15B。

　　NASA 和麦克唐纳飞机公司还制造了一些简易"水星"飞船（使用代用材料或不带飞行系统的飞船模型/样机/复制品），用于试验飞船回收系统、逃逸塔及火箭发动机。试验主要在兰利研究中心和沃罗普斯岛的发射台进行。

4.2 运载火箭

"水星"计划主要使用三种运载火箭

　　* "小乔伊"火箭：8 次无人亚轨道飞行，其中 2 次搭载猴子，多次用于逃逸系统试验。

　　* "红石"火箭：4 次亚轨道飞行，其中 1 次搭载一只猩猩；2 次载人亚轨道飞行。

　　* "宇宙神"火箭：4 次无人亚轨道飞行；2 次无人轨道飞行，其中 1 次搭载一只猩猩；4 次载人轨道飞行。

"宇宙神"火箭＋"水星"，"红石"火箭＋"水星"，"小乔伊"火箭＋"水星"

（轨道飞行）　　　　（亚轨道飞行）　　　　（无人试验）

图4-6　"水星"计划星箭图

"小乔伊"火箭是一种专门为"水星"项目设计的固体助推火箭，用于逃逸塔和夭折过程试验；"红石"火箭用于亚轨道飞行；"宇宙神"火箭用于轨道飞行。"宇宙神"的原来有效载荷是核弹头，现在的有效载荷是"水星"飞船，需要额外推力来补偿重量增加。

1961年11月1日"水星"项目还用"侦察兵"火箭发射了一颗小卫星，测试全球范围的"水星"跟踪网，但是卫星没有入轨。

4.3 航天员选拔和训练

在1958年"水星"计划的早期，关于航天员的选拔，人们尚不清楚什么类型的人能够胜任航天员的任务，曾考虑过的几种人，包括特技演员、马戏团演员、游泳运动员和赛车手。最终，NASA要求航天员候选人年龄应在25～40岁之间，身体健康，身高1.8米以下，文化素质高，受过理工科教育的军机飞行员，而且要当过飞机试飞员，因为试飞员能够在危险条件下快速应急反应。

于是NASA官员们开始筛选部队飞行员的服役记录，选拔了508人，后来又缩小到110人，这些飞行员分别来自海军、空军和海军陆战队。接着在110名飞行员中选择69人，于1959年2月到华盛顿报到，参加筛选测试，其中包括面试、书面测验和体检。在这69名飞行员当中，有32人被选中参加俄亥俄州和新墨西哥州的进一步测试，包括全面的医学和心理评估，以及承受重力加速度、振动和隔离等环境测试。大多数"水星"计划的航天员是第二次世界大战和/或朝鲜战争的老兵。他们有丰富的飞行经验并且健康状况极好。

1959年4月9日,其中7位选中成为航天员,进行集训。部分培训在兰利研究中心进行。训练包括在"水星"飞船系统中的训练以及飞行训练;沙漠、丛林和海洋各种环境的生存训练;火箭发射和再入大气的巨大过载训练和经受18g的眼球考验。他们刻苦练习,争取成为第一个进入太空的美国人。

除了进行体能训练外,"水星"七杰利用自己的专业特长在通信、仪器、航天服、火箭和电力系统等诸多方面贡献良多。在他们的坚持下,飞船配备了观察窗口、重返大气层的推进器手动控制装置和配有爆炸螺栓的逃生舱——他们希望能够主动驾驶飞船并且在需要的情况下逃生。他们是飞行员,仅仅乘坐一艘完全自动化飞船的想法与他们的天性相违。

经过数年的准备,7位航天员中6位飞行了"水星"任务。唐纳德·斯雷顿因为脉搏不正常,1962年起停飞,到1972年恢复飞行,1975年执行了美苏"阿波罗"-"联盟"号对接任务。

谢泼德成为首次进入太空的美国人,执行了15分钟亚轨道飞行。格伦实现了美国首次载人绕地球飞行。1971年谢泼德又作为"阿波罗"14指令长,登上了月球。锡拉飞行了"水星"、"双子星座"和"阿波罗"7。"水星七杰"为人类太空事业留下不朽功绩。

图4-7 "水星七杰"
后排(从左到右):
谢泼德
格里索姆
库珀
前排(从左到右):
锡拉
斯莱顿
格伦
卡彭特

图4-8 1962年7月12日
"水星七杰"和运载火箭-飞船模型合影
从左到右:
美国空军上尉维吉尔·格里索姆(1926-1967)
美国海军少校艾伦·谢泼德(1923-1998)
美国海军中尉斯克特·卡彭特(1925-2013)
美国海军少校沃尔特·锡拉(1923-2007)
美国空军上尉唐纳德·斯莱顿(1924-1993)
美国海军陆战队中校约翰·格伦(1921-2016)
美国空军上尉戈登·库珀(1927-2004)

4.4 不载人飞行

从 1959 年 8 月 21 日到 1961 年 11 月 29 日，"水星"计划进行了 20 次不载人飞行试验。其中并不是所有试验都打算到太空，也不是全部试验都成功。试验中包括飞船隔热板试验；发射逃逸塔试验；气动力试验；"水星"计划跟踪网试验；"水星"飞船与火箭联合试验等。其中的 2 次猕猴和 2 次猩猩飞行试验，证明"水星"飞船的生命保障系统是可行的。通过这些试验，改进了系统，也锻炼了发射和回收队伍。

四次动物飞行试验是：

* 猕猴山姆：搭载"小乔伊"2 运载火箭，发射于 1959 年 12 月 4 日，高度 85 公里。

* 猕猴山姆小姐：搭载"小乔伊"1B 运载火箭，发射于 1960 年 1 月 21 日，高度 15 公里。

* 猩猩哈姆：搭载"红石"2 火箭，发射于 1961 年 1 月 31 日，亚轨道飞行。

* 猩猩以挪士：搭载"宇宙神"5 火箭，发射于 1961 年 11 月 29 日，轨道飞行 2 圈。

四次动物试飞成功，表明航天员搭载火箭进入太空的日子已经到来。

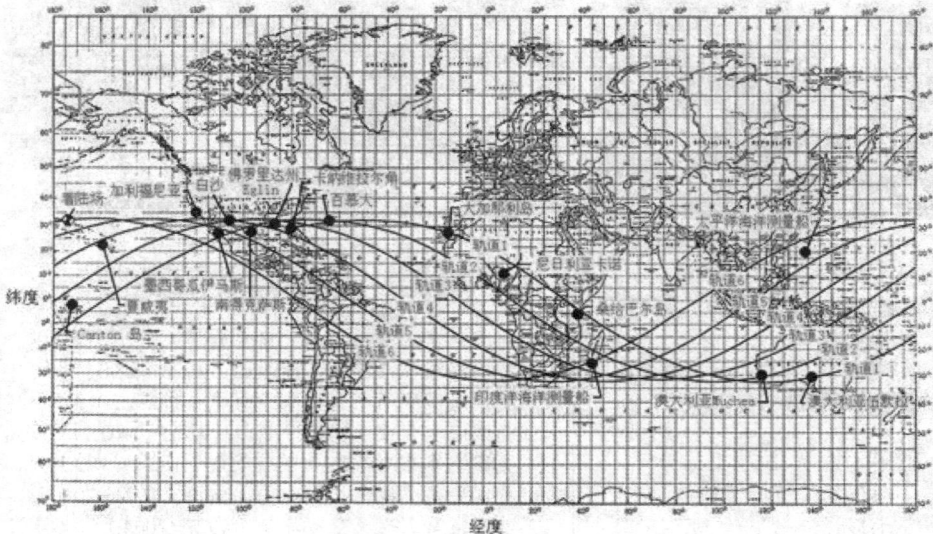

图 4-9　"水星"计划全球跟踪网和星下点轨迹

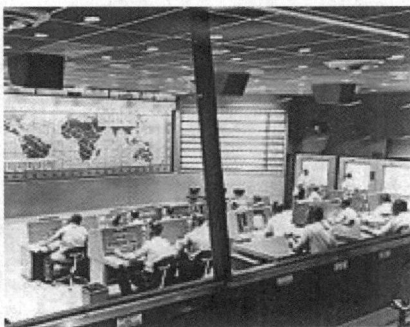

图4-10 "水星"计划飞行控制中心

4.5 载人飞行

1961年5月到1963年6月，"水星"计划安排7次载人飞行，进行了6次，第7次被取消。头2次使用"红石"火箭载人亚轨道飞行；其他4次都用了威力更大的"宇宙神"运载火箭，进行轨道飞行。

随着动物太空飞行试验成功，第一次航天员飞行名单选择3人：谢泼德、格里索姆和约翰·格伦。1961年5月5日，艾伦·谢泼德登上"水星"飞船"自由"7号。他的任务是进入太空，做一次长约15分钟的亚轨道飞行，然后返回地面。由于倒计时过程的耽误，导致谢泼德在发射架上停留了好几个小时。最终，在上午9点43分，红石火箭把艾伦·谢泼德送上太空，到达187公里的高度，然后着陆在离卡纳维拉尔角488公里的洋面，被航空母舰救起。这次飞行持续了15分钟28秒，最高时速达到8,260公里/小时，重返大气层时经受高达11倍重力加速度。艾伦·谢泼德成为美国进入太空的第一人。

不幸的是，艾伦·谢泼德此后由于内耳障碍而停飞，在航天员办公室工作了数年。后来做了手术，治愈耳疾。痊愈后，他继续从事航天事业，并且参加了"阿波罗"14号月球任务，成功登上月球。谢泼德是唯一一位登上月球的"水星"七杰航天员。他于1998年去世。

1961年7月21日，航天员格里索姆搭载"水星"飞船"自由钟"7号，由"红石"火箭发射升空，进行了15分钟亚轨道飞行。"自由钟"7号根据"自由"7号进行了改进，有大窗口、新微波电话、新手控制器和一扇爆炸螺栓门。"自由钟"7号飞行顺利，格里索姆透过大窗口可以看到地面。但是，返航飘落时飞船门被突然打开，返回舱进水，沉入水中，格里索姆被直升机及时救起。这次事故经历也为以后1967年"阿波罗"1号指令舱大火，3位航天员罹难埋下伏笔。

通过这两次短暂的亚轨道试飞，太空官员相信"水星"计划已具备了轨道飞行条件，为了保险起见，先让动物试飞。1961年11月29日，太空官员先让猩猩以挪士在轨道上试飞了三圈。试验了全球通信系统和失重对生物的影响，全球通信系统保证了飞船与卡纳维拉尔角太空中心的飞行控制人员的通信联系。在飞第二圈时，出现了问题，飞船的一枚推进小火箭不工作。于是，飞行控制人员决定飞完第二圈后，让这枚火箭脱离飞船。着陆很完美，猩猩以挪士平安无恙。至此，航天员轨道飞行已万事俱备。

"水星"计划第三次载人飞行原定在1962年1月27日，由于天气和机械的原因，发射推迟了将近1个月。2月20日，约翰·格伦进入"水星"飞船"友谊"7号，上午9:47升空，发射过程完美。5分钟后，飞船脱离"宇宙神"火箭。约翰·格伦进入位于地球上方160公里的轨道，时速是2.8万公里，轨道飞行进行得很顺利。

第一圈快结束时，约翰·格伦报告了故障，一枚自动控制系统的小火箭不工作，结果飞船偏航。约翰·格伦关闭了自动系统，自己操纵飞船准确飞行。

在飞第二圈时，出现一个无线电信号，警告飞船底部的隔热罩可能没有锁定。这是一个大问题，隔热罩用来保护飞船在重返地球大气层时免遭高温侵害。地面工程师们认为这是一个错误信号，但是，还是采取了预防措施。

第三圈快结束时时，约翰·格伦点燃了减速火箭，让飞船返回地球。重返大气层时，高温使得无线电信号中断了7分钟——黑障现象，飞行控制人员和约翰·格伦失去联系，大家都在担心隔热罩。7分钟后，飞行控制人员又听见了航天员的声音。约翰·格伦报告说他很好，隔热罩一直锁着。

降落伞让飞船飘落在海面上，约翰·格伦停留在飞船里等待。17分钟后，一艘军舰赶到，将飞船打捞到军舰上。约翰·格伦打开了舱门，走出飞船，成为美国围绕地球飞行的第一人。

当约翰·格伦返回佛罗里达州卡纳维拉尔角太空中心时，恭候在那里的人们热烈欢迎他的归来。约翰·肯尼迪总统也飞到佛罗里达州向约翰·格伦献上一份特别的礼物，约翰·格伦成为家喻户晓的英雄。后来，他被俄亥俄州选为美国参议员。1998年，77岁高龄的约翰·格伦又重返了一次太空。

约翰·格伦围绕地球轨道飞行后，1962年5月24日斯克特·卡彭特替代唐纳德·斯莱顿出征太空，乘"水星"飞船——"曙光"7号升空，成为美国第二个绕地球轨道飞行的航天员。

1962年10月3日沃尔特·锡拉乘"水星"飞船——"西格玛"7号升空，进行工程试验。锡拉的飞行证明航天员可以搭载"水星"乘员舱，进行一天以上太空飞行。

　　"水星"计划的初始指标是要求航天员在太空飞行一天（24小时）。而最后一次"水星"飞船于1963年5月15日从卡纳维拉尔角升空，航天员戈登·库珀飞行了22圈，共34小时。库珀超额完成了事先规定的要求。

　　"水星"计划圆满结束，六位航天员在太空飞行共54小时。他们证明人类可以顺利进入太空地球轨道，并且安全返回地球；人类可以作为驾驶员、工程师、科研人员长期停留太空，对身体不会造成损害。

　　载人"水星"计划的飞船和运载火箭图：

图4-11　载人"水星"飞船和运载火箭

4.6 "水星"计划成果

　　"水星"计划处于美苏二个超级大国激烈对抗的冷战时期，两国激烈争夺太空控制权，太空项目的成败对任何一方都是至关重要的。1957年苏联首先将人造卫星"史泼尼克"1号送入太空，1961年又首先将航天员加加林送入太空。尽管美国在竞争开始时落后，但"水星"计划的完成，宣告美国也可以将航天员送入地球轨道和安全返回地球，为美国在太空竞赛中确定了立足点。"水星"计划为后续"双子星座"计划和"阿波罗"载人探月计划奠定了基础。

第5章　"双子星座"计划

"双子星座"计划是美国国家航空航天局继"水星"计划后的第二个载人太空计划，计划从1961年11月到1966年11月，历时5年。主要任务是研究人在失重条件下长期太空飞行的种种问题，以及发展轨道机动、交会和对接技术，还有航天员的舱外活动能力。整个计划由NASA总部的载人航天飞行领导，休斯敦载人航天中心管理。

"双子星座"计划进行了10次近地轨道双人飞行，实现人类首次航天器轨道交会对接，进行了美国第一次"太空行走"。"双子星座"计划表明太空辐射不是问题，人类可以执行长期太空任务。"双子星座"计划为人类登月技术奠定了坚实基础。

"双子星座"计划，使美国在冷战时期的美苏联太空空间竞赛中反败为胜，处于领先地位。

图5-1　"双子星座"载人飞船在轨道上飞行

5.1 "双子星座"计划的诞生

月球是地球的近邻，也是人类最憧憬的地方。人造卫星上天后，载人探月自然成为下一步设想。"水星"的后续载人登月计划，叫作"阿波罗"计划，它是1960年7月出台的。

当时"阿波罗"计划并没有具体内容，因为科学家还在争论用何种方式登月。冯·布劳恩主张地球轨道会合方案，就是在地球轨道上建立一个太空站，再在太空站构建一个月球火箭，从地球太空站出发探月。也有科学家主张月球轨道会合方案，即从地球发射的飞船不断地释放重量，直到到达月球，在月球轨道分成登月舱和指令舱两部分，由登月舱登月，指令舱在月球轨道等候登月舱。返回地球时，登月舱和指令舱在月球轨道会合和对接，再一起返回地球。争论的结果是月球轨道会合方案赢得胜利。不管是那种方案，航天员必须学习飞船交会和对接技术，这是实现"阿波罗"登月计划前必须解决的关键技术。

1961 年 5 月 25 日，美国总统肯尼迪宣布"阿波罗"载人登月计划时，美国才进行过 1 人 15 分钟的亚轨道飞行，绕地球轨道飞行还没有实现，人类是否能在太空长期生存的问题还是个问号。航天器间太空会合和对接，以及人类太空舱外活动技术更是天方夜谭，需要解决问题太多。

到 1962 年 12 月，NASA 领导看到从"水星"计划到"阿波罗"计划间的技术巨大差距，必须要一个中间计划来弥补。因此，1962 年出台了"双子星座"计划。

"双子星座"计划的主要目的是：

* 实现探月往还至少 8 天，多到 2 周的太空长期飞行，以及练习舱外活动；

* 改变飞行器轨道的操纵能力；

* 航天器在轨交会和对接技术；

* 优化再入大气路径和着陆方法；

* 获得微重力对人体影响，及人体对长期太空飞行的反应。

"双子星座"计划的成败决定着"阿波罗"载人登月计划是否能够获得成功。

5.2 "双子星座"载人飞船

"双子星座"飞船和"水星"飞船外形类似，也呈圆柱圆锥形。"双子星座"飞船由再入舱和设备舱组成，全长 5.67 米，底部直径 3.05 米，顶部直径 0.98 米，容积 2.55 米^3。

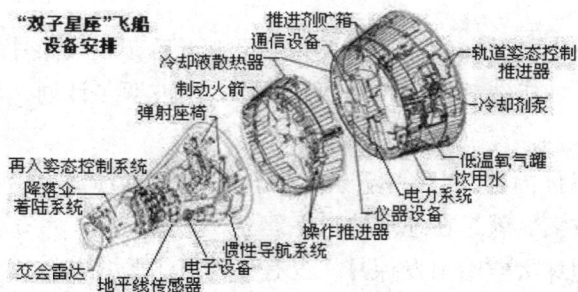

图 5-2 "双子星座"飞船内部设备布置

"双子星座"飞船与"水星"飞船最大不同是，"水星"飞船除制动发动机外的所有设备都放在飞船里。而"双子星座"飞船将动力、推进、生命保障系统都放在一个独立的设备模块中，类似后来的阿波罗飞船的指令舱和服务舱的分离设计。

　　"双子星座"飞船是世界上第一个专门为两人设计的太空船，也是第一个标准化载人航天器。根据"水星"飞船的经验，"双子星座"飞船大部分系统都自成体系，即模块化。如果某模块出问题，用新模块替换很方便。模块化也便于多个制造商承担同一航天器任务，减少不同系统间电子线路相互依从。如果一个系统坏了，不会影响其他的系统。

　　"双子星座"有二个由航天员控制的太空行走窗口。舱内有二个座位，指挥员座位在左，主管导航、操纵和登陆；驾驶员座位在右，控制计算机、燃料系统和雷达。操纵杆位于二人之间的控制台上，飞行视屏位于仪表板中间的上部。燃料和氧气读数表在视屏左右方。整个太空飞行依靠训练有素的飞行员控制，而不是完全靠自动驾驶仪，大大减少了系统复杂性。"双子星座"飞船没有采用"水星"飞船的逃逸塔，而是采用弹射座椅。

　　经过三年的设计和制造，第一艘"双子星座"飞船于1964年4月成功地进行了无人试验，获得了宝贵的发射、跟踪和人员回收经验。这次成功飞行试验后，所有航天员都准备好1964年11月的载人发射，但是发射因故被推迟到1965年春天。

　　"双子星座"飞船原来打算采用空中滑翔跳伞陆上降落。但是，后来还是采用"水星"飞船一样的伞降式水上着陆。早期飞船的短期任务由电池提供电力，后来长期的载人飞船任务由刚问世的燃料电池提供动力。

　　和"水星"飞船不一样，"水星"飞船只能改变空间朝向，即飞船的姿态，而"双子星座"飞船还可以改变轨道，能与目标飞行器会合和对接。"水星"飞船是美国第一个装有机上计算机的载人飞船，用来管理和控制操作任务。

　　"双子星座"飞船由加拿大人张伯伦设计，他原是加拿大阿夫罗公司的阿夫罗箭战斗拦截机项目的首席空气动力学家，该项目取消后，他随着25名高级工程师加入NASA，随后成为美国太空工作组的工程分部的领头人，主管"双子星座"项目。主要合同方是麦克唐纳飞机公司。

图 5-3　吉姆·张伯伦

5.3 "双子星座"运载火箭

新任务需要新的运载火箭。空军的"大力神"II运载火箭不但简单，而且比当时"宇宙神"运载火箭强大；"宇宙神"使用煤油和低温液氧作为燃料，需要专门储存和处理，"大力神"II使用常温自燃燃料，容易储存。因此，"双子星座"计划采用"大力神"II运载火箭，简化发射前的准备过程。

5.4 "双子星座"计划不载人飞行

NASA安排了12次"双子星座"飞船的飞行，其中包括2次无人飞行，10次载人飞行。全部采用大力神II运载火箭。

"双子星座"1和"双子星座"2为无人飞行，"双子星座"1号飞行于1964年4月8日到12日，计划飞行3圈，实际飞行3天又23小时，未安排回收，主要目的是实验飞船结构和改进运载火箭。这次是"双子星座"计划的跟踪和通信系统首次试验。"双子星座"2发射于1965年1月9日，亚轨道飞行，用于试验隔热系统。

5.5 "双子星座"计划载人飞行

"双子星座"计划10次载人飞行包括"双子星座"3–12飞船。由于飞行任务的增加，1962年9月，航空航天局选了9名航天员加入"水星七杰"队伍，1963年又挑选了14名，以备"双子星座"计划和"阿波罗"登月计划的需要。

5.5.1 "双子星座"3——铺路飞行

经过二次成功地无人飞行试验，1965年3月23日，维吉尔·格里索姆和约翰·杨搭载"双子星座"3飞船从卡纳维拉尔角出发，试验飞船的可控性。

第一圈末格里索姆利用轨道姿态和操纵系统，改变椭圆轨道从 161.2×224.2 公里 / 周期 88.3 分，变到 158×169 公里 / 周期 87.8 分。第二圈计划外地改变 1/50 度轨道倾角，完成航天员对飞船首次轨道操纵，这是载人登月的关键技术。第三圈后，选择最佳再入大气路径，进入大气，然后在水面成功回收。

5.5.2 "双子星座" 4– ——美国第一次太空行走

"双子星座" 4 于 1965 年 6 月 3 日发射，任务之一是实现首次多天太空飞行；任务之二是和"大力神"II 运载火箭第二级会合；任务之三是实现美国首次太空行走。第三个任务是临时插入的，因为苏联航天员列昂诺夫已经在 3 月 18 日进行了人类首次舱外活动。因此，NASA 不得不提前太空行走计划。

"双子星座" 4 发射后，进入 163×282 公里轨道。航天员计划在第一圈和"大力神"II 运载火箭第二级在轨道会合，由于轨道力学特点，"双子星座" 4 未能与"大力神"II 运载火箭第二级目标会合，第二级目标飞行器就在"双子星座" 4 的前面的低轨道上。使用喷气战机拦截另一飞机的方法，航天员试图增加"双子星座" 4 速度，结果提高"双子星座" 4 轨道高度，导致"双子星座" 4 减速，离目标距离更远。经过几次试验，燃料花了一半。航天员詹姆斯·麦克迪维特和爱德华·怀特与休斯敦地面控制中心认为舱外活动比会合更重要，会合待以后进行。

原来舱外活动安排在第二圈，由于多次会合不成功，舱外活动推迟到第三圈。两人检查了舱外活动程序，在澳大利亚的卡纳芬上空，开始座舱降压。拴好胶带，怀特启动氧气设备，飘出舱外，在太空移动了 5 米远。怀特发现太空操作容易，特别是俯仰和偏航。当怀特围绕飞船舱外活动时，麦克迪维特拍摄太空照片。经过 15 分 40 秒后，休斯敦地面中心命令怀特返回飞船，可是太空美景让怀特乐不思归。

图 5–4 爱德华·怀特
第一次美国太空行走

这次 4 天 62 圈的太空飞行中，怀特的 22 分钟精彩太空行走和麦克迪维特的太空拍摄的照片传播到世界各地。

5.5.3 "双子星座" 5——创世界纪录的 8 天太空飞行

1965 年 8 月 21 日，"大力神"II 运载火箭把"双子星座" 5 号送入轨道，航天员为戈登·库柏和查理斯·康德拉。这次飞行任务之一是进行 8 天载人太空飞行，这是月球任务的来回时间；任务之二是"双子星座" 5 和本身释放的子卫星太空会合；任务之三是首次使用新能源燃料电池。燃料电池能长时间提供足够电力，是未来"阿波罗"任务的关键能源设备，它把氢氧燃料转换成电能，副产品为可供饮用水。燃料电池是"双子星座"5的主要能源。

发射后2小时13分，"双子星座"5弹射释放会合用的子卫星，雷达显示子卫星以相对速度2米/秒移动。到4小时22分，航天员发现飞船上携带的燃料电池压力由850磅/平方英寸下降到65磅/平方英寸，虽然还是高于规定范围的最小值22.2磅/平方英寸，但是库柏决定关闭燃料电池，由电池供电。

戈登·库柏和查理斯·康德拉本打算试验飞船和子卫星会合，由于燃料电池电力供应问题，迫使会合改为把"双子星座"飞船操作到一个事先定好的太空位置的象征性会合。象征性会合进行得很顺利，航天员利用轨道姿态和操作系统试验了四种机动方式——远地点调整、相位调整、平面变化和椭圆机动。

由于动力问题，本打算提前结束任务，但是试验任务飞行指挥认为燃料电池会继续工作，要求再启动燃料电池，让"双子星座"5号留轨道完成8天飞行任务。最后库柏和康德拉打破1963年由苏联"东方"5号飞船创造的5天在轨世界纪录。在轨医疗测试还显示更长太空飞行的可行性。燃料电池事故的原因后来被认为是氧气罐加热器的短路引起的。

进入任务190小时27分43秒后，在夏威夷上空返航制动点火。通过转动太空舱产生阻力和升力，控制太空舱再入大气。由于程序员把地球旋转率24小时360°输成360.98°，导致着陆点与计划着陆点偏离130公里。乘员舱飘落大西洋后被直升机救起。

图5-5 戈登·库柏被吊进救生直升机

5.5.4 "双子星座"7——14天太空飞行

1965年12月4日，"双子星座"7号从卡纳维拉尔角起飞，搭载法兰克·博尔曼和詹姆斯·洛弗尔进行14天飞行任务，测试二周太空飞行对人体影响。确定人类是否可以承受月球来回的2周任务。

"双子星座"7原来打算在"双子星座"6号后飞行，但是"双子星座"6的交会对接目标"阿金纳"发射失败。"双子星座"6任务被取消。但是交会对接技术对"阿波罗"登月计划是如此重要，以至于NASA决定在"双子星座"7

执行飞行任务时,同时发射"双子星座"6A,和已在轨道上的"双子星座"7会合。

"双子星座"6A发射于1965年12月15日。博尔曼和洛弗尔可以看到"双子星座"6A喷出的烟雾。两艘飞船在太空会合顺利,并肩飞行,航天员互相挥手致意,通过无线电互相通话。

激动人心的会合后,"双子星座"7还要在太空待3天,围绕地球漂浮。博尔曼和洛弗尔只能阅读小说打发时间。

任务最后一天准备再入大气,制动火箭工作正常,成功着陆,着陆点离预定点11.8公里。博尔曼和洛弗尔创造了13天18小时35分的太空飞行新纪录,成功完成预定的14天太空飞行。

5.5.5 "双子星座"6A——太空交会

"双子星座"6原来打算和"阿金纳"目标飞行器一起发射,并和"阿金纳"在轨道上交会和对接。但是,1965年10月25日"阿金纳"发射后6分钟爆炸(当时"双子星座"6乘员已经坐在乘员舱等待发射)。因此"双子星座"6任务被取消。经过研究,NASA决定用二艘"双子星座"飞船在太空交会。新任务的飞船叫"双子星座"6A,安排在"双子星座"7发射8天后发射。用"双子星座"6A和已在轨道上的"双子星座"7交会。

"双子星座"6A原定于12月12日发射,一切准备就绪,正待发动机点火时,一个插件跌出了火箭的底部,引起机上计算机启动,航天员瓦尔特·希拉和托马斯·斯塔福德判断火箭没有向上运动,因此没有启动弹射座椅救生系统,挽救了一次发射事故。3天后,1965年12月15日,希拉和斯塔福德搭载"双子星座"6A成功进入161×259公里轨道。

计划要求会合在"双子星座"6A的第4圈。发射后第94分钟他们第一次启动发动机,速度增加5米/秒。这时离"双子星座"7为1,175公里,由于轨道低,正在赶上"双子星座"7。第二次启动发动机在2小时18分,这时"双子星座"6A调整到"双子星座"7相同轨道倾角,离"双子星座"7为483公里。

到3小时15分时,"双子星座"6A上的雷达首先和"双子星座"7联系,那时它们相距434公里。第三次启动发动机进入270×274公里轨道。当他们慢慢接近时,希拉置"双子星座"6A的计算机于会合状态,在5小时4分他看到一颗明亮星星,以为是天狼星,但实际上是"双子星座"7。

在以后的270分钟里,两"双子星座"飞船接近到90米到30厘米,航天员间用无线电互相通话。有一段时间,飞船相对位置保持20分钟内不必启动推进器。

随着睡觉时间到来,"双子星座"6A启动分离动作,慢慢飘离16公里,避免晚上相碰。第二天"双子星座"6A再入大气，着陆点离预定地点18公里。

"双子星座"6A和"双子星座"7的会合任务得到国防部10,125位工作人员、125架飞机和16艘舰艇的支持。

"双子星座"计划的目标到1965年基本达到。该计划表明人类可以承受长时期太空飞行，可以方便地控制飞行器和对飞行器进行交会操作。到此，尚未解决的问题就是"双子星座"与"目标阿金纳"目标飞行器的对接，以及航天员舱外太空作业。

5.5.6 "双子星座"8——人类首次实现太空对接和死里逃生紧急迫降

"双子星座"8有两个主要目的，一是和目标航天器"阿金纳"交会和对接，二是舱外活动。交会和对接由飞船指挥员尼尔·阿姆斯特朗执行，他驾驶"双子星座"8向目标航天器慢慢移动，实现首次两个航天器在地球轨道上对接。第二个任务由驾驶员戴维·斯科特完成，他准备舱外活动2小时，但是对接后出现滚转，导致舱外活动被迫取消。

发射

1966年3月16日上午10点，"阿金纳"目标航天器发射进入298公里圆轨道，并调整自己到对接姿态。11时41分，"双子星座"8飞船起飞，进入160×272公里椭圆轨道。

交会和对接

"双子星座"8第一次调整在进入任务后1小时34分，降低远地点高度。第二次调整在第二圈的远地点附近，提高近地点和远地点高度。第三次调整在太平洋上空，使"双子星座"8和"阿金纳"目标航天器在同一轨道平面。第四次调整在墨西哥上空，休斯敦地面控制人员要他们做每秒0.79米/秒的加速。

进入任务后3小时48分10秒时，雷达发现目标"阿金纳"，距离332公里。然后"双子星座"8调整到低于"阿金纳"28公里的圆轨道。在相距141公里远时，航天员首次看到"阿金纳"。相距102公里远时，置计算机于自动。

经过几次小启动后，距目标46米远，两航天器相随而行，没有相对速度。对"阿金纳"30分钟目视观察后，确定"阿金纳"发射时没有被破坏，他们得到对接命令。阿姆斯特朗开始慢慢向"阿金纳"运动(8厘米/秒)，在几分钟后，"阿金纳"的对接锁点击上锁，绿灯亮起，表示对接成功。斯科特告诉地面："飞行，我们对接了！是的，真的很顺利"。这是人类首次完成太空对接任务，美国首次在太空赛中超过苏联。

险象环生

对接后，地面控制人员有点怀疑"阿金纳"的姿态控制系统正在起作用，怀疑上面程序有问题。在与地面联系结束前，"双子星座"8航天员被告知如果"阿金纳"发生异常，要立即中止对接。

在"阿金纳"开始执行其存储的程序后，斯科特注意到航天器组合体正在偏航。阿姆斯特朗使用"双子星座"8的轨道姿态和机动系统推进器阻止偏航，但在推进器停止之后，偏航又开始。此时双子座8号已超出了地面通信范围。

阿姆斯特朗报告，轨道姿态和机动系统燃料已经下降到30%，表明问题可能出在自己的"双子星座"8上。担心高偏航率可能会损坏一个或两个航天器，甚至导致带大量推进剂的"阿金纳"破裂或爆炸，机组人员决定和"阿金纳"脱离，以便分析情况。斯科特将"阿金纳"控制权交还给地面指挥部，而阿姆斯特朗则努力稳定航天器组合体，以便脱离对接。然后斯科特敲击对接脱离按钮，而阿姆斯特朗长时间启动平移推进器，使"双子星座"8向后脱离"阿金纳"。

没有了"阿金纳"的质量，"双子星座"8翻滚更快。不久，"双子星座"8进入地面通信船范围。这时的翻滚速度已经达到每秒一圈，模糊了航天员的视力，航天员面临意识丧失或眩晕的危险。阿姆斯特朗决定关闭轨道姿态和机动系统，使用再入控制系统推进器阻止翻滚。在"双子星座"8稳定后，机组人员依次对每个轨道姿态和机动系统推进器进行测试，发现8号卡住。这时近75%的返航机动燃料已被用来阻止翻滚，而任务规则规定，一旦再入控制系统因任何原因被启动，飞行将被中止。双子座8立即准备紧急着陆。

紧急迫降

原计划"双子星座"8在大西洋着陆，但是要等到3天后。地面控制人员决定一圈后让飞船再入大气，以便着陆在回收力量可以到达地方。紧急着陆点选在驱逐舰可以到达的日本冲绳岛东800公里、横须贺南1,000公里洋面上。再入发生在中国上空，不在美国航空航天局跟踪站范围。于是派出了飞机，美国空军飞行员 Les Schneider 目睹返回舱准时下降到目标地点。三名救护员从他的C-54飞机上跳下，并将一个安全环状浮筏连接在返回舱上。

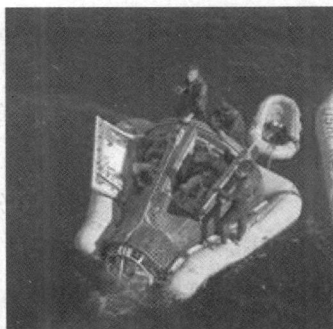

图5-6 阿姆斯特朗，斯科特和"双子星座"8飞船在浮筏上等待救生驱逐舰

"双子星座"8任务得到美国国防部9,655人，96架飞机和16艘船只的支持。

事故调查没有发现推进器故障的确切原因，最可能是电气短路。为了防止这个问题的复发，航天器设计做了改变，使每个推进器具有隔离电路。

航天员们遇到模拟训练时从来没有出现过的毛发竖立险情。由于两位航天员的危机处理能力的优秀表现，阿姆斯特朗被选作"阿波罗"11任务的指挥员，成为登月第一人；斯科特赢得"阿波罗"9和"阿波罗"15的飞行任务。

5.5.7 "双子星座"9A——不幸的任务

"双子星座"9的航天员原定为埃里奥特·麦凯·希和查尔斯·巴塞特，但是他俩在1966年2月28日飞行超音速喷气教练机时，撞上麦克唐纳飞机公司的"双子星座"9的制造大楼。后来的任务改名"双子星座"9A，航天员改为托马斯·斯塔福德和龙金·塞尔南。"双子星座"9A任务之一是和"阿金纳"目标飞行器对接，任务之二是舱外活动和试验航天员机动背包（Astronaut Maneuvering Unit）。

发射

1966年5月17日，"阿金纳"目标飞行器发射时运载火箭工作不正常，没有进入轨道，掉入大西洋。6月1日，一个替代"阿金纳"的目标飞行器发射进入298×309公里轨道，但是整流罩未能正常打开。

"双子星座"9A也原定1966年6月1日发射。但是在T–3分钟的时候地面计算机和"双子星座"9A计算机失去连接，在40秒发射窗口，没有来得及发射。直到6月3日，才发射成功，进入158.8×266.9公里轨道。

交会

"双子星座"9A第一次启动发动机49分钟，将近地点从160公里提高到232公里。再启动，置"双子星座"9A轨道平面与"阿金纳"替代目标飞行器轨道平面一致，再调整轨道为274×276公里圆轨道，以38米/秒速度接近目标飞行器。

进入任务后3小时20分他们第一次看到闪闪发光的目标，距离93公里。当他们接近目标时，对接目标处于缓慢的旋转状态，圆锥形鼻罩仍然连在一起，像一个巨大的张开鳄鱼嘴。航天员只能做了一些交会练习，无法进行对接。

任务第二天，从上面接近目标，到他们肩并肩保持位置时，得到地面允许进行舱外活动。但是他们很累，为了节省燃料，决定推迟舱外活动到第三天。

太空行走

第三天，塞尔南的舱外活动是穿着空军航天员机动服，一开始就陷入麻烦，空军航天员机动服加压到每平方米三磅半后，就变得很僵硬，无法弯曲，一离开航天器，在微重力环境下就无法控制地滚动，胶带缠绕，让塞尔南难以控制自己的行动。塞尔南说50%的工作量是用于维持自己的姿态。

航天服是空气冷却，航天员的工作量大时，出汗多，在航天服的封闭的空间，冷却系统将变得不堪重负，头盔雾化，无法观察。

塞尔南的舱外活动计划测试航天员机动背包（the Astronaut Maneuvering Unit–AMU），它是航天飞机用的载人机动背包的前身。航天员机动背包有自己的推进和稳定系统，有氧气、生物医学数据和系统遥测功能。它使用过氧化氢作为推进剂，会产生极热的气体。

塞尔南缓慢爬到航天器后部的航天员机动背包存放处，他断开太空舱胶带，背上机动背包，脉搏每分钟飙升到180次；地面上的外科医生担心他会失去意识。完成必要的连接后，塞尔南休息了几分钟，斯塔福德及地面任务控制人员商议后，决定取消其余舱外活动。

塞尔南身体疲惫不堪，仍想继续进行，但斯塔福德呼吁结束行动，要塞尔南在飞行航天员机动背包前回到舱内。塞尔南设法回到驾驶舱，斯塔福德抓住他的双腿，让他休息，并协助塞尔南进入舱内。塞尔南头盔已完全雾化，看不到任何东西，当他移动到他的座位时，塞尔南感到难以忍受的疼痛，因为他的飞行服仍然是冲压的，他不得不在航天器内部向下移动，才使驾驶舱舱门关闭。然后座舱再次加压。塞尔南在航天器外面度过了128分钟。关于这次塞尔南的太空行走，35年后的2001年，斯塔福德在访谈时还心有余悸地说，真担心塞尔南回不了驾驶舱。

由于航天员机动背包中途停止试验，直到18年后的1984年，一个改型的载人机动背包（the Manned Maneuvering Unit–MMU）才由航天员布鲁斯·麦坎德利斯在"挑战者"号航天飞机飞行中得到试验。"载人机动背包"使用氮气推进剂。在以后的"阿波罗"舱外活动航天服改用水冷。航天员穿着包含许多细管的航天服，细管在皮肤附近循环水，尽管在100℃的阳光下，在月球表面努力工作，冷却效果仍然很好。

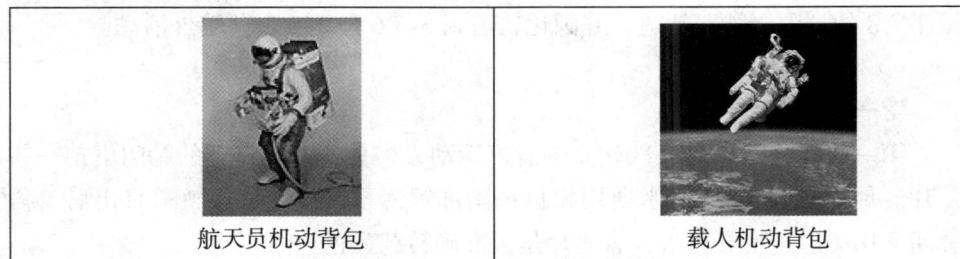

航天员机动背包	载人机动背包

图5-7　航天员机动背包和载人机动背包

再入大气

第 4 天，在飞行第 45 圈时，他们启动制动火箭，减速，以便进入大气。这次计算机工作完美，降落地点离规定地点仅 700 米，靠近主要回收舰，比任何美国载人飞船落点都精确。

5.5.8 "双子星座" 10

"双子星座" 10 计划一次交会对接，一次会合，以及二次太空活动。先和本身目标飞行器"阿金纳"交会对接，再和"双子星座" 8 的遗留目标飞行器"阿金纳"会合，接着进行二次舱外活动。

发射

1966 年 7 月 18 日，"阿金纳"发射正常，进入 294.7 × 302.8 公里轨道，轨道倾角 28.85°。100 分钟后，"双子星座" 10 搭载航天员约翰·杨和迈克尔·柯林斯从卡纳维拉尔角空军基地升空，进入 159.9 × 268.9 轨道，轨道倾角 28.87°。"双子星座" 10 离"阿金纳" 1,800 公里。

交会和对接

"双子星座" 10 第一次启动进入 265 × 272 公里轨道。由于约翰·杨启动时让飞船偏离了一点，"双子星座" 10 飞出轨道平面。需要 2 次外加启动，才使"双子星座" 10 和"阿金纳"成功在轨道对接，这时燃料已经消耗掉 60%。所以，决定和"阿金纳"对接时间尽量长，以便使用"阿金纳"上的燃料进行姿态控制。

等对接结构稳定后，约翰·杨点燃"阿金纳"的推进系统，推动对接体到 294 × 763 公里轨道，这是当时人类到达的最大高度。这次"阿金纳"的启动，对接体"双子星座" 10 和"阿金纳"是鼻对鼻连接，所经历的过载是"眼球向外"，而不是从地球发射时的"眼球向里"，航天员经受了不寻常的过载考验。

第二天（19 日），对接体的"阿金纳"经过二次启动，置对接体于"双子星座" 8 的"阿金纳"轨道，并圆化轨道到 377.6 公里，以便舱外活动。

第一次舱外活动

第一次舱外活动是一次站立的舱外活动，柯林斯站在打开的舱门里拍一些照片。他们用一个 70 毫米通用相机拍南部银河系紫外图像。轨道日出后，科林斯又拍飞船边上彩色板，看照片是否准确转载颜色空间。

和"双子星座"8的"阿金纳"会合

和自己的"阿金纳"飞行器脱开后不久,他们以为看见了"双子星座"8的"阿金纳"。然而,它竟然是距离5.5公里的自己的"阿金纳",而要找的目标还在176公里远。直到相距30公里远时,他们才看到要找的"阿金纳",一颗暗星。几次纠正启动后,保持3米距离,他们发现"双子星座"8的"阿金纳"很稳定,条件很好。

第二次舱外活动

进入任务48小时41分钟后,第二次舱外活动开始。柯林斯的第一个任务是从飞船一侧回收微陨石收集罐。这时他遇到塞尔南在"双子星座"9A同样的困难。不幸的是在做其他舱外活动时,收集罐飘出舱外,丢了。

然后是到"双子星座"8的"阿金纳"取回微陨石收集罐,他想抓住对接锥体,但是不可能,光滑没有地方抓。他用气枪把自己推向"双子星座"10,然后回到"阿金纳"。这回他抓住一些电缆,并从"阿金纳"取回微陨石收集罐。他小心紧握,防止收集罐再丢失。

这次舱外活动的最后一个任务是测试机动枪,因为15米长的脐带遇到困难,测试没有做成,仅仅39分钟就完成了舱外活动,其中花了8分钟才关上驾驶舱口盖。

着陆和回收

在进入任务70小时10分钟,制动发动机启动。着陆点离预定地点5.6公里,被两栖攻击舰回收。

5.5.9 "双子星座"11

随着探月工程的临近,NASA计划试验月球轨道操作,模拟完成月面任务后登月舱和指令/服务舱交会和对接,以及练习计算机控制的大气再入过程。

直接交会对接

1966年9月12日13:05:01 UTC,"阿金纳"目标飞行器发射升空。约一个半小时后,皮特·康拉德和理查德·戈登搭载"双子星座"11在14:42:26 UTC升空执行与"阿金纳"直接交会对接。依靠机上计算机和雷达设备加上少量的地面支持,起飞后94分钟,直接交会对接成功。

然后"双子星座"11利用"阿金纳"目标飞行器上的火箭上升到1,370公里远地点,这是当时人类达到的最高地球轨道,在此高度,康德拉和戈登可以看到全部澳大利亚和东南亚。近地点高度 288 公里，最大速度为 28,915 公里 / 小时。

航天员进行了 4 次对接和分离，但是"双子星座"11 还有足够燃料为计划外的第 5 次交会。他们没有停留在高轨道，而是回到一个 296 公里的圆轨道。

舱外活动

第 2 天，13 日，戈登进行了第一次舱外活动，计划 2 小时，包括用一根存放在"阿金纳"对接环里的 30 米长涤纶绳绑住"双子星座"11 的对接杆，进行被动稳定试验。

戈登做了试验，但是和先前"双子星座"舱外活动一样，他每分钟呼吸达 40 次，脉搏达 102 次。呼吸雾化了航天员面罩，工作比地面模拟时间长而累，仅半个小时后，舱外活动不得不结束。

14 日戈登成功地进行了第二次舱外活动，把他的头和肩伸出舱外，拍摄地球、云层和星星。这次舱外活动轻松，工作了 2 个多小时。

再入大气

任务快结束时，康拉德和戈尔登置计算机控制再入大气过程，首次实现再入过程计算机全自动控制。"双子星座"11 降落在离回收船 4.5 公里地方，由两栖攻击舰回收，

5.5.10 "双子星座"12——圆满结束

"双子星座"9A、10 和 11 的太空舱外活动，航天员都出现类似不适反应。可是航天员穿着笨重的航天服登月时，在月面要执行一个多小时任务。所以如何让航天员在太空活动时轻松而有效是必须解决的问题。

一天，航天员奥尔德林和洛弗尔带着水下呼吸器用具在游泳池训练时，奥尔德林想到把座舱放到水池里，然后身连重物，在水里呈现无重力状态，模拟太空舱外活动条件。经过多次练习，奥尔德林做好太空舱外活动的准备。

"双子星座"12 执行了 1 次对接和 3 次舱外活动。航天员奥尔德林创造太空舱外活动 5 小时 30 分纪录。成功展示了航天员可以在舱外长期轻松有效工作。这为"阿波罗"计划在 20 世纪 60 年代末实现月球登陆的目标铺平了道路。

飞行

"双子星座"12 是"双子星座"计划最后一次飞行。航天员为詹姆斯·洛弗尔和巴兹·奥尔德林。1966 年 11 月 11 日，"阿金纳"目标飞行器在下午 2:07:59

美国东部时间，"双子星座"12飞船在下午3:46:33美国东部时间，先后起飞。所有运载火箭系统在动力飞行期间工作正常。然而，由于"阿金纳"助推器的问题，攀登到较高轨道任务被取消。

交会对接

"双子星座"12飞船进入任务3小时45分后和目标飞行器"阿金纳"成功交会对接。由于交会雷达失效，交会对接是在手控下进行的。

舱外活动

然后奥尔德林进行了3次舱外活动。奥尔德林小心运动，保持航天服冷却，开始执行20个规定任务，如拍摄星空，收回微陨石收集器，插上和拔出连接器，旋进和旋出螺栓，操作钩和环等零件。他在创纪录的5小时30分舱外活动中，没有感到压力。

"双子星座"12任务后，NASA建造了失重环境训练基地，这是一个巨大水池，用于太空舱外活动训练。在约翰逊和马歇尔太空中心都有太空舱外活动训练设施。后来许多文献把太空舱外活动的革新，包括水下训练归功于航天员巴兹·奥尔德林的贡献。

再入大气

1966年11月15日"双子星座"12在计算机控制下脱离轨道，飘落在离回收船4.8公里处。

至此，所有"双子星座"计划的目标已达到或超过。"阿波罗"登月工程道路已经铺平。

5.6 "双子星座"计划载人飞船和运载火箭

"双子星座"计划 12 次载人飞行的飞船和运载火箭如下。

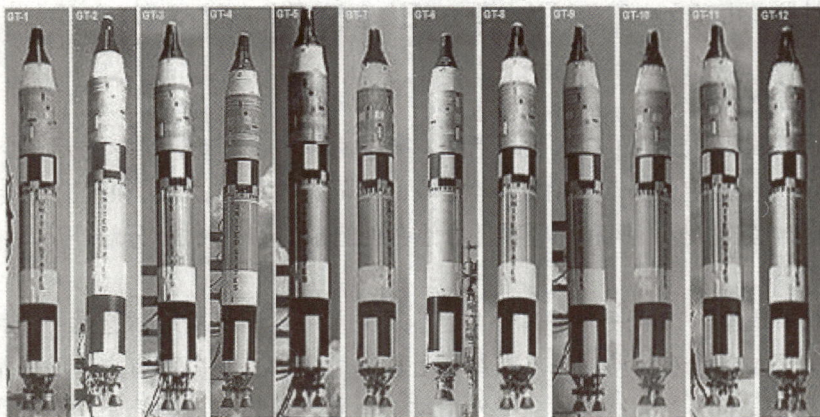

图 5-8 12 次"双子星座"载人飞行船箭图

针对"双子星座"计划成果，时任总统约翰逊总结如下：在本计划的最后 20 个月，我们 10 次搭载世界上最先进的双人飞船进入太空轨道，10 次把他们接回地球。今天的飞行是 1961 年来伟大团队努力的顶峰，有 25,000 多人直接参与的"阿波罗"计划将让美国成为一个真正太空前沿国家。3 人的"阿波罗"飞船肯定是不久将来多人太空船的先驱者……，"阿波罗"飞船将是全人类的期望。

到此，美国在太空赛中已经超过苏联，登月需要的轨道变换、太空交会和对接和舱外活动技术已经掌握，运载火箭技术也日趋成熟，探索月球的天梯已经准备就绪。

第 6 章 "阿波罗"计划

"阿波罗"计划是 1961—1975 年美国国家航空航天局执行的第三个载人太空飞行计划，主要目标是载人登月和月球探测。1961 年时任总统肯尼迪宣布了这一载人登月目标，1969 年 7 月 20 日阿姆斯特朗和奥尔德林在执行"阿波罗"11 任务时实现了人类首次登月。其后的 6 次"阿波罗"飞行，5 次把航天员送上月球，最后一次是在 1972 年。六次成功的太空飞行中，十二个人在月面上行走。"阿波罗"载人登月计划是人类航天史上最伟大的事业，也让美国在太空赛中确立王者地位。

美国在 1958 年就执行了"先驱者"计划，开始对月球和行星的探测。为了实现载人登月任务，增加对月球的了解，美国国家航空航天局又专门安排了"徘徊者"计划（1961—1965），用以获得月面的详细图形；"勘测者"计划（1966—1968），用以获得月面软着陆的视觉信息；"月球轨道环形器"计划（1966—1967），进行"阿波罗"登月前的地面测绘。

登月任务使用的"土星"V 运载火箭加上"阿波罗"飞船高达 110 公尺，重 2,724,000 公斤，是当时世界上最强大火箭，推力达 3,405,000 公斤。

"阿波罗"计划是人类太空飞行的里程碑，是近地轨道外唯一的载人航天工程。其中"阿波罗"8 是第一个环绕其他星体飞行的载人航天器；"阿波罗"11 实现人类首次登月；1972 年"阿波罗"17 是最后一次人类月面行走至今已近 50 年。

"阿波罗"计划的"土星"运载火箭和飞船后来用于"天空实验室"，以及美 - 苏"阿波罗" - "联盟"号飞船试验计划，这些后续计划也被认为是整个"阿波罗"计划的一部分。

"阿波罗"的"土星"运载火箭和飞船由多家公司提供，波音负责火箭第一级，北美航空负责火箭第二级和飞船的指令 / 服务舱，道格拉斯飞机公司负责火箭第三级。格鲁曼航空航天公司负责登月舱。国际商业机器股份有限公司、麻省理工学院和通用电气提供各类仪器。

"阿波罗"计划带回 382 公斤的月岩和土壤，大大有助于了解月球的构成和地质历史。该计划为 NASA 随后的人类航天能力奠定了基础，并资助了约翰逊航天中心和肯尼迪航天中心的建设。"阿波罗"计划推动了许多相关领域的进展，包括航空电子、电信和计算机。

在"阿波罗"计划的 32 个航天员中，其中 24 个于 1968 年 12 月至 1972 年 12 月期间在月球周围飞行（其中 3 人是 2 次飞行）。24 人中 12 人在月面上行走过，其中包括一位训练有素的地质学家。32 人中，维吉尔·格里索姆、爱德华·怀特、罗杰·查菲三人在准备"阿波罗"1 号地面测试时，在大火中遇难。

6.1 "阿波罗"计划出台背景

"阿波罗"计划出台于 1960 年 7 月艾森豪威尔总统执政时期，是"水星"载人计划的后续计划。"水星"计划使用的航天器只能搭载一名航天员进入地球轨道，而预想中的"阿波罗"航天器能搭载三名宇航员，可能用于空间站乘员的运输，绕月飞行，甚至登陆月球。虽然航空航天局已经开始执行该计划，但是由于艾森豪威尔总统对载人航天计划态度模棱两可，"阿波罗"计划的经费始终没有得到落实。"阿波罗"计划后来致力于肯尼迪总统的国家目标，他在 1961 年 5 月 25 日对国会的演讲提出到 20 世纪 60 年代末"将一人送上月球，并将他安全返回地球"。

1960 年 11 月，肯尼迪发表竞选演说，誓言要在太空探险和导弹技术二方面超过苏联，赢得总统大选。尽管肯尼迪竞选时花言巧语，但是 1961 年 1 月 20 日上任后，他并没有一上台就决定"阿波罗"项目。他对太空技术了解甚少，因此把需要大量资金投入的载人登月项目搁置一边。

1961 年 4 月 12 日，苏联航天员加加林首次太空飞行，又引起美国一片哗然，担心太空技术竞赛中落后于苏联。

图 6-1 罗伯特·吉尔鲁斯

所以，加加林飞行第 2 天，在众议院委员会关于科学和航天会议上，许多国会议员在关键的太空项目誓言支持美国赶上苏联。NASA 太空任务组和载人飞行指挥罗伯特·吉尔鲁斯向肯尼迪提议载人登月计划，以便从苏联夺回太空优势。开始肯尼迪总统对媒体反映很小心，拒绝承担对苏联做出反应。到 4 月 29 日，肯尼迪总统给副总统约翰逊一个备忘录，要求约翰逊了解美国太空计划状态，以及让美国赶上苏联的计划。一周后，约翰逊回答肯尼迪总统"我们既没有做最大努力，也没有达到所需效果"。他认为一个载人登月计划能让美国取得足够的领导地位。

1961年5月25日在国会联席会议上，肯尼迪总统宣布支持"阿波罗"计划。他说："首先，我认为我国应该万众一心全力以赴实现这个目标，即在60年代结束以前，实现人类登陆月球并且安全返回地球。没有任何一个太空项目能够超越它对人类的影响，超越它对深空探索的重大作用，也没有一个太空项目如此困难，如此昂贵。"

在5月25日肯尼迪总统讲话时，美国只有航天员谢泼德在5月5日驾驶"水星"-"自由"7号飞船进行了美国首次15分钟的载人亚轨道飞行。因此，人们普遍怀疑肯尼迪总统的宏大目标是否能实现。到1963年，肯尼迪总统甚至同意美苏月球的联合行动。

图6-2　1961年5月25日肯尼迪总统在国会联席会议上讲话

1962年9月12日，肯尼迪总统在赖斯大学发表关于美国太空计划讲话。他说："我们选择本10年内去月球，不是因为它容易，而是因为它艰难，因为它能最好地动员和检验我们的能力和技术，因为它是我们愿意接受的挑战，一个我们不愿意推迟的挑战，也是一个我们打算去赢得的挑战。"

为了实现肯尼迪总统在20世纪60年代结束前登月的宏伟目标，需要技术精英们的最大努力，以及250亿美元巨大的资金的保证。在"阿波罗"计划高峰时期，美国动用了四十万人力，获得二万多家公司和大学的支持。

图6-3　1962年9月12日肯尼迪总统在赖斯大学发表关于美国太空计划讲话。

6.2 登月方式选择

登月计划一宣布，"阿波罗"计划的工作人员就面临如何既要满足目标，又要减少生命危险，降低成本，符合技术要求和航天员条件的一系列登月工程设计。为此考虑了四个登月方案。

直接登月：航天器作为一个单元发射，直接飞向月球和降落，把着陆级留月面，再返回地球。该计划需要一个极其强大的运载火箭，即当时计划中的"新星"运载火箭。

地球轨道会合：多次发射，将登月航天器各部分和推进剂各单元升空，在地球轨道上组装成单一航天器，然后推进组合单一航天器逃逸地球轨道，飞向月球。

月面会合：先后发射两个登月航天器，一个是携带推进剂的自动登月航天器，另一个是载人登月航天器。在载人登月航天器返回地球前，推进剂从自动登月航天器注入载人登月航天器。

月球轨道会合：一枚"土星"运载火箭发射一艘载人飞船，该飞船包括指令/服务舱和登月舱。指令/服务舱留月球轨道，由上升级和下降级组成的月球舱登月。只有月球舱的上升级上升，与月球轨道上的指令/服务舱交会对接，对接后放弃登月舱上升级，然后返回地球。该方案只有飞船的一小部分登月，最小化从地球发射的总质量。和极小化返回地球质量。

1961年初，NASA倾向于直接登月方案。因为月球轨道会合虽好，但是需要天方夜谭的交会和对接技术。许多人担心在月球轨道上交会对接的可能性。但是兰利研究中心的John Houbolt等人强调月球轨道会合减少重量的重要性。

图6-4　John Houbolt在解释月球轨道回合

从1960到1962年，Houbolt一直坚持月球轨道会合是一个有效、实际的选择。John C. Houbolt向NASA领导们阐述月球轨道会合是20世纪60年代结束之前登月和返回地球的最便宜、最快和最容易的方法。

最后，1962年7月11日NASA宣布采用月球轨道会合方案。对此，太空历史学家James Hansen写道："1962年如果

NASA 没有采用这一少数人顽固坚持的建议，美国可以达到月球，但肯定不会在 60 年代末肯尼迪总统预定的目标日期。"

6.3 "阿波罗" 飞船指令舱 / 服务舱

采用月球轨道会合的方案决定了"阿波罗"飞船的设计，它包括两个主要部分：乘员常驻的指令 / 服务舱，以及下降到月面并从月面返回的登月舱。"阿波罗"飞船安装在"土星"V 运载火箭的上部，在"阿波罗"飞船上面是发射夭折逃逸系统。登月舱安放在"土星"V 运载火箭第 3 级和指令 / 服务舱之间的过渡舱段里。

指令舱呈锥形，高度 3.48 米，直径 3.91 米，重约 5,560 公斤，能容纳 3 位航天员，舱内三个座位并排，任务指挥员在左，指令舱驾驶员在中，月球舱驾驶员在右。锥尖有对接通道。指令舱内有降落伞、反应控制发动机、制导及导航系统和导航计算机等。指令舱提供了热保护，允许指令舱承受再入大气高温。再入大气后抛伞，徐徐飘落在洋面上。

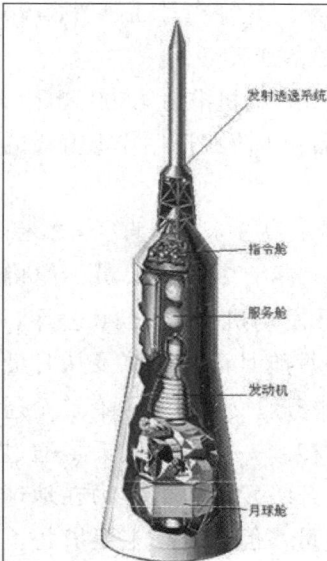

图 6-5 "阿波罗"飞船

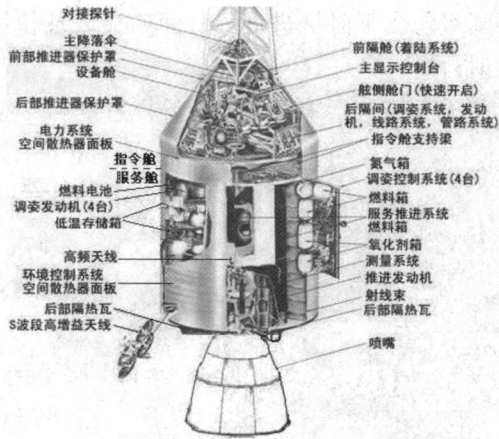

图 6-6 "阿波罗"飞船指令舱和服务舱

服务舱呈圆柱形，支持指令舱，包括推进发动机、反应控制系统、燃料电池发电系统、高增益 S 波段天线。在"阿波罗"飞船 15、16 和 17 上还携带科学仪器包。服务舱在重新进入大气之前被丢弃。服务舱长 7.5 米，直径 3.91 米。最初版本服务舱重量约为 23,300 公斤，后来版本旨在携带月球轨道科学仪器包，重量为 24,000 公斤。

指令舱和服务舱一起叫指令 / 服务舱。指令 / 服务舱由北美航空制造。"阿波罗"计划期间，北美航空和 NASA 关系不好，特别是"阿波罗"1 号大火烧死三位航天员后。事故起因认为是指令舱电线短路。尽管事故责任复杂，事故调查委员会认为"指令舱设计、工作场所、质量控制存在诸多不足之处"。事故后，指令舱进行了重新设计和制造。

6.4 "阿波罗"登月舱

月球轨道会合要求登月舱能够到达月面，并能从月面上升回到月球轨道和等待在月球轨道上的指令 / 服务舱交会对接。月球舱包括独立的下降级和上升级，每级都有自己的引擎。登月舱高 6.4 米，宽 4.3 米，由 4 条腿支持。登月舱不在大气中飞行，没有热保护，结构轻，是世界上第一个用于地球大气层外太空飞行的航天器。月球舱最初的重量约 15,100 公斤，允许在月面停留 34 小时左右。后期月球舱重达 16,400 公斤，允许在月面停留 3 天以上。

下降级高 3 米多，直径 4.3 米，重量 10,149 公斤，发动机推力 4,500 公斤。下降级包含下降推进剂，月面勘探设备和月面消耗品。下降级还用作上升级的发射台。

上升级包括乘员舱，上升推进剂和反应控制系统。高 3 米多，直径 4.3 米，重量 4,547 公斤，容纳 2 名航天员，舱内 100% 氧气。上升发动机推力 1,590 公斤。一部雷达帮助登月舱月面着陆，及从月面返回时与指令 / 服务舱交会对接。有二个通道，一个用于对接，一个用于航天员通过梯子到月面。上升级发动机的推力在地球上小于上升级重量，但在月球上足够将上升级送入月球轨道。

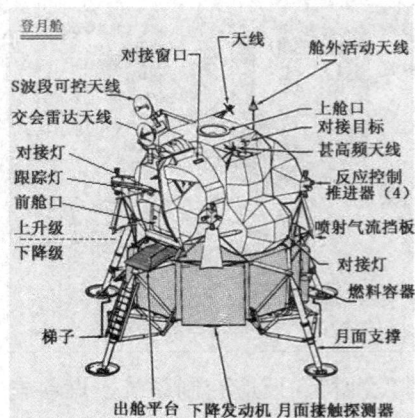

图 6- 7 "阿波罗"登月舱

登月舱由格鲁门航空航天公司研制。花费约 3 亿 5 千万美元。开始因为研发进度一拖再拖，严重影响"阿波罗"计划，备受质疑。最终登月舱成为"阿波罗"飞船／"土星"火箭系统的最可靠部件。

6.5 "土星"运载火箭

"土星"运载火箭家族由冯·布劳恩领导发展。早期目的是发射大型载荷到地球和地球以外轨道，它是一个军民两用的发射平台。那时并没有考虑用于"阿波罗"登月工程的需要。那时 NASA 考虑的是直接登月所需的"新星"运载火箭。拟议中的"新星"火箭比后来的月球火箭"土星"V 还要强大。

后来 NASA 决定采用月球轨道会合方案，有效载荷质量减少。因此，NASA 对"新星"和"土星"火箭进行了评估，两者有类似设计，但是"土星"生产容易，许多零件空运就可以到位。而"新星"需要新工厂来生产主要的火箭级，因此选择了"土星"火箭。

另外，由于"阿波罗"和"水星"计划需要发射逃逸系统，这需要一个相对较小的火箭对该系统测试，所以需要一个大于"小乔伊"的"小乔伊"II 运载火箭，"小乔伊"II 由通用动力／康维尔建造。在 1963 年 8 月鉴定试验飞行后，1964 年 5 月和 1966 年 1 月在白沙导弹靶场进行了四次发射逃逸系统试飞。

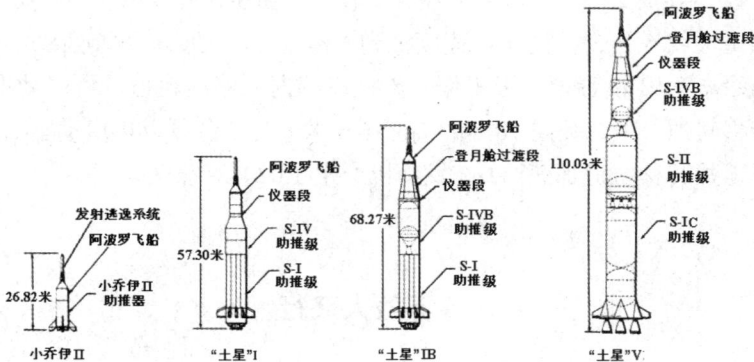

图 6-8 "阿波罗"计划火箭（按比例绘制）

6.5.1 "土星" I 运载火箭

"土星" I 火箭用于"阿波罗"计划早期亚轨道和轨道飞行试验。全箭长 57.3 米，最大直径 6.53 米。"土星" I 火箭包括 3 级和 1 个仪器段。第 1 级 S-I 有 8 台 H-1 发动机，推力 6,670KN；第 2 级 S-IV 有 6 台 RL-10 发动机，推力 400KN；第 3 级半人马座 S-V（从未飞行过）有 2 台 RL-10 发动机。仪器段高 2.3

米，直径 3.9 米，重量 2,771 公斤。

6.5.2 "土星"IB 运载火箭

"土星"IB 是"土星"I 的改进型。它的第一级由 8 台升级 H–1 发动机组成，推力提升到 7,120KN，第二级 S–IVB 有 1 台可以再启动的 J–2 发动机，推力 890KN。和"土星"V 第 1 级推力 33,900KN 相比，"土星"IB 的第 1 级推力小得多，但是可以把指令舱和登月舱送入地球轨道。因此，"土星"IB 用于"阿波罗"试验、天空实验室和"阿波罗"–"联盟"飞船对接试验任务。

6.5.3 "土星"V 运载火箭

"土星"V 运载火箭包括 3 级和 1 个仪器段。第 1 级 S–IC 高 42 米，直径 10 米，

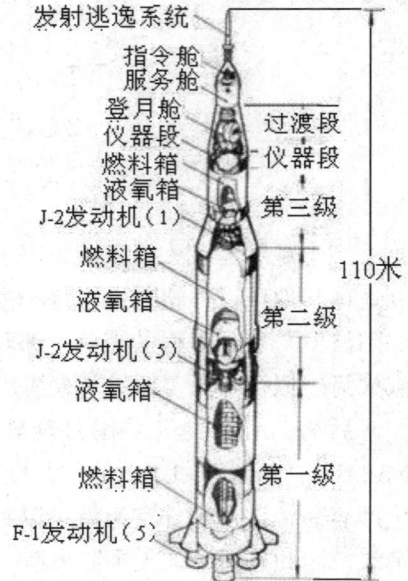

图 6-8-1 "土星"V 运载火箭
/"阿波罗"飞船/发射逃逸系统

包括 5 台十字排列的 F–1 发动机，共发出 33,900KN 推力。第 1 级燃烧 2.5 分钟，推动火箭到 68 公里高度，速度到 2.76 公里/秒，燃烧 2,000,000 公斤推进剂。

第 2 级 S–II 高 24.87 米，直径 10 米，包括 5 台 J–2 发动机，共发出 5,100KN 推力，燃烧大约 6 分钟，把飞船速度推到 6.84 公里/秒，高度到 185 公里。

第 3 级 S–IVB 接着第二级工作，先把飞船送入停泊轨道。再启动把飞船送入地月转移轨道。第 3 级高 18 米，直径 6.6 米，有 1 台可以再启动 J–2 发动机，以便进行地月转移轨道加速。J–2 发动机产生 1,020KN 推力。

6.6 不载人飞行

从 1961 年到 1968 年，"土星"运载火箭和"阿波罗"航天器的部件进行了 23 次无人飞行。

6.6.1 "土星"I 运载火箭飞行

1961 年 10 月 27 日到 1965 年 7 月 30 日，"土星"I 运载火箭进行 10 次飞行测试，如：

**1961 年 10 月 27 日，测试"土星"I 运载火箭第一级 S–I，这是"土星"运载火箭家族的首次飞行，也是"阿波罗"计划的首次飞行。

**1962 年 4 月 25 日，测试"土星"I 和新 H–1 发动机和燃料晃动最小化。还向上层大气释放了 86,685 升水，以调查对无线电传输和当地天气影响；

**1964 年 5 月 28 日，测试第一个"阿波罗"指令 / 服务舱样件，4 圈后失去联系。共飞行 54 圈，于 6 月 1 日衰减落入太平洋。

6.6.2 "小乔伊"II 运载火箭飞行

1963 年 11 月 7 日到 1966 年 1 月 20 日，"小乔伊"II 火箭运载火箭在白沙导弹试验场进行了 7 次飞行测试，测试"小乔伊"II 火箭和"阿波罗"发射逃逸系统。

6.6.3 "土星"IB / "土星"V 运载火箭飞行

1966 年 2 月 26 日到 1968 年 4 月 4 日，无人"阿波罗"飞船 – "土星"IB/"土星"V 运载火箭进行了 6 次飞行试验。

**1966 年 2 月 26 日，是指令 / 服务舱和"土星"IB 运载火箭的第一次无人驾驶飞行。这次亚轨道飞行部分成功地展示了两舱的服务推进系统和反应控制系统，并且证明指令舱隔热罩能够从低地球轨道重新返回，降落在大西洋。

**1966 年 7 月 5 日，用"土星"IB 火箭验证"土星"V 第 3 级 S–IVB 的再启动，以便送航天员从地球轨道到通往月球的路径，试验成功，但是 4 圈后该级被无意中破坏了。

**1966 年 8 月 25 日，"土星"IB 运载火箭和携带指令 / 服务舱第二次无人亚轨道飞行。首次搭载航天器导航控制系统和燃料电池。试验长时间亚轨道飞行到太平洋海域溅落；指令舱防护罩高速测试；服务舱启动。

**1967 年 11 月 9 日，"阿波罗"4 试飞是"土星"V 火箭第一次飞行，经过 8 小时 37 分，指令 / 服务舱飘落太平洋，任务高度成功。这是首次从肯尼迪航天中心的"土星"V 设施发射，成功展示了"土星"V 第三级太空再启动能力，并在月球重入速度下测试指令舱的隔热罩性能。

**"阿波罗"5 是"阿波罗"登月舱的首次不载人飞行，1968 年 1 月 22 日由"土星"IB 火箭发射升空，飞行 11 小时 10 分，第二天返回地球。

"阿波罗"5 在太空环境试验"阿波罗"登月舱，特别是它的下降级和上升级发动机系统，以及下降级和上升级分离能力。

** "阿波罗"6 是"土星"V 最后一次不载人的"阿波罗"飞行，目的是展示"土星"V 的跨月注射能力。"阿波罗"6 发射于 1968 年 4 月 4 日，飞行了 9 小时 57 分，指令 / 服务舱再次成功飘落太平洋并回收。

NASA 原定 1967 年 2 月 21 日进行第一次"阿波罗"载人飞行，飞行 14 天，检验指令 / 服务舱。1967 年 1 月 27 日，在试验和训练时，指令舱起火，导致维吉尔·格里索姆、爱德华·怀特和罗杰·查菲 3 位航天员葬身火海。后来把这次"阿波罗" / "土星"IB 任务叫"阿波罗"1。

"阿波罗"无人飞行试验已经顺利结束，现在到了航天员执行"阿波罗"指令 / 服务舱围绕地球轨道飞行的时候了。

6.7 载人飞行

"阿波罗"计划载人飞行分 3 步走，先进行近地轨道飞行，对硬件评估和对航天员操作能力培养，主要包括"阿波罗"7 和"阿波罗"9 飞行；然后进行绕月飞行，包括"阿波罗"8 和"阿波罗"10；最后进行登月飞行，包括"阿波罗"11 到"阿波罗"17。

6.7.1 近地轨道载人飞行

"阿波罗"7 任务飞行于 1968 年 10 月 11 日到 22 日，由"土星"1B 火箭送入近地轨道，是"阿波罗"项目首次载人飞行。乘员包括指挥员沃尔特·锡拉、指令舱驾驶员唐·埃斯利，以及月球舱驾驶员瓦尔特·康尼翰。

这次任务是指令 / 服务舱分离试验，为指令 / 服务舱登月任务作准备；练习与"土星"1B 第二级交会能力。航天员对新设计指令 / 服务舱试验了 11 天，绕地球 163 圈，指令 / 服务舱的火箭发动机 8 次起动。长期绕地球近地轨道飞行，考验生命保障系统。

"阿波罗"7 载人飞行是对新指令 / 服务舱的试验和评估。1967 年 1 月"阿波罗"1 起火后，"阿波罗"指令舱彻底重新设计。锡拉是唯一飞过"水星"、"双子星座"和"阿波罗"任务的航天员，他指挥指令 / 服务舱的地球轨道试验。因为任务不带月球舱，"阿波罗"7 飞行选用"土星"1B 运载火箭，而没有用更强大的"土星"V 运载火箭。

经过试验，航天员对新指令 / 服务舱很满意。任务和技术都很成功，因此"阿波罗"飞船已经为登月任务准备就绪。2 个月后就进行了"阿波罗"8 号载人绕月飞行。

"阿波罗"9 发射于 1969 年 3 月 3 日，飞行 10 天。任务是近地轨道双人"太空行走"；测试新的生命保障系统；月球舱飞行试验；月球舱和指令/服务舱的对接和分离。任务指挥员麦克迪维特，指令舱驾驶员斯科特和月球舱驾驶员施韦卡特。

首先完成指令/服务舱和月球舱第一次对接，并把月球舱从"土星"V运载火箭第3级过渡段抽出，麦克迪维特和施韦卡特进入月球舱。

然后施韦卡特和斯科特进行第一次双人舱外活动，施韦卡特经月球舱舱口进入太空，对新太空服进行试验，新太空服有自己的生命保障系统，不再依靠胶带和飞船连接，施韦卡特验证紧急情况航天员可以从月球舱"太空行走"到指令舱。而斯科特站立在指令舱边拍摄太空照片。

第二天，月球舱和指令/服务舱分离后，麦克迪维特和施韦卡特飞行了月球舱，利用下降级发动机动力，月球舱下降到179公里高度，抛弃下降级。然后使用上升级回升，和指令服务舱对接。证明月球舱可以载人太空飞行，登月球任务准备就绪。

6.7.2 绕月飞行

· "阿波罗"8发射于1968年12月21日，任务指挥员弗兰克·博尔曼，指令舱驾驶员吉姆·洛威尔和月球舱驾驶员威廉·安德斯搭载"土星"V运载火箭先进入近地轨道。飞行2小时27分后，休斯敦飞行控制中心向"阿波罗"8发出飞往月球的绿灯。2小时50分后，地月转移轨道加速开始，第3级S-IVB再次起动，工作5分19秒，把"阿波罗"8加速到39,000公里/小时，人类首次以地球逃逸速度飞行。"阿波罗"飞船和第3级S-IVB分离后，第3级沿太阳轨道继续飞行。不久，"阿波罗"8机组人员成为首次看到整个地球的人。他们拍摄的地球照片轰动世界。

花了3天时间，"阿波罗"8机组人员首次脱离地球引力场进入月球引力场。24日"阿波罗"8进入绕月球轨道，人类首次看到神秘的月球背面。他们围绕月球飞行了20个小时，其间，他们在月球轨道向地球做了圣诞节前夕电视广播，朗读《圣经》里的创世记，创造了当时的收视率记录。

图6-9　1968年12月24日"阿波罗"8首次拍摄的全地球照片

此后，"阿波罗"8机组人员准备离开月球，返回地球。服务推进系统发动机重新起动，工作303秒，产生第一个月地轨道转移加速。12月27日，"阿波罗"8以40,225公里/小时速度再入地球大气层，完美降落，结束了这次任务，完成人类历史上首次绕月飞行。

"阿波罗"10任务进行于1969年5月18日到26日，这是"阿波罗"载人登月的最后彩排。任务指挥员为斯塔福德，指令舱驾驶员约翰·杨，月球舱驾驶员为尤金·塞尔南。这次是第2次载人绕月飞行，在月球轨道试验登月舱。

离开近地轨道不久，指令/服务舱和运载火箭第3级过渡段分离，调头，和过渡段里的月球舱对接。然后指令服务舱/月球舱和第3级分离，飞往月球。

一到月球轨道，约翰·杨留指令舱，斯塔福德和塞尔南转移到月球舱，5月22日，月球舱和指令/服务舱脱离。

同日，月球舱下降，推力系统启动，把月球舱推进到112.8公里×15.7公里的下降轨道。本月球舱没有携带登月设备，只察看"阿波罗"11的落月点。5月23日月球舱和指令服务舱恢复对接。

26日"阿波罗"10号从月球返回地球时，达到最高载人航天器飞行速度39,897公里/小时。同日飞船飘落下降洋面。"阿波罗"10完成了所有月球舱的测试和考验。为2个月后的"阿波罗"11的成功登月铺平了道路。

6.7.3 理想"阿波罗"载人登月过程

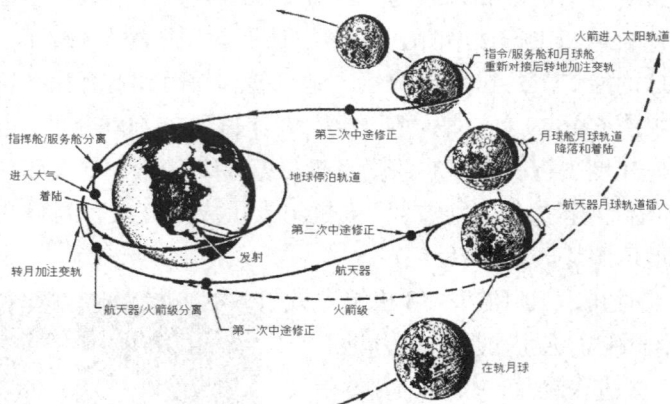

图6-10 载人登月过程

发射

"土星"V月球火箭燃烧约11分钟，航天器和第三级进入190公里的圆形停泊轨道。这时第三级仅用去小部分燃料。

月球转移加注

在停泊轨道飞行1~2圈，检查航天器系统的工作情况，第三级再启动约6分钟，将航天器调整到去月球的轨道。

转向和对接

指令/服务舱和月球舱过渡段分离，过渡段壁板剥离，露出月球舱。指令/服务舱移动一个安全距离，转动180°调向。

指令/服务舱与月球舱对接，将月球舱从第三级过渡段拉出。然后，火箭第三级沿太阳轨道离去，航天器根据需要进行中途修正，保证飞向月球。

月球轨道插入

航天器飞经月球大约110公里，服务舱发动机启动，减速，进入110×310公里的椭圆轨道。再启动，圆化成110公里绕月轨道。

指令/服务舱和月球舱分离

指挥员和月球舱驾驶员移动到月球舱，启动月球舱系统并部署起落架。指令/服务舱和月球舱分离，指令舱驾驶员目视检查月球舱，然后月球舱机组人员移动月球舱一个安全的距离。

下降轨道插入

点燃下降发动机进行下降轨道插入，将其引入约15公里的近月点。

动力下降月面

在近月点，下降发动机再次启动，开始下降。按程序转弯后，指挥员接管手动控制，进行垂直降落月面。

月面活动

指挥员和月球舱驾驶员执行一次或多次舱外活动，探索月球表面并收集月面样本。

返回月球轨道

使用下降级作为发射台，上升级升起和在轨的指令/服务舱交会对接。指挥员和月球舱驾驶员把月球样品移到指令舱，然后抛弃月球舱上升级，让其降落在月球表面。

转地入轨注射，返航地球

起动服务舱发动机，送指令/服务舱返航地球。在刚好重新进入之前，抛弃服务舱，指令舱转过180°，让指令舱的钝头防热层朝前。

大气阻力使指令舱迅速减速。气动力急剧加热，电离气体包围指令舱，黑障现象导致通信中断数分钟。

释放降落伞，再减速，让指令舱飘落在洋面上，等待舰船回收。

这是一个理想的"阿波罗"载人登月过程。在这过程中不断有大量"土星"V火箭和"阿波罗"飞船的质量消失，到返回进入地球大气层时只剩小小的"阿波罗"指令舱。发射时2,724,000公斤的火箭和飞船，回来时只有重6,000公斤的指令舱（千分之二）。由此我们可以看到1962年选择月球轨道会合方式的巨大好处。

6.7.4 "阿波罗"11–17载人登月飞行

"阿波罗"载人登月飞行从"阿波罗"11开始到"阿波罗"17结束，进行了7次载人登月飞行任务，其中6次成功地把12名航天员送上月球。

"阿波罗"11– 人类首次登月

"阿波罗"11指令舱质量5,560公斤，服务舱质量23,243公斤，登月舱质量15,095公斤；全箭高度110公尺，重2,724,000公斤。"阿波罗"11发射于1969年7月16日，19日进入月球轨道，20日登月，月面舱外活动2小时36分40秒，7月24日降落太平洋。"阿波罗"11实现人类首次登月。

"阿波罗"11号指挥员为阿姆斯特朗，指令舱驾驶员为科林斯，登月舱驾驶员为奥尔德林。7月19日到达月球轨道后，阿姆斯特朗和奥尔德林进入登月舱，科林斯留指令/服务舱。登月舱和指令/服务舱分离后，登月舱下降级火箭启动，飞向月面，指令/服务舱留在月球轨道，等待登月舱归来。

阿姆斯特朗看到计划月面着陆点不宜降落，到处寻找合适登月地点，后来发现一块小平地，慢慢地驾驶登月舱安全着陆，实现人类首次成功着陆在另一个星球。

图6-11 "阿波罗"11航天员
从左到右：阿姆斯特朗、科林斯和奥尔德林

美国东部时间7月20日22:39，阿姆斯特朗打开舱门，小心翼翼地爬下梯子，先用脚试试月面，22:56（世界时21日02:56）在月面上踩下人类的第一个脚印。阿姆斯特朗说："对个人来说那是一小步，但是对人类来说那是一个飞跃。"当航天员报告"月面很好，有尘埃，……实际上到处走走没有问题"时，担心厚厚的月尘将吞噬航天员的恐惧才烟消云散。

图6-12 慢速扫描电视摄像机显示
阿姆斯特朗爬下梯子到月面。

图6-13 阿姆斯特朗拍摄
奥尔德林爬下月球舱

"阿波罗"11是"阿波罗"系统的一次工程试验,阿姆斯特朗拍摄了登月舱照片,以便工程师们评估月球舱登月后的情况。

奥尔德林于23:11走出登月舱,在月面安置了一套月震试验仪器,用于记录"月震"。奥尔德林还试验月面上人的移动方法,包括袋鼠式双脚跳。

航天员还安装了激光测距仪,进行激光测距试验。虽然架设电视转播遇到一些技术和气象困难,但是地球接收到了首次月面舱外活动的黑白图片,并且向全球至少6亿观众进行转播。

航天员在月面上插上美国国旗后,和时任总统尼克松通话,尼克松称它为"白宫最具历史意义的电话"。阿姆斯特朗和奥尔德林还收集了一些月石样本,带回地球。

2小时48分的月面活动结束后,两位航天员回到登月舱,准备和月球轨道上的科林斯会合。当登月舱从月面升起时,在月球上留下一面美国国旗和下降级。下降级上有一块纪念牌,纪念牌上画有2幅地球的图像,上面写着"我们来自地球,第一次涉足月球,我们为全人类和平深入太空,公元1969年7月。3位航天员和尼克松总统签名。"

登月舱上升级和指令/服务舱交会对接后,上升级里的月球样品转移到指令/服务舱,然后释放登月舱上升级,把它留在月球轨道,让它慢慢降落到月球,以帮助科学家进行月震试验,探讨月心结构。服务舱推进系统发动机起动,指令/服务舱返回地球,在进入地球大气层前,抛弃服务舱。经过8天3小时18分登月飞行,指令舱飘落太平洋,降落点在北纬13度19分,西经169度9分,威克岛以东2,660公里,距回收船大黄蜂号航空母舰24公里。尼克森总统亲自登上回收船欢迎航天员返回地球。

航天员披上生物防护衣,防止任何月球生物进入地球环境。然后进入一个

123

隔离室待 18 天。这种隔离和防护措施直到"阿波罗"14 以后才被取消。

图 6-14　指令舱漂浮在洋面上

这次任务完全实现了肯尼迪总统 1961 年宣布的目标，10 年内把人送上月球并且安全返回地球。"阿波罗"11 带回 22 公斤月球样本，分给世界各地科学家，进行研究。

为了防止任务发生意外，尼克松总统准备了一份名为"月球灾难"的电视演说稿，以备登月航天员被困在月球上无法返回时使用。上帝保佑，这份备用电视演说稿没有配上用场。

"阿波罗"12——精确着陆

"阿波罗"12 于 1969 年 11 月 14 日发射。24 日安全返回地球。指挥员康拉德，指令舱驾驶员戈尔登，登月舱驾驶员艾伦·宾。"阿波罗"12 的目的之一是在月球表面预定地区精确着陆，以便找回 2 年前发射的"勘测者"3 号月面探测器。

发射 30 秒后航天器遭遇雷击，机组和地面人员很快恢复动力系统。"土星"V 运载火箭脱离危险后，发射塔又遭到另一次雷击。此后，登月任务一切正常，没有不测之处。11 月 19 日，康拉德和登月舱驾驶员艾伦·宾精确着陆在离 1967 年"勘测者"3 号探测器不到 200 米地方。

康拉德和艾伦·宾进行了 2 次月面活动共 7 小时 46 分。他们成功找到了 2 年多以前发射的"勘测者"3 号探测器，拆了它的部分零件，带回地球供分析。

"阿波罗"12 在月面首次部署了阿波罗月面实验组件，由它提供动力，测量月震、太阳风和磁场，并把测量数据转播到地球。它每天向地球转播 9 百万条信息。这些设备成为月球上第一个完整核动力"阿波罗"月面试验站的一部分。

为了改善从月球来的电视画面，"阿波罗"12 带了彩色摄像机（"阿波罗"11 用黑白摄像机）。不幸的是，当艾伦·宾在月球舱附近架设摄像机时，不小心把它直接对着太阳，毁坏了摄像管。但是航天员们在月面和月球轨道上拍了不少照片。

11 月 14 日，指令舱飘落太平洋。"阿波罗"12 带回 34 公斤月球标本，以及 7 公斤"勘测者"3 号硬件。

"阿波罗"13——氧气罐爆炸，紧急返航

"阿波罗"13 发射于 1970 年 4 月 11 日，只工作了 7 天，于 4 月 17 日结束。指挥员洛威尔，指令舱驾驶员斯威格特，登月舱驾驶员海斯。"阿波罗"13 计

划探测月球弗拉·毛罗高地，但是"阿波罗"13是一次不幸飞行，任务中途夭折。

开始，"阿波罗"13的运载火箭发动机经受16赫兹的68g巨大震动，第2级的中间发动机提前2分钟关机。只能用4台外发动机延长燃烧来补偿。

2天后，在离地球321,860公里远处，服务舱2个氧气罐中的一个爆炸，导致服务舱氧气和电能丢失。而指令舱内部电池只能用于再入大气和着落。乘员不得不用月球舱作为救生船。利用月球舱下降发动机提前返回地球。三位航天员经历了电力缺少、温度以及饮用水的艰难，但仍然成功返回到地球。

着陆前4小时，放弃了服务舱，到着陆前1小时，放弃了登月舱，指令舱于4月17日飘落太平洋。上述两个问题经过彻底检查，得到解决后，"阿波罗"登月任务继续进行。

这次任务，幸亏氧气罐爆炸发生在飞往月球路上，月球舱携带的供应都在。假如，爆炸发生在登月后，或发生在月球舱被丢弃后的返回地球路上，乘员就无法活着返回地球了。

"阿波罗"14

"阿波罗"14任务在1971年1月31日到2月9日。指挥员为谢泼德，指令舱驾驶员为罗萨，月球舱驾驶员为米切尔。谢泼德当时已经四十八岁，成为登月太空人中年龄最大的航天员，他也是"水星七杰"中唯一登月的成员。

任务开始时，指令/服务舱和月球舱交会对接出现困难。对接花了1小时42分钟。后来在月球轨道，月球舱和指令/服务舱分离后，月球舱又出现二个严重问题，一个是月球舱计算机从一个失灵的开关获得夭折信号，NASA认为问题可能来自电路焊接。如果下降发动机启动后该问题再出现，计算机会认为信号是真的，会启动自动夭折，引起上升级和下降及分离，上升级回到月球轨道。所以，软件团队决定忽略错误信号，重新给计算机编程。软件修正由语音通信上传给乘员，由月球舱驾驶员米切尔及时手工输入。另一个问题发生在向月面下降时，月球舱雷达高度计无法自动锁定月面，使导航计算机失效，因此谢泼德人工着陆月面，使月球舱成功着陆在弗拉·毛罗高地，这正是"阿波罗"13计划登月的地点。

第1次月面行走，谢泼德先登上月面，米切尔紧跟其后，在月面他们安置了"阿波罗"月面试验装置等。任务结束后米切尔在先，谢泼德紧跟其后返回登月舱。

第2天，谢泼德和米切尔再次月面活动，到环形山口取样。因为地形险恶，谢泼德和米切尔无法到达山口，但是回月球舱时收集不少月球样品，谢泼德还试了一下高尔夫。两人完成9小时23分的月面活动，收集了43公斤样品。然后谢泼德和米切尔离开月球，和月球轨道上等候的罗萨会合。

指令舱于 1971 年 2 月 9 日飘落地球，三位航天员最后一次披上防疫衣，进行隔离。之后，航天员没有再穿这种生物防护衣，因为不存在臆测月球生物。

"阿波罗" 15——首辆月球车

"阿波罗" 15 任务从 1971 年 7 月 26 日到 8 月 7 日。指挥员大卫·斯科特，指令舱驾驶员阿尔弗莱德·沃尔登，登月舱驾驶员詹姆斯·艾尔文。

美国东部时间 26 日上午 9:34:00，"阿波罗" 15 发射升空，围绕地球飞行 2 小时后，"土星" V 运载火箭的第三级 S-IVB 再启动，进入地月转移轨道，4 天后进入月球轨道。

登月舱与指令/服务舱分离，斯科特和艾尔文准备登月舱下降，而沃尔登留在指令/服务舱，返回更高轨道进行月球观察，等待月球舱乘员回来。

7 月 30 日 22:16:29 UTC，月球舱在距离计划着陆点数百米处下落。但是乘员选择在登月舱中度过余下的时间，直到第二天才执行三个月球舱外活动中的第一个，以保护他们在任务上的睡眠节奏。在他们睡觉前，斯科特一人执行了一次月球舱外活动，其间月球舱减压，他从顶部的对接舱口拍摄了周围环境。

在第三次月球舱外活动期间，在返回月球舱后，斯科特验证 300 年前伽利略的自由落体试验。即给定重力场中的所有物体都以相同的速度落下，与质量无关（没有气动阻力时）。由于月球气体微乎其微，他同时放下锤子和羽毛，结果羽毛和锤子同时落地。

指挥员斯科特和登月舱驾驶员艾尔文首次使用月球车探险。两人进行 3 次月球舱外活动，共 18 小时 30 分。在月球待了 3 天，收集了 77 公斤月球样品。

图 6-15   "阿波罗" 15 月球车

图 6-16   "阿波罗" 15 月球车标牌

月球车由波音公司于 1969 年 5 月开始研制。它可以折成 1.5 米乘 0.5 米大小，空车 209 公斤，加 2 位航天员和设备重 700 公斤。月球车四轮驱动，每个轮子有 200 瓦电动机。因为月球是真空的，必须用网轮代替充气轮胎。速度每小时可达10到12公里。为了安全起见,航天员驾驶月球车不超出10公里,以防车坏,他们不得不走回月球舱。月球车留在月面,车上贴有一块标牌,上面写着:"阿波罗"15,三位航天员名字,月球车名,日期1971年7月30日等。

"阿波罗"15航天员使用新航天服。新航天服让航天员能完全弯曲和坐在月球车上。升级的背件可以支持更长时间的月球行走。

在"阿波罗"15的服务舱里首次安排了一个科学仪器舱,里面安放了全景像机、伽马射线光谱仪、测绘相机、激光高度计和质谱仪,用于月球研究。

登月探测任务完成后,月球舱离开月球表面和月球轨道上的指令/服务舱交会对接。从月球舱移走月样和其他设备后,丢弃月球舱,首次启动它的火箭撞击月面。

"阿波罗"15在月球轨道待了一天,继续沃尔登的观察。在月球轨道释放子卫星,然后点燃服务舱推进发动机,推动他们进入返回地球轨道。第2天沃尔登执行了首次地球和月亮之间的舱外活动,从科学仪器舱取回录像带。

任务的第13天,在返回地球时,1顶降落伞出现故障,靠其他2顶降落伞工作。

图6-17 "阿波罗"15凭借2顶降落伞安全飘落

幸好3顶伞中有1顶是冗余的。指令舱成功飘落太平洋水面。

"阿波罗"15号创造了不少纪录,包括送入地球和月球轨道有效载荷最大,月球舱总质量达16,430公斤;太空飞行器首次携带科学仪器舱;首次使用月球车;首次在月球轨道投放子卫星;首次地球和月亮之间的舱外活动。

"阿波罗"16

"阿波罗"16任务从1972年4月16日到27日,绕月飞行64圈。乘员包括指挥员约翰·杨、指令舱驾驶员肯·马丁利,以及月球舱驾驶员查尔斯·杜克。"阿波罗"16是唯一一次在月面高地着陆,这次飞行是"阿波罗"项目倒数第二次登月,没有硬件和程序测试任务,主要目的是探测月球地质。

由于指令/服务舱推进系统的偏航伺服回路问题,几乎引起登月任务的取消。考虑到问题较小,杨和杜克才被允许登月,只是登月时间被推迟。但是为了安全起见,任务缩短一天。

21日"阿波罗"16成功在月球高地着陆。选在高地着陆是为了让航天员能够发现年代久远的月球样本,研究月球地层的起源。约翰·杨和杜克驾驶月球车3次月面探测,分别为7.2小时、7.4小时和5.7小时。在月面共20小时

14 分，车速最高达到 18 公里／小时。收集了 95 公斤样品。

23 日月球任务结束，约翰·杨和杜克回到月球轨道，和马丁利会合。24 日，在月球轨道从服务舱发射了一颗 78 厘米 × 36 厘米六角圆柱形，重 36.3 公斤的月球子卫星，卫星相对速度 1.2 米／秒，转速 120 转／分，任务是测量等离子体、高能粒子的强度和月球磁场。

25 日在月地转移轨道，马丁利进行了 1.4 小时舱外活动，从服务舱外部取回几个胶片盒。27 日"阿波罗"16 成功降落南太平洋。

"阿波罗"17——结束之旅

"阿波罗"17 任务从 1972 年 12 月 7 日到 19 日，是"阿波罗"登月任务的最后一次飞行。也是阿波罗计划中唯一的夜间发射。指挥员为尤金·塞尔南，指令舱驾驶员罗纳德·埃万斯，月球舱驾驶员哈里森·斯米特。斯米特是第一个进入太空的科学家，他是一位地理学家。

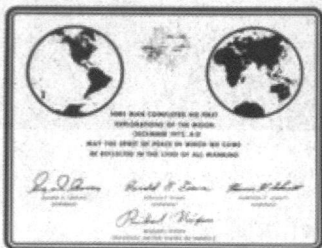

图 6-18 "阿波罗"17 留在月面上的金属纪念牌

埃万斯留指令舱在月球轨道等待，塞尔南和斯米特乘登月舱登月。塞尔南和斯米特进行了 7.2、7.6 和 7.3 小时 3 次月面行走，月球车行驶了 34 公里，收集了 50 公斤的月球标本，还发现了橘红色的月球泥土。在任务中将最完整的一套科学仪器留在月球表面。

和以前"阿波罗"载人登月任务一样，"阿波罗"17 也留下一块金属纪念牌，上面写着："我们完成了月球的首次探险。愿我们的这种和平精神永留人间。公元 1972 年 12 月（签名：塞尔南、埃万斯、施密特、理查德·尼克松）。"

图 6-19 埃万斯舱外活动－取胶卷

12 月 14 日任务指挥员塞尔南随施密特最后离开月面，回到月球舱。月球舱徐徐升起和月球轨道上的指令舱交会对接，开始从月球返航地球。其间，指令舱驾驶员埃万斯进行月地转移轨道上太空舱外活动，从服务舱外的科学仪器舱回收胶卷。

1972 年 12 月 19 日"阿波罗"17 安全返回地球。落点在太平洋萨摩亚群岛东南 650 公里，离回收舰 6.5 公里。距预定点 640 米。

"阿波罗"17 发射升空时，与此有关的人都知道这是"阿波罗"计划的最后一次执行任务。"阿波罗"17 一升空，格鲁门公司曾经积极工作于高度成功的登月舱的员工被解雇了。在全国，曾经创造探险辉煌的男女们得到的回报是失去了他们的工作。美国正陷入越南战争，大量地吞噬了国库，金圆大国再也无法维持庞大的太空赛开支了。

6.8 "阿波罗"登月任务的结束

"阿波罗"计划带回重达 382 公斤的月球样品。现在绝大部分样品保存在休斯顿的月球样品试验室，少数被美国政府分配到全国各个实验室进行分析，或作为礼物送给其他各国政府。

图 6-20　1969 - 1972 年 "阿波罗"计划在月球上的着落点

图 6-21　"阿波罗"15 带回的月球起源石

图 6-22　1972 年 12 月 7 日从 "阿波罗"17 号拍摄的地球蓝色大理石照片。

（"阿波罗"17 指挥员尤金·塞尔南写道："我们去探索月球，实际上发现了地球。"）

"阿波罗"计划的总投资高达 254 亿美元（1969 年），由于越南战争的庞大开支及国民对太空项目热情的下降，NASA 预算急剧下降，决定不再生产第二批"土星"V 火箭，"阿波罗"计划的另外 3 次发射任务，即"阿波罗"18，"阿波罗"19 和"阿波罗"20，也被取消，把资金让给发展航天飞机。"阿波罗"飞船及"土星"运载火箭的剩余物品用于太空站–太空实验室项目，美苏"阿波罗"–"联盟"号飞船试验项目，以及博物馆的展品。

6.9 "阿波罗"–"联盟"测试计划

图 6-23　美苏签署太空 5 年合作协议

1972 年，美苏间出现缓和气氛，苏联放松了太空计划的安全性考虑，甚至和美国 NASA 官员探讨合作执行任务的可能性。美国在"阿波罗"登月后，还有许多库存硬件，正在寻找后"阿波罗"时期的应用项目，加上国民对太空计划的支持度下降，NASA 资金拮据。双方都有太空合作愿望。经过多次技术会议，1972 年 5 月 22 日尼克松总统访苏，24 日美国总统理查德·尼克松和苏维埃总理阿列克谢·柯西金签署了太空项目 5 合作协议，为"阿波罗"–"联盟"飞船试验项目铺平道路。1975 年 5 月美国航天员到苏联拜科努尔航天发射场，观看联盟号总装，双方进入合作期。

由于美国"阿波罗"计划和苏联"联盟"计划当初没有考虑到合作的需要，因此，执行"阿波罗"–"联盟"号飞船对接任务前，必须解决一些技术问题。主要问题是苏联"联盟"飞船使用正常空气和常规大气压力，而"阿波罗"飞船使用低压和 100% 氧气。为了对接必须加一个中间过渡的对接舱。

执行美苏飞船对接任务的"阿波罗"航天员有指挥员托马斯·斯塔福德、指令舱驾驶员文斯·布兰德和对接舱驾驶员唐纳德·斯雷顿；"联盟"19 号航天员有指挥员阿列克谢·列昂诺夫和飞行工程师瓦列里·库巴索夫。

阿波罗飞船　　　　对接舱段　　　　联盟飞船

图 6-24　阿波罗－联盟号飞船对接

图 6-25　美苏飞船交会对接航天员

（从左到右：斯雷顿、斯塔福德、布兰德、列昂诺夫和库巴索夫）

　　1975 年 7 月 15 日 12:20 世界时，苏联"联盟" 19 号飞船从哈萨克斯坦境内的拜科努尔航天发射场发射进入轨道。7 个半小时后，19:50 "阿波罗"飞船从肯尼迪航天中心起飞。"阿波罗"起飞一天后，"阿波罗"作为主动飞船，"联盟"作为被动飞船，接近"联盟"号，开始交会和对接。7 月 17 日，"阿波罗"和"联盟"对接成功。三小时后，两位指挥员斯塔福德和列昂诺夫在"联盟"号的舱门处进行历史性握手。根据 NASA 的计算，这次握手本应该在英国海滨城市布赖顿西 10 公里上空进行，由于任务的延误，实际握手发生在法国梅斯上空。这次标志性的握手把"阿波罗"－"联盟"号飞船试验计划推向任务高潮。

　　两飞船对接了 44 小时，3 位美国航天员和 2 位苏联航天员交换国旗和礼物，交换签名，参观对方飞船，合作进行科学实验，一起进餐，以及使用对方语言交谈。因为俄克拉荷马州出生的斯塔福德的俄语发音慢吞吞，后来列昂诺夫开玩笑说，当时有 3 种语言：俄语、英语，以及俄克拉荷姆斯基语。

　　7 月 19 日两艘飞船脱离对接后，用"阿波罗"飞船制造一次人工日食，让"联盟"号乘员拍摄日冕照片。然后，两艘飞船交换角色，"联盟"成为主动飞船，进行对接。两船分开前，又进行一次短暂对接。最后两飞船分开，苏联飞船 7 月 20 日降落，美国飞船于 7 月 24 日降落时，由于人为错误让高毒的四氧化氮进入乘员舱，导致紧急着陆，飞船飘落在夏威夷西面的回收船附近。

　　对美苏两国来说，"阿波罗"－"联盟"号飞船试验计划不但在技术上，而且在两国关系上，都是一次巨大的成功。"阿波罗"-"联盟"对接看作是缓和政策的象征，两个超级大国结束剑拔弩张的太空赛，开创和平共存的新时代。这次试验也为后来的航天飞机和"和平号空间站"合作打下良好基础。

之后，苏联继续执行"联盟"飞船和"礼炮"太空站任务，而 NASA 直到 1981 年 4 月 12 日第一架航天飞机飞行才恢复载人太空飞行。

6.10 登月 40 周年奥巴马会晤当年航天员

2009 年 7 月 20 日是人类登月 40 周年纪念，在一系列的纪念活动中，专家们讨论了美国航空航天局下一步计划。21 日，美国总统奥巴马会见首批登月任务的航天员阿姆斯特朗、科林斯和奥尔德林。

图 6-26　奥巴马总统接见执行首次登月任务的三位航天员
（从左到右：奥尔德林、科林斯、阿姆斯特朗和奥巴马总统）

第7章　航天飞机

　　航天飞机，正式叫太空运输系统，是往返于地球表面和近地轨道之间的交通工具。它是一种垂直起飞，太空飞行，水平降落的载人航天器。航天飞机是部分可再用运输系统，包括三个主要部分：一个可再用轨道器，一个一次性外挂油箱和2台部分可再用固体火箭助推器。发射升空时油箱和助推器被抛弃，只有轨道器进入轨道。

　　轨道器搭载航天员、有效载荷（如卫星和太空站零件）进入近地轨道。轨道器通常搭载5到7位乘员，载荷能力为22,700公斤。当轨道器完成任务后，启动轨道器操作系统，退出轨道，再入大气层。在下降和着陆期间，航天飞机轨道器像滑翔机，进行无动力着陆。

　　航天飞机设计目标为100次发射或10年使用寿命，要能够容纳商业和军事最大卫星，以及减少太空探险成本。NASA建造了6架飞行航天飞机，它们是"企业"号、"哥伦比亚"号、"挑战者"号、"发现"号、"亚特兰蒂斯"号和"奋进"号。"奋进"号是对"挑战者"号1986年发射爆炸事故的补充。"哥伦比亚"号在2003年再入大气层时解体，但是没有再建新的航天飞机补充。

　　第一架"企业"号用于大气中飞行试验，不带发动机，没有热保护，不能太空飞行。"企业"号1976年9月17日出厂，然后进行了一系列成功的滑翔和着陆试验。1977年2月"企业"号航天飞机轨道器由波音747飞机驮着进行了机载试验。6月18日，用飞机背上天空，进行首次载人试飞，参加试飞的是航天员海斯和富勒顿。8月12日，圆满完成载人飞行试验。

　　NASA还生产了主推进器测试体和"开路者"号供测试。"开路者"号航天飞机是一架由钢铁和

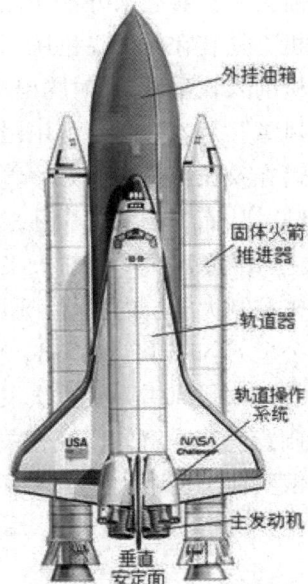

外挂油箱

固体火箭推进器

轨道器

轨道操作系统

主发动机

垂直安定面

图7-1　航天飞机运输系统

木材建造的模拟航天飞机，1977 年建造于马歇尔航天中心，后来运往肯尼迪航天中心用作地面测试，实际上不具备飞行能力。由于"开路者"号与真正的航天飞机具有相似的重量、形状和尺寸，一些测试可以在其身上进行，而不必使用精密、昂贵的"企业"号航天飞机。退役数年后，一家日本财团对它重新装饰，使其看起来更加像一架真正的航天飞机，并命名为"开路者"号。1983 年到 1984 年间，"开路者"号被展示于东京。之后，"开路者"号运回美国，呈放在美国太空及火箭中心展览。

从 1981 年航天飞机首次飞行到 2011 年 7 月 21 日完全退休，飞行了 30 年，共进行了 135 次飞行任务，发射了大量卫星，行星际探测器和哈勃望远镜；进行轨道科学实验；参加了国际空间站的建设和维修工作。总飞行时间 1323 天。美国曾经计划从 2014 年起，用新航天器"猎户座"飞船和"战神"运载火箭替代航天飞机，用于地面和国际空间站的交通工具，由于技术和资金问题，使该计划成了泡影，不得不租用俄罗斯的载人飞船。

虽然世界上有许多国家都陆续进行过航天飞机的开发，但只有美国与苏联实际成功发射并回收过这种交通工具。1988 年 11 月 15 日莫斯科时间清晨 6 时整，苏联的"暴风雪"号航天飞机从拜科努尔航天中心首次发射升空，47 分钟后进入距地面 250 公里的圆形轨道。它绕地球飞行两圈，在太空遨游 3 小时后，按预定计划于 9 时 25 分安全返航，在拜科努尔太空中心的跑道上自动降落。

苏联"暴风雪"计划中共有五架航天飞机。"暴风雪"航天飞机和美国的航天飞机看起来外形相似，但有许多重要差别，首先，"暴风雪"号的主发动机不是装在航天飞机尾部，而是装在能源号火箭上，这样就大大减轻了航天飞机的入轨质量，同时腾出位置安装小型机动飞行发动机和减速制动伞。其次，"暴风雪"号着陆时，可用尾部的小型发动机做有动力的机动飞行，安全准确地降落在狭长跑道上，万一着陆姿态不佳，还可以将航天飞机拉起来进行第二次着陆，从而提高了可靠性，而美国航天飞机靠无动力滑翔着陆只能一次成功。第三，"暴风雪"号航天飞机能像普通飞机那样借助副翼、操纵舵和空气制动器来控制大气层内滑行，还备有减速制动伞，在降落滑跑过程中当速度减慢到 50 公里 / 小时时自动弹出，使航天飞机在较短距离内停下。

"暴风雪"号首次飞行之后，当时苏联因缺乏资金和政局混乱，计划暂时搁置。苏联解体后，相关的设备由哈萨克斯坦接收。1993 年 6 月 30 日，时任俄罗斯总统叶利钦正式宣布终止航天飞机计划。终止前，整个"暴风雪"计划已经花费 200 亿卢布。后来仅有美国的航天飞机投入实际使用。

7.1 航天飞机问世

"水星"计划、"双子星座"计划和"阿波罗"计划的载人航天器都是一次性飞行，不能重复使用，研制重复使用载人航天器一直是 NASA 追求的梦想。早在 1968 年 10 月，NASA 就开始了航天飞机的早期研究，标记为阶段 A。1970 年 6 月开始了更具体，更专业的阶段 B 研究。

1969 年尼克松总统成立了太空任务小组，由副总统斯皮罗·阿格纽领导，评估了航天飞机的研究工作，并且建议包括航天飞机在内的国家太空战略。1969 年 10 月，在华盛顿举行的航天飞机专题研讨会上，NASA 副局长乔治·莫勒为自己设定的目标是从"土星"V 送每磅有效载荷到轨道的 1,000 美元降低到 20~50 美元之间。1972 年 NASA 向国会报告，支持航天飞机项目成本优势分析，建议发展航天飞机作为 NASA、国防部和其他用户在 20 世纪 80 年代太空运输需要。

航天飞机发展初期，关于航天飞机设计方案有很大争论，关系到航天飞机能力，发展成本，以及使用成本的最佳平衡，最终选择后来的设计：使用一个可重复使用的带翼轨道器，部分可再用的固体火箭推进器，以及一次性使用的外挂油箱。

1972 年 1 月 5 日尼克松总统宣布航天飞机项目正式启动。和早期完全重复使用的原始设计相比，现在设计比较便宜和技术含量较少。原设计包括一个大的外油箱，被带入轨道，并且留在轨道上作为太空站一部分，但是由于经费和政治考虑，该想法被取消了。

航天飞机轨道器的主要合同方是北美航空，该公司曾经负责制造"阿波罗"指令/服务舱。而固体火箭助推器的合同方是莫顿·塞奥科公司，外挂油箱合同方是马丁·玛丽埃塔公司，航天飞机主发动机合同方是洛克达因公司。

经过几年研制，第一个完整轨道器"企业"号于 1976 年 9 月 17 日出厂，准备进行一系列试验。1977 年 2 月 15 日"企业"号开始在混凝土跑道上多次滑行试验。自 2 月 18 日到 3 月 2 日，"企业"号轨道器由母机波音 747 驮着进行了一系列飞行与

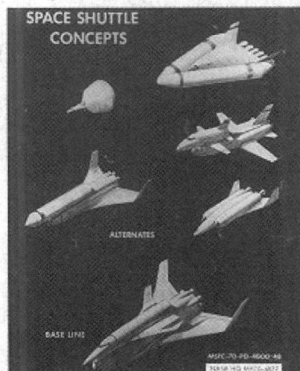

图 7-2 早期航天飞机方案

着陆试验。6 月 18 日到 7 月 26 日，母机驮着"企业"号轨道器进行了一系列载人飞行和着陆试验。8 月 12 日到 10 月 26 日，"企业"号进行了一系列自由飞行，先在湖床上着陆，最后一次在跑道着陆。至此，"企业"号飞行试验圆满完成。

图 7-3　1981 年 4 月 12 日
"哥伦比亚"号航天飞机首飞

又经过 4 年，第一架载人航天飞机终于出现在太空舞台，迎来航天技术发展史上的一个里程碑。1979 年 3 月 25 日，第一架全功能航天飞机"哥伦比亚"号从加州棕榈谷运到肯尼迪航天中心。1981 年 4 月 12 日"哥伦比亚"号首飞，这天正是苏联加加林首次太空飞行 20 周年。

航天飞机是最复杂和最昂贵，围绕地球轨道飞行的航天器。年飞行任务数预定为 50 多次。但是，当任务和发展成本像火箭一样上扬时，年飞行任务数很快降为 8 次左右。航天飞机费用甚至超过一次性运载火箭成本。航天飞机本打算代替一次性运载火箭作为通往太空的主要工具。由于成本上扬，NASA 限制了航天飞机的飞行，只有需要载人，或需要大型运载工具时才用航天飞机。

1986 年 1 月 28 日，由于右固体火箭发动机上的 O 形密封圈失灵，导致"挑战者"号在上升时爆炸，机上 7 位航天员全部牺牲。后来国会批准使用多余零件建造"奋进"号航天飞机替代"挑战者"号。"奋进"号 1991 年 5 月出厂，1992 年 5 月 7 日首次发射。

"挑战者"号事故 17 年后，2003 年 2 月 1 日"哥伦比亚"号航天飞机再入大气时解体，7 名机组人员全部罹难。这次事故后，航天飞机没有再补充。NASA 前后共制造了 5 架全功能轨道器，1986 年和 2003 年两次航天飞机事故后，尚存 3 架，一直用到 2011 年航天飞机退休。

7.2 航天飞机构造

航天飞机系统总体指标
高度：56 米。
总起飞重量：2,030 吨。

总推力：30,160 kN。

3 级动力：

0 级：2 台固体火箭发动机；

1 级：3 台航天飞机主发动机；

2 级：2 台轨道操作发动机。

航天飞机设计负责人 Maxime Faget（见图 4–3），也是"水星""双子星座"和"阿波罗"飞船的设计师。

航天飞机包括成千上万个零件，它们必须有序工作，保证上天和安全返回地球。这些零件可以分成三组：轨道器、固体助推火箭和外挂油箱。上升时油箱和助推火箭被抛弃，只有轨道器进入轨道。

如果轨道器有自己的推进剂存储器，它将变得非常庞大，空气动力飞行能力就很差。因此，轨道器上升燃料存放在一个大的外挂油箱里，外挂油箱附贴在轨道器的腹部。

轨道器，有效载荷，外挂油箱，及推进剂的总质量是 862,600 公斤左右。这需要大于 862,600 公斤的推力来加速它进入轨道。每台具有 170,250 公斤推力的主发动机只能提供 510,750 公斤推力，不足以推动航天飞机离开发射台。因此，必须用两台固体助推火箭加强主发动机推力，使航天飞机运输系统离开发射台，加速进入轨道。

7.2.1 轨道器

轨道器是可以再用的有翼"太空飞机"，搭载乘员和有效载荷进入地球轨道，进行在轨操作，然后再入大气，像滑翔机一样着陆。

航天飞机轨道器由乘员舱、载荷舱、主发动机、轨道操作系统发动机、反应控制系统和各种翼面组成。乘员舱内大气为氮氧混合气体。典型轨道器长 34 米，高 17 米，从翼尖到翼尖宽度 27 米。翼面后缘的 4 个副翼、垂直安定面后缘的方向舵和机身上的襟翼用于再入大气时控制轨道器。

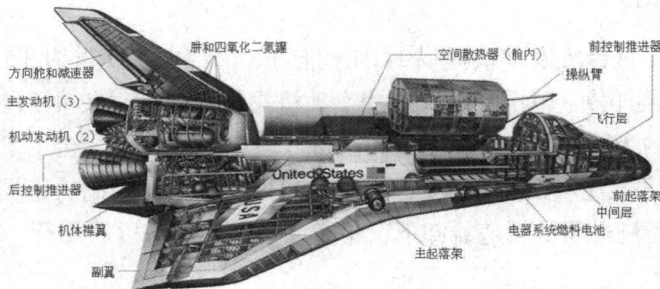

图 7–4 航天飞机轨道器

虽然整个发动机结构由钛合金制成，但是轨道器结构主要是铝合金。轨道器外面覆盖防热系统，防止从太空 –121ºC 到再入大气时的 1649ºC 的温度变化。窗户由硅酸铝玻璃和熔融石英玻璃做成，构成内部压力面和外部防热面。

轨道器可以携带 2 到 8 人，逗留太空 10 到 14 天。轨道器上大部分空间用于安置有效载荷，有效载荷达 23,426 公斤。

乘员舱

乘员舱包括三层：飞行层、中间层和底层。最上面是飞行层，前面是指挥员，驾驶员，其后是 2 个任务专家。飞行层下面是中间层，有 3 个位置，为其余乘员所用。厨房、卫生间、卧室、储藏柜和进出轨道器的边门也在中间层。此外，中间层还有气塞舱门。气塞舱还有另外舱门通往载荷舱。气塞舱可容纳 2 到 3 名航天员穿脱舱外活动航天服，可以减压和增压。底层除了二氧化碳清洁系统外，还安放空气和水容器。

载荷舱

轨道器有一个 18×4.6 米的载荷舱，占据大部分机身空间。载荷舱门里面装有散热片，当航天飞机在轨道飞行时，舱门要打开，以便控制舱内热量。如果门不能打开，轨道器必须在 8 小时内返回地球。热量控制也可以通过调整轨道器和太阳朝向实现。载荷舱内有遥控操作系统，叫加拿大臂，是一种抓取和安放机器手。3 个燃料电池安放在载荷舱下，它们消耗携带的液氧和液氢，提供从发射到着陆航天飞机所需电能。

主发动机

轨道器主发动机是可再用液体火箭发动机，由洛克达因公司制造。每个轨道器有 3 台主发动机，位于轨道器后部，呈三角分布。主发动机推进剂来自外挂油箱，使用液氢和液氧低温燃料。主发动机和固体火箭一起用于上升阶段，有时还用于轨道操作。

在升空时，每台主发动机提供 1.8MN 推力。每台主发动重约 3.2 吨。发动机推力在 65% 到 109% 范围变化。这些发动机是轨道器最复杂最危险部件。没有这些发动机的 100% 推力，轨道器无法进入轨道。上升期 3 台主发动机可以上下摆动 10.5 度，左右摆动 8.5 度，用于改变推力方向，控制轨道器。每次飞行后 3 台主发动机必须从轨道器卸下，检查、翻修，准备以后飞行。

轨道操作系统发动机

在轨道飞行期间，航天员要经常改变航天飞机轨道，这由轨道操作系统发动机完成。航天飞机轨道操作系统包括 2 台 AJ10-190 发动机，分别安放在轨道器后部垂直安定面二侧的吊舱内。发动机使用一甲肼和四氧化二氮自燃燃料，有推力 27KN，用于轨道插入、圆化、变轨、会合、退出和夭折操作。轨道操作系统可以执行 100 次任务，1000 次启动，以及 15 小时燃烧。在起动轨道操作系统前，驾驶员必须首先用反应控制系统调整航天飞机，保证推力方向正确。

反应控制系统

反应控制系统用喷射装置提供反推力，以达到改变航天器姿态和使航天器平移。反推力系统由数个在航天器质心对称位置的四向喷口和控制器构成。这些四向喷口能朝各自的四个方向少量喷射。不同喷口的不同喷射力度组合能使航天器绕三轴旋转和平移。

航天飞机通过反应控制系统操纵航天飞机的俯仰、滚动、偏航和平移，改变航天飞机姿态。这里滚动指轨道器围绕纵轴线转动，纵轴线是一根从机头到机尾的想象线。俯仰指轨道器围绕横轴线转动，横轴线是一根从翼尖到翼尖的想象线。偏航指轨道器围绕垂直线转动，垂直线从载荷舱顶到底的想象线。在无重力情况，一个旋转物体绕质心旋动。

航天飞机反应控制系统由 44 个小型液体燃料火箭推进器组成，其中头部有 14 个和 2 个游标火箭推进器。后部火箭推进器在两个轨道机动系统吊舱内，其中每个舱内包括 12 个和 2 个游标发动机。反应控制系统小火箭的燃料也是自燃推进剂一甲肼/四氧化氮。

后机身还有 3 个辅助涡轮泵动力源，用于提供液压系统压力、摆动 3 个主发动机、控制翼面和收放起落架。

7.2.2 固体火箭助推器

航天飞机有一对固体火箭助推器，每台长 45.46 米，直径 3.71 米，空重 68,000 公斤，总起重量 571,000 公斤，推力（海平面）12,500 kN。起飞后 2 分钟在高度 45.7 公里被抛弃，然后张开降落伞，飘落在海洋回收。

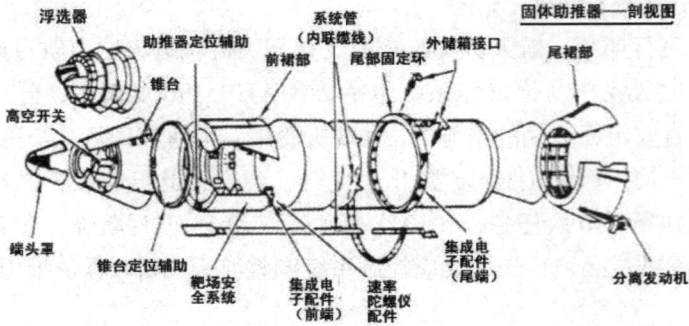

图 7-5　固体火箭助推器

航天飞机固体火箭是至今推力最大的固体火箭。每台推力比月球火箭"土星" V 第一级单台 F-1 发动机多 85%。发射时每台助推器产生约 1,245 吨推力，随后迅速增加到 1379 吨。2 台提供 83% 起飞推力。每台固体火箭重约 590,000 公斤。2 台固体火箭占总起飞质量的 60%。每台固体火箭推进剂重量大约 500,000 公斤，自重大约 91,000 公斤。

每枚固体火箭包括四段垂直放置的固体推进剂，上面有一个前锥。前锥有推进剂点燃器、电子装置和在海面上回收伞。在助推器底部有一喷口，有 7° 转向能力，提供上升段航天运输系统驾驶能力．

固体燃料包括高氯酸铵（氧化剂，69.6% 重量）、铝（燃料，16%）、氧化铁（催化剂，0.4%）、聚合物（黏结剂和第二燃料，如聚丁二烯丙烯腈或端羟基聚丁二烯，12.04%），以及环氧树脂（固化剂，1.96%）。该推进剂通常叫高氯酸铵复合推进剂，简称 APCP。

固体火箭从海洋回收，经过翻修，再加入推进剂，待下次使用。固体火箭可重复使用 20 次。固体火箭主承包商是犹他州布里格姆市的莫顿·塞奥科公司。联合太空联盟负责固体火箭助推器的总装和检验。

7.2.3 外挂燃料箱

外挂燃料箱是一个巨大壳体、内装轨道器主发动机用的推进剂，在航天飞机进入地球轨道之前主发动机熄火后，外挂燃料箱与轨道器分离，进入大气层烧毁。

外挂燃料箱包括三部分：上部燃料箱包括 143,100 加仑液氧，下部燃料箱包括 383,100 加仑液氢。中间是电器元件段。虽然燃料箱大部分体积是液氢，但是只有液氧的 1/4 重量，因为氧比氢重 16 倍。氧箱放在氢箱上面，保证燃料消耗引起重心变化较小。

低温推进剂有一个问题，因为它的沸点约 -200℃。为了在飞行前保持气化在一个可接受的水平，燃料箱要用薄层防结冰材料覆盖。

外挂燃料箱有标准型、轻型和超轻型三种不同类型。超轻型燃料箱参数如下。

长度：46.9 米。

直径：8.4 米。

净重：26,500 公斤。

起飞重量：760,000 公斤。

外挂燃料箱合同商是洛克希德·马丁，在路易斯安那州新奥尔良的密乔装配厂制造。由驳船运往肯尼迪太空中心，装配、发射。

7.3 综合发射中心 39

综合发射中心 39 是 NASA 在佛罗里达州梅里特岛的火箭发射中心。该中心原来用于"阿波罗"登月项目，后来改造为航天飞机使用。2007 年 NASA 又开始改造其为"星座"计划使用。

综合发射中心 39 包括 39A 和 39B 两个发射台、轨道器准备厂房、垂直装配大楼、移动发射平台、履带式运输车、发射控制中心、新闻媒体中心，以及各种后勤和业务支持单位。

航天飞机系统和"阿波罗"登月飞船系统一样，各地制造，然后集中到肯尼迪太空中心的 39 号综合发射中心。轨道器在加利福尼亚州的棕榈谷总装后，先由陆路运输到加州爱德华空军基地，然后用波音 747 空运至 39 号综合发射中心。固体火箭助推器从犹他州北部布里格姆市分四段用火车运到 39 号综合发射中心。外挂燃料箱从路易斯安那州的新奥尔良用驳船海运到 39 号综合发射中心。在 39 号发射中心进行测试，装配和等待发射。

图 7-6　波音 747 背上航天飞机轨道器飞行

7.3.1 发射台 39A 和 39B

航天飞机可以从发射台 39A 或 39B 起飞，发射台 39A 和 39B 看起来一样，都是八边形，占地 165 亩。水泥发射台坐落在中间，周围被大片草地围绕，草地作为航天飞机系统发动机和推进剂储藏罐之间隔离和缓冲。航天飞机发射台边上有发射塔，叫固定服务塔。固定服务塔有12层，用于从地面到外挂燃料箱顶部，对航天飞机运输系统任何部位进行工作。固定服务塔的第7层有乘员通道，让技术人员和航天员进入轨道器乘员舱。

图 7-7　发射台 39A 和 39B

发射台附近有水塔，用于发射时喷水消音，移动发射平台下有火焰沟，用于排除发动机火焰。

7.3.2 轨道器准备厂房

轨道器由改装的波音 747 飞机空运至 39 号综合发射中心，进入轨道器准备厂房，对轨道器每个系统全面检测、修理和更换。一切就绪后，转移到垂直装配厂房。

图 7-8　轨道器准备厂房

7.3.3 垂直装配厂房

垂直装配厂房高 160 米，是当时世界上体积最大的单顶建筑。在这里，轨道器、外挂油箱及固体火箭助推器装配在一起。外挂燃料箱及固体火箭助推器在进入垂直装配厂房前也各自经过检查。

图 7-9　垂直装配厂房

7.3.4 移动发射平台

航天飞机装配在移动发射平台上进行，发射平台有二层楼高，重 3,632,000 公斤，由四根柱子支撑。

首先把固体火箭助推器底段放到移动发射平台，然后把固体火箭助推器第二段放上，直到 4 段都由大吊车放到位。段与段之间用 O 型密封圈完全密封。密封不好曾经导致 1986 年"挑战者"号航天飞机发射时爆炸。每个固体火箭助推器与移动发射平台间用 4 个爆炸螺栓固定，爆炸螺栓在发射时会爆炸断开。

下一步是大吊车把外挂燃料箱吊到空中，放置到位，用螺栓把固体助推火箭和外挂燃料箱连接。

第三步，用二根金属吊带吊起轨道器，把它由水平转到垂直位置。吊车把轨道器吊到 92 米高空，徐徐滑下到位，和外挂燃料箱连接。一旦连接完成，拿去吊带，得到最后发射结构：轨道器连外挂燃料箱，外挂油箱连固体火箭，固体火箭固定在移动发射平台上。

7.3.5 履带式运输车

航天飞机发射系统在移动发射平台上装配好后，要运输到 39A 或 39B 发射台。这由履带式运输车完成，履带式运输车重 2,724,000 公斤，长 40 米，宽 35 米，1 层楼高。在车的四角，各有 2 条类似坦克上的金属大履带。履带式运输车开进垂直装配厂房，移动到发射平台下，用液压千斤顶升起车子上的平面，直到接触移动发射平台，卸掉发射

图 7-10　航天飞机从垂直装配厂房运输到发射台

平台的支撑物后，驾驶员开动履带式运输车，载着移动发射平台和航天飞机系统，驶出垂直装配厂房，向发射场缓缓开去。

从垂直装配厂房到发射台有水泥路，长 5.5 公里，履带式运输车要走 6 小时。到达发射台，履带式运输车把移动发射平台放到发射台支柱上，然后离开发射台，回到垂直装配厂房，等待下次运输任务。

7.4 航天飞机任务简述

7.4.1 航天飞机发射

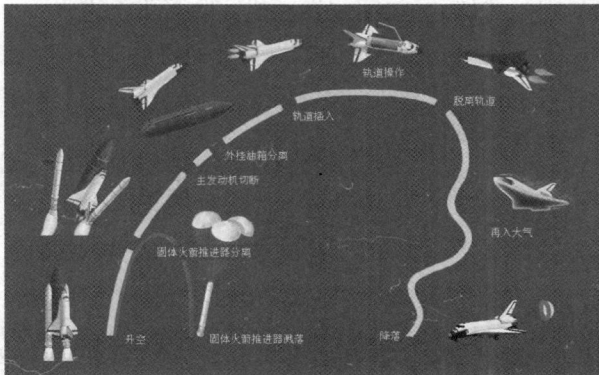

图 7-11　航天飞机飞行过程

所有航天飞机都从综合发射中心 39 的 39A 或 39B 发射台起飞。在有雷击情况航天飞机不得起飞，以免不测。

在倒计时 T-9 分钟，航天飞机进入发射最后准备，倒计时由发射中心的地面发射程序自动控制。如果发射程序感到机载系统有任何关键问题，会停止倒计时。在 T-31 秒，地面发射程序把控制权交给机上计算机。

在 T-16 秒，消音系统开始用 1,100 立方米的水冲刷移动发射平台和固体火箭助推器下方的火焰沟，防止发射时声能和从移动发射台及火焰沟反射回来的火焰毁坏轨道器。

在 T-6.6 秒，3 台主发动机在 120 毫秒间隔内顺序点火，在 3 秒内主发动机达到 90% 额定推力，否则机载电脑将启动中止程序。如果三台主发动机都达标，在 T-0 时，引爆固体火箭助推器的 8 个爆炸螺栓，同时启动固体火箭助推器，航天飞机升空。

整个航天飞机离开发射台服务塔要 3 秒钟。一旦航天飞机离开服务塔，航天飞机控制从肯尼迪航天中心转移到得克萨斯州的休斯敦飞行控制中心。

离开发射塔架不久，航天飞机开始调姿机动飞行，将组合体调整到正确的航向（方位角）。在上升阶段，航天飞机处于倒飞状态。轨道器处在外挂燃料箱和固体火箭助推器的下方。这样可以调整迎角，有利于高动压区气动载荷，以及为机组人员提供地平视野，作为视觉参考。

在最大动压点附近，主发动机要暂时节流，固体火箭也要改变药柱形状减少推力，避免过大速度导致过大气动载荷。通过最大动压后，大气很快变稀薄，因此空气动力破坏的危险性降低，计算机恢复主发动机推力，固体火箭推力也得到恢复。

在 T+126 秒附近，爆炸紧固件释放固体火箭助推器。固体火箭助推器伞降到洋面被回收。然后加速主发动机，进入轨道。

飞行到 8 分 30 秒，计算机关闭主发动机。航天飞机进入一个小椭圆轨道，近地点 100 公里，远地点 290 公里。主发动机关机后 20 秒，连接外挂燃料箱和轨道器的爆炸螺栓起爆，释放外挂燃料箱。大部分外挂燃料箱在大气中烧掉，只有小部分外挂燃料箱掉入印度洋或太平洋。

轨道器进入轨道后，继续向远地点飞行。在远地点轨道操作系统发动机启动，把轨道调整成地球上空约 298 公里圆形轨道。

7.4.2 轨道器在轨飞行

一旦进入轨道，航天飞机开始执行各种任务。20 世纪 80 年代和 90 年代，许多飞行任务牵涉到空间科学、发射各种卫星和科学探测器。后来，航天飞机任务重点放在服务国际空间站。

由于航天飞机在上层大气里飞行，空气摩擦使航天飞机轨道衰减。因此，轨道器必须定期地用轨道操作系统发动机提高速度调整轨道高度，进行轨道维持，防止落入稠密大气层。

7.4.3 轨道器返航和着陆

除了释放降起落架和部署空中数据探头，几乎所有航天飞机再入大气程序，都是在计算机控制下进行的。然而，如果发生紧急情况，则进入操作可以手动完成。进场和着陆阶段可以由自动驾驶控制，但通常是手动驾驶。

再入大气

航天飞机再入从着陆场地球背面的轨道上开始，启动轨道机动系统发动机，沿轨道运动反向倒飞约 3 分钟，使航天飞机减速，让轨道近地点降低到高层大气以内，然后航天飞机翻身正向飞行。

航天飞机在 120 公里高度遇到稠密大气，速度约 25 马赫。航天飞机由反应控制系统推进器和控制面一起控制，以 40 度仰角飞行，形成高阻力，这不仅可以降低航天飞机降落速度，还可以减少再入加热。

航天飞机的 40 度仰角使下降角变平，甚至上升。因此，航天飞机要在高达 70 度的坡度下进行四次陡峭的 S 形飞行，每次持续几分钟，同时保持 40 度迎角。通过这种方式，侧向减速。这时正是再入的高温阶段，热屏蔽发红，过载最高。到最后一次 S 形飞行结束时，航天飞机已过渡到普通飞机。航天飞机将机翼改平，机头降低，开始接近着陆场，准备着陆。

进场和着陆

进场和着陆开始时，距离跑道 12 公里，高度 3,000 米。飞行员应用气动制动来减速，轨道器的速度从 682 公里／小时降到 346 公里／小时（喷气式客机 260 公里／小时）。在轨道器速度 430 公里／小时时，放起落架。为了帮助制动，在主起落架或前起落架触地后，在 343 公里／小时时，抛出 12 米的阻力伞。一旦轨道器减速至 110 公里／小时，抛伞。

轨道器着落后，要在跑道停留几分钟，排除推进剂的有毒气体联氨，以及等待航天飞机机身冷却，然后让航天员下机离开。

条件允许的话，轨道器总是降落在肯尼迪航天中心，条件不允许的话，轨道器可以降落在加利福尼亚州的爱德华兹空军基地，白沙太空港或世界上其他备用基地。

7.5 航天飞机应用

航天飞机是多用途可重复使用天地运输工具。凭着发射时的巨大推力和18×4.6 米的载荷舱，航天飞机具有飞船无法替代的用途。航天飞机应用包括：

　　* 提供太空会合、对接、停靠；

　　* 执行人员和货物运送；

　　* 进行空间科学试验；

　　* 卫星发射、检修和回收等任务。

7.6 航天飞机退休

20 世纪 80 年代令人震撼的航天飞机，由于两次重大人员事故和使用寿命到期，出于成本和安全考虑，2011 年最后 3 架航天飞机（"发现"号、"奋进"号和"亚特兰蒂斯"号）全部退休。

"发现"号首飞于 1984 年 8 月 30 日，服役 28 年中成功飞行 39 次，其中和"和平"号空间站对接 1 次，和国际空间站对接 13 次，累计太空飞行时间 365 天。它的最后发射在 2011 年 2 月 24 日，为国际空间站运送多用途压力舱等任务，3 月 9 日安全着陆，完成它的告别之旅。

"奋进"号是倒数第 2 退休的航天飞机。它首飞于 1992 年 5 月 7 日到 16 日，共飞行 25 次，其中与"和平"号空间站对接 1 次，和国际空间站对接 12 次。累计太空飞行时间 296 天。"奋进"号最后飞行在 2011 年 5 月 16 日，从佛罗里达州肯尼迪太空中心发射升空，6 月 1 日"奋进号"航天飞机顺利降落在佛罗里达州肯尼迪航天中心的轨道，这是"奋进号"最后一次太空之旅，圆满落幕。原定这是航天飞机的最后一次任务，后来又加了一次

图 7-12　2011 年 2 月 24 日
"发现"号航天飞机最后一次起飞

任务，由"亚特兰蒂斯"号执行。

"亚特兰蒂斯"号首次飞行在 1985 年 10 月 3—7 日，共飞行 33 次，累计太空飞行时间 306 天，其中 7 次和"和平号"空间站对接，12 次和国际空间站对接。

"亚特兰蒂斯"号最后一次飞行在 2011 年 7 月 8—21 日，这是航天飞机项目的最后一次飞行。这次飞行是奥巴马总统在 2010 年 10 月授权的，给国际空间站提供额外的供应和乘员的救援。送去足够他们消耗 1 年，重约 4 吨的补给品，包括食物、衣物、科学仪器设备等。

2011 年 7 月 19 日，"亚特兰蒂斯"号航天飞机脱离国际空间站"和谐"号节点舱，返回地球。"亚特兰蒂斯"号完美着陆，结束其"谢幕之旅"。

图 7-13　"奋进"号航天飞机告别飞行

航天飞机退休了，可是原来计划接班航天飞机的"星座"计划，却迟迟没有跟上，"星座"计划的运载火箭"战神"Ⅰ、"战神"Ⅴ和载人"猎户座"飞船由于资金缺乏，以及技术上困难重重，一直无法落实，造成航天任务的严重断层。在私营企业开发出商业化宇航载具之前，美国必

图 7-14　2011 年 7 月 21 日"亚特兰蒂斯"号航天飞机凌晨着陆肯尼迪航天中心

须依赖俄罗斯"联盟号"飞船之类的载具作为地面和国际空间站间的交通工具。

航天飞机退休，引来 20 多家博物馆争夺成为航天飞机的新家。最后，"亚特兰蒂斯"号落户在美国佛罗里达州总部的肯尼迪航天中心。"发现号"于 2012 年 4 月 19 日正式落户在华盛顿郊外的杜勒斯国际机场附近的史密森国家航空航天博物馆分馆优达沃-哈兹中心。而"奋进号"安家于洛杉矶的加州科学中心。纽约海空博物馆收藏航天飞机原型"企业号"，这架航天飞机从来没有进入过太空，但是在 20 世纪 70 年代曾经用来试飞。

图 7-15 "企业号"（左）与"发现号"（右）2012 年 4 月 19 日在史密森太空博物馆

7.7 航天飞机成本

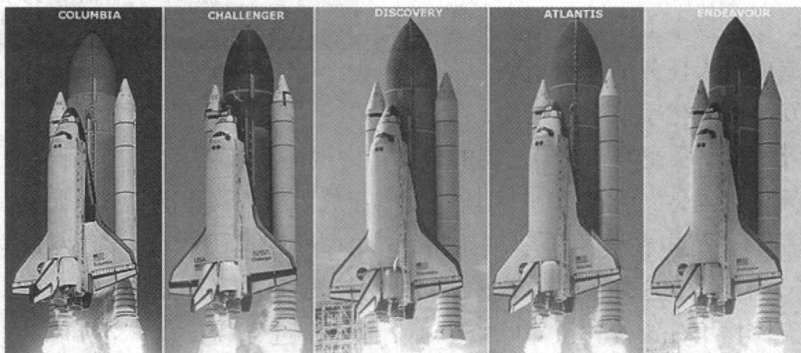

图 7-16 航天飞机机群（从左到右）：哥伦比亚、挑战者、发现、亚特兰蒂斯和奋进号

　　研制重复使用和低成本的载人航天器一直是 NASA 追求的梦想，航天飞机上马时，NASA 希望从"土星"V 火箭送每磅有效载荷到轨道的 1,000 美元降到 20~50 美元。可是到航天飞机全部退休时，估计总耗费高达 1,740 亿美元。每次发射成本达 6,000 万美元（近地轨道：1,117 美元 / 磅，地球静止转移轨道：7,150 美元 / 磅），和希望相距甚远。所以到 2011 年最后 3 架航天飞机退休，航天飞机项目也就寿终正寝了。

第8章　载人航天计划主要事故

美国航天计划取得了巨大的成功，但计划中也经历过几次惊心动魄的事故，导致严重的航天员批量伤亡。其中包括 1967 年 1 月 27 日"阿波罗" 1 号飞船指令舱大火、1986 年 1 月 28 日"挑战者"号航天飞机起飞爆炸和 2003 年 2 月 1 日"哥伦比亚"号航天飞机返程解体。此外，"阿波罗" 13 号飞船在飞往月球路上的氧气罐爆炸，以及"阿波罗"-"联盟"号试验任务后，"阿波罗"飞船返回地球路上有害毒气进入乘员舱，都几乎使执行任务的航天员丧命。

"如果我们死了，请大家不必大惊小怪，就把它当成一件普通事。因为我们从事的是一种冒险事业，我们希望不要影响整个计划和进程，探索太空是值得冒生命危险的。"这是"阿波罗" 1 号航天员维吉尔·格里索姆的遗言，它激励着无数后来人继续他未竟事业。

8.1 "阿波罗" 1 号指令舱大火

通过"水星"和"双子星座"计划，美国已有 19 人进入太空，包括格里索姆已有 7 人二次进入太空。NASA 已经开始载人登月并安全返回地球的"阿波罗"计划。

"双子星座"计划期间，美国太空专家注意到苏联发射到月球的无人太空探测器，推测可能很快发射载人飞船到月球。争夺人类首次登月是美国志在必得的目标。

1966 年 1 月 31 日，苏联发射了"月球" 9 号软着陆月球探测器。三天半后，"月球" 9 号成功地降落在月球表面，成为首个在月球上实现软着陆的探测器，并且在随后的 4 天中发回了包括着陆区全景图在内的高分辨率照片。

3 月 31 日，苏联又发射了"月球" 10 号探测器，几天后，探测器进入环绕月球飞行的椭圆轨道，成为首个环月飞行的月球探测器。

争夺人类首次登月的竞赛形势逼人，NASA决定尽快进行"阿波罗"1号的发射任务，先计划在1966年第4季度，后来延迟到1967年第1季度。这次发射是验证发射操作、地面跟踪和控制、"阿波罗"－"土星"船箭组合体的发射性能，特别是要检验"阿波罗"飞船的指令舱，以确定其合理性。这次任务由弗吉尔·格里索姆、爱德华·怀特、罗杰·查菲执行。格里索姆是"水星"计划七杰之一，曾经飞行过"水星"－"自由钟"7号飞船和"双子星座"3号飞船；爱德华·怀特曾经飞行过"双子星座"4号飞船，是美国太空行走第一人；罗杰·查菲是首次参加太空任务。

1967年1月27日，机组人员准备飞行前发射模拟试验，确定运载火箭仅靠内部动力是否工作。下午1:00，机组人员进入机舱，2:50封闭舱门，用100%氧把机舱充压到16.2磅/平方英寸。航天员和1,000个发射人员进行连续3小时的模拟试验。试验发现任务控制人员和舱内航天员之间的联系很差，试验时问题不断。

图8-1　"阿波罗"I号航天员
从左到右：维吉尔·格里索姆，爱德华·怀特，罗杰·查菲

到下午6:00，飞行器最终切换到内部动力源，检查环境控制系统和电子设备，以及试验紧急撤出过程。6:31不到，遥测突然显示一次电激。这时，大家都不知道指令舱内格里索姆座位下出现短路，火花在100%氧气的指令舱燃起大火。通过对话机，查菲传出"起火了，我闻到火的味道"叫声。5秒钟后格里索姆又传出："着火啦，机舱着火啦！"在6:31，查菲最后传出："我们遭大火啦！让我们出去！我们被烧了！"就在这时候，乘员舱腹部炸开，指令舱变成一个无路可逃的地狱。三位北美航空公司的工作人员奋力抢救航天员。但是太晚了，他们已经全部牺牲。

事故后，成立了"阿波罗204调查委员会"。1967年4月，调查报告出炉，事故起因被认为是指令舱的电线短路。尽管事故责任的确定很复杂，但是调查组认为北美航空的指令舱设计、工作间和质量控制有诸多问题，舱门没有采用爆炸螺栓，开门要90秒，乘员无法紧急撤出。

调查报告指出格里索姆身体有36%皮肤达三级程度烧伤（一级、二级和三级总和达身体皮肤面积的60%），他的航天服70%被烧毁；怀特身体有40%皮肤达三级程度烧伤（一级、二级和三级总和达身体皮肤面积的48%），他的航天服25%被烧毁；查菲身体有23%皮肤达三级程度烧伤（一级、二级和三级总和达身体皮肤面积的 29%），他的航天服 15% 被烧毁。不过，后来证实他们并非被火烧死，而是吸入浓烟致死。

由于格里索姆、怀特和查菲不幸死亡，"阿波罗"计划延后，直到 18 个月后才进行载人轨道飞行。无疑，他们 3 人的不幸身亡保证了其他后来同事的生命，因为指令舱采用了新设计。NASA 放弃了一个载人太空站计划，把钱投入"阿波罗"指令舱的重新设计，使以后"阿波罗"飞船得以顺利护送航天员去月球并安全返回地球。后来，把 1967 年 1 月 27 日的飞行前发射模拟试验称之为"阿波罗" 1 号。

指令舱的制造商北美航空原本建议舱门向外开启，以便紧急情况利用爆炸螺栓快速打开。但 NASA 没有同意，理由是舱门会意外开启（这情况发生在"水星"计划的"自由钟" 7 号飞船，那次飞行任务的航天员正是格里索姆。"自由钟" 7 号在溅落后回收时，舱门被意外吹掉，乘员舱沉入海中，格里索姆被直升机救起）。北美航空也建议过舱内使用氧 / 氮混合空气，而非百分之百氧气，但是 NASA 认为释放过多氮气，航天员会昏倒及死亡。NASA 认为纯氧环境在"水星"计划及"双子星座"计划中证明是安全的，因此在阿波罗上使用应该是安全的，而且设计能节省重量。

"阿波罗" 1 火灾后，"阿波罗"指令舱重新设计，做了如下改进。

* 舱内气压不高于大气压力。发射时舱内为海平面大气压，60% 为氧气，40% 为氮气。发射上升段，气压调低至 5 磅 / 平方英寸，并在转月滑行的头 24 小时内逐渐转为 100% 氧气；

* 舱门改为向外开启，可在 10 秒内打开；

* 舱内的易燃物料改为自动熄灭物料；

* 管路及电线均包上保护绝缘材料；

* 改进线路短路问题；

* 尼龙航天服改为有涂层的玻璃纤维航天服。

线路的改进在两年后的"阿波罗" 13 号中证明是至关重要的，"阿波罗" 13 号指令舱在关掉电源 4 天期间所凝聚的水，在重新进入大气层前的启动都没有导致短路。

8.2 "挑战者"号航天飞机起飞爆炸

1986 年 1 月 28 日，"挑战者"号航天飞机升空时发生爆炸悲剧。机上 7

名航天员全数罹难。

机长弗朗西斯·斯科比，四十六岁；

驾驶员迈克尔·史密斯，四十岁；

航天员朱迪恩·雷斯尼克（女），三十六岁；

航天员罗纳德·麦克奈尔，三十五岁；

航天员埃利森·鬼冢（夏威夷出生，日裔），三十九岁；

航天员格里高利·杰维斯，四十一岁；

女教师克里斯塔·麦考利夫，三十七岁。

"挑战者"号爆炸，全世界为之震惊。

气象台预报 28 日清晨将会很冷，气温接近 — 1 摄氏度，这是允许发射

图 8-2 "挑战者"号航天飞机罹难乘员
前排左到右：史密斯、斯科比、麦克奈尔、后排左到右：鬼冢、麦考利芙、杰维斯、雷斯尼克

的最低温度。过低的温度让固体火箭承包商莫顿·塞奥科公司的工程师感到担心，因为固体火箭是分段的，段与段间有 O 型环密封件，温度低于 11.7 摄氏度时，O 型环将无法保证接缝的有效密封。航天飞机承包商国际洛克维尔公司的工程师，也表达他们的担心，担心发射时被震落的冰块可能会打到航天飞机。

红外摄像机显示右侧固体火箭尾部接缝处的温度低到 — 13 摄氏度，因为从液氧罐吹出的冷气降低了接缝处的温度，使该处的温度远低于气温，低于 O 形环密封圈的设计极限温度。

图 8-3 "挑战者"号发射当天清晨，被冰雪覆盖的发射塔

8-4 "挑战者"号顺利升空

图 8-5 "挑战者"发射后73秒空中解体的烟雾照片

"挑战者"号航天飞机原定 1986 年 1 月 22 日发射，经过 6 次推迟，拖到美国东部时间 28 日。这天早晨，成千上万参观者聚集到肯尼迪航天中心，等

待目睹"挑战者"腾飞的壮观景象。28 日上午 11 时 38 分，耸立在发射架上的"挑战者"号点火升空，直飞天穹，观众一片欢腾。起飞后 58.788 秒，右侧固体火箭尾部支架处出现烟羽。一秒内，烟羽变得明显而剧烈。在 60.238 秒，可以在视觉上观察到从接缝处逸出的火焰，同时开始灼烧外挂燃料箱。在计算机控制下，主发动机喷嘴开始绕轴转动，试图补偿助推器产生的冲力不平衡。

对航天员与地面飞行控制员来说，这个阶段的飞行看上去似乎是正常的。在 68 秒时，任务控制中心的太空舱通信员通知航天员"执行加速"，机长迪克·斯科比确认了这个命令，回答："收到，执行加速。"这是"挑战者"号空对地的最后一次通信。

到 73.162 秒，航天飞机在 14.6 公里高度突然传来一声闷响，只见"挑战者"号顷刻之间爆裂成一团橘红色火球，碎片拖着火焰和白烟四处飘洒，坠落到大西洋。

图 8-6　"挑战者"号罹难航天员的纪念墓碑

灾难发生的当晚，罗纳德·里根总统原定对国会发表年度国情咨文被推迟了一周，并在白宫的椭圆办公室向全美发表了一份关于"挑战者"号灾难的演说。三天后，里根偕同夫人南希一同来到约翰逊航天中心，出席悼念航天员的纪念仪式。参加的还有六千名 NASA 雇员和罹难航天员的家人。

"挑战者"号事故后，成立了"罗杰斯委员会"，负责调查工作。委员会由前国务卿威廉·罗杰斯担任主席。其他的成员有：航天员尼尔·阿姆斯特朗（副主席）、莎莉·莱德、律师戴维·艾奇逊、航空专家尤金·科弗特和罗伯特·霍茨、物理学家理查德·费曼、阿尔伯特·惠尔伦、小阿瑟·沃克、前空军将领唐纳德·秋提那、罗伯特·拉梅尔、约瑟夫·萨特和前飞行员查克·耶格尔。

"罗杰斯委员会"报告强烈地批评了"挑战者"号的发射决策过程，认为它存在严重的瑕疵。报告明确地指出，NASA 的管理层并不知道塞奥科公司最初对 O 型环在低温下的功能的忧虑，也不了解国际洛克维尔公司提出的大量冰雪堆积在发射台上会威胁到发射的意见。"罗杰斯委员会"向 NASA 提出了九项整改建议。

美国众议院科学与技术委员会也召开一场听证会，并在 1986 年 10 月 29 日发表了他们关于"挑战者"号事故的报告。他们在调查的过程中，重新审视"罗杰斯委员会"的发现，并同意"罗杰斯委员会"所指出的肇事技术原因。

作为对"罗杰斯委员会"的响应，NASA 开始重新设计固体火箭，并由委员会推荐的一个独立观察小组进行监督。NASA 也遵从委员会对行政官员的建议，由副行政官员建立安全性、可靠性与质量保证办公室。

NASA 决定建造"奋进"号航天飞机替补"挑战者"号，并与国防部合作，尽量使用一次性运载火箭发射卫星，而不用航天飞机。1986 年 8 月，里根总统宣布航天飞机不再执行商业卫星发射任务。

"挑战者"号的失事，使美国的航天事业受到沉重打击，事故把航天飞机计划推迟 32 个月，直到 1988 年 9 月 29 日，才恢复航天飞机飞行。

8.3 "哥伦比亚"号航天飞机返程解体

结束了为期 16 天的太空任务之后，"哥伦比亚"号航天飞机于 2003 年 2 月 1 日返航，进入大气层时在得克萨斯州上空解体，机上 7 人全部罹难。酿成航天史上又一重大惨剧。

事故后，成立了"哥伦比亚"号事故调查委员会，对事故进行调查。航天飞机被迫停飞两年半，国际太空站的建设受到严重影响，其后的 29 个月国际太空站全靠俄罗斯航天局提供物品和人员运输。直到 2005 年 8 月航天飞机才恢复飞行。

8.3.1 飞行任务

"哥伦比亚"号航天飞机于 2003 年 1 月 16 日从肯尼迪航天中心升空，这是"哥伦比亚"号航天飞机自 1981 年 4 月 12 日首飞以来的第 28 次飞行。

图 8-7　"哥伦比亚"号航天员
（从左到右：布朗、赫兹本德、克拉克、
乔拉、安德森、麦克库尔、拉蒙）

图 8-8　阿灵顿国家公墓的
"哥伦比亚"号纪念碑

　　"哥伦比亚"号上有6名美国航天员和1名以色列航天员，其中2位是女性。7名航天员是如下：

　　机长：里克·赫斯本德，45岁，空军上校，机械工程师。1994年被美国航空航天局选中，1999年在国际空间站执行了10天任务。这是他第二次进入太空。

　　驾驶员：威廉·麦库尔，41岁，海军指挥官，首次进入太空。

　　有效载荷指挥：迈克尔·安德森，43岁，美国空军上校，物理学家，负责科学任务。曾于1998年进入俄罗斯的"和平"号空间站。。

　　有效载荷专家：伊兰·拉蒙，48岁，以色列空军上校，第一位以色列航天员，毕业于特拉维夫大学，获得计算机和电子工程学士学位。拉蒙从1998年开始在美国约翰逊航天中心接受训练。

　　任务专家：卡尔帕娜·乔娜（女），41岁，印度出生，太空工程师。她曾于1997年进入太空，从事太空微重力实验。

　　任务专家：戴维·布朗，46岁，海军飞机驾驶员和飞行医生，负责科学试验，首次进入太空。

　　任务专家：劳雷尔·克拉克（女），41岁，美国海军上校飞行医生。负责生物试验，首次进入太空。

8.3.2 返航解体过程

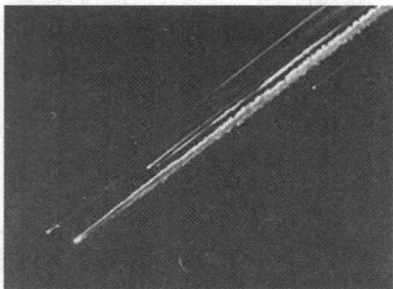

图 8-9 "哥伦比亚"号航天飞机返航解体

图 8-10 "哥伦比亚"号残骸

"哥伦比亚"号航天飞机计划在美国东部时间 2003 年 2 月 1 日上午 9:16 着陆。根据过去"哥伦比亚"号的飞行经验,地面飞行控制队伍没有特别担心发射升空时碎片撞击左机翼前缘,把返航看成和往常一样。气象预报评估了肯尼迪航天中心着陆场气象条件,所有气象观察和预报都在要求范围内,就等待着"哥伦比亚"归来。

8:10,"哥伦比亚"号航天飞机在印度洋上空,高度 282 公里,地面控制人员命令"哥伦比亚"脱离轨道点火。

8:44:09,"哥伦比亚"在太平洋上空,高度 120 公里,开始进入大气。机翼前缘温度不断上升。

8:53:26,"哥伦比亚"进入加利福尼亚西海岸线,速度 23 马赫,高度 70.6 公里。这时轨道器翼前缘达到 1,540° C 以上。

8:54:25,"哥伦比亚"进入内华达州上空。速度 22.5 马赫,高度 69.3 公里。观众多次看到闪光。

8:58:20,"哥伦比亚"进入得克萨斯州,速度 19.5 马赫,高度 63.9 公里。这时轨道器脱落一块防热系统瓦,这是收集到的最西边碎片。

8:59:32,收到乘员的最后不完整声音和最后遥测信号。

9:00:18,地面拍摄的影像表明轨道器正在解体。轨道器解体前,"哥伦比亚"的乘员舱压力正常,乘员能正常活动。

9:05,得克萨斯州中部偏北居民听到爆炸,达拉斯东南上空飘落碎片。

9:12:39,得到解体报告后,NASA 飞行指挥宣布出事,命令搜寻救护队搜寻碎片。同时命令地面控制人员锁门,禁止人员进出,要求飞行控制人员保存所有飞行数据,以备调查。

8.3.3 碎片回收

事故后几个月，进行了大规模地面搜寻。NASA 警告民众任何碎片都有有害化学成分，不要接触。要求民众把碎片位置报告当地紧急服务部门，或政府部门，任何人未经许可处理碎片将被起诉。

在得克萨斯州东部到路易斯安那州西部和阿肯色州西南部人员稀少地区，地面搜寻人员发现 2,000 多件碎片和航天员遗物，特别是在得克萨斯州的达拉斯东南一带。

回收的大件包括起落架、窗户框和机头锥形部分。收集的残骸目前存放在肯尼迪航天中心垂直装配厂房 16 楼。

8.3.4 "哥伦比亚"号事故调查委员会

事故后，总统授权，国会认可，成立由航天专家组成的"哥伦比亚"号事故调查委员会，详细调查"哥伦比亚"号事故。政府官员不得介入事故调查，并提出政府在事故调查中的行为规范。

"哥伦比亚"号航天飞机发射后 82 秒，外部燃料箱泡沫绝缘材料脱落。尽管这块泡沫仅仅 0.77 公斤，还是在"哥伦比亚"号的左翼前缘的 8 号防热瓦上砸了个洞。破坏了航天飞机的防热系统。以前也多次发现泡沫绝缘材料整个或部分脱落。在 1988 年"亚特兰蒂斯"号飞行、1992 年"亚特兰蒂斯"号飞行和 1997 年"哥伦比亚"号第 24 次飞行时都打坏过轨道器。

2003 年 3 月 20 日，在得克萨斯州东部边境找到"哥伦比亚"号的飞行数据记录仪。记录仪用于帮助工程师了解首次试飞中飞机表现情况。试飞完成后，记录仪一直没有取下。这次它记录了大量不同参数，包括结构和其他数据纪录。这些数据有助于"哥伦比亚"事故调查委员会了解导致解体过程和原因。

位于费城北面的理海大学的材料和工程系对碎片进行了科学分析和各种试验，推断问题发展过程。得克萨斯州的西南研究所用气压枪以相同速度进行了泡沫块撞击试验，从不同方向发射类似大小和质量的泡沫块，打击模拟机翼前缘。试验表明在高速下，泡沫块撞击会严重破裂机翼前缘的热防护系统。

关于机翼前缘受损问题，当"哥伦比亚"号还在轨道上飞行时，一些工程师就提出担心。NASA 防热系统主任工程师担心左机翼防热系统的损坏，要求 NASA 管理检查一下，但是 NASA 任务管理队伍认为没有足够事实证明撞击是不安全因素，因此，问题没为获得足够重视。

2003 年 8 月 26 日"哥伦比亚"号事故调查委员会出炉了它的事故报告。报告确认了事故原因是发射时泡沫块脱落引起左翼前缘加强碳瓦裂口。再入大气时的高温穿透机翼，破坏支撑结构，使其余结构解体。

　　虽然在先前的"挑战者"号航天飞机事故后，NASA 做了重大的改革，但许多评论员仍然认为 NASA 在思想上和组织上的改变未能深入与持久。在 2003年"哥伦比亚"号灾难后，NASA 管理层对安全问题的态度再次成为关注的焦点。"哥伦比亚"号事故调查委员会认为，NASA 未能从"挑战者"号航天飞机的事故中学到足够多的教训、"NASA 对罗杰斯委员会的响应并没有达到委员会的初衷"。

第 9 章　空间站

　　飞船和航天飞机只能让人类在太空短暂停留，在太空建立长期生活、工作和科研基地的理想推动下，各种空间站应运而生。空间站是一种可供多名航天员长期巡访、居住和工作的大型载人航天器，是人在太空开展航天活动的重要基础设施。

9.1 空间站发展背景

　　1952 年冯·布劳恩就为《科利尔》杂志写过几篇关于太空探险的文章，表达了人类步入太空的梦想，是古代空想家到现代工程师计划要做的事情。冯·布劳恩和他的团队一直想在地球轨道建立一个太空站，作为通向太空的立足点，在太空站组建去月球探险的航天器。在讨论"阿波罗"计划登月方式时，冯·布劳恩先主张地球轨道会合，后来同意月球轨道交会方案，因为他感到美国可以跳过地球轨道空间站，而把月球作为天然的空间站，可由月球站飞往火星。但是也失去了原先想建立近地轨道空间站的机会。

　　在太空赛年代，苏联启动了康斯坦丁·齐奥尔科夫斯基在地球大气层外建立居住点的设想，建立了首批近地轨道空间站。1971 年 4 月 19 日，苏联成功发射了世界上第一个试验性载人空间站——"礼炮" 1 号。这标志着人类的航天活动已经从规模小、飞行时间短的载人飞船进入规模较大、飞行时间较长的空间探索与试验阶段。之后苏联又发射了"礼炮" 2、3、4、5，以及第二代空间站"礼炮" 6 和 7 号。"礼炮" 6 号还迎接了包括来自捷克斯洛伐克、匈牙利、保加利亚、波兰、罗马尼亚、古巴、蒙古、越南和东德航天员。"礼炮" 7 在其近 9 年的寿命里，还包括来自从印度和法国的航天员。

　　1986 年 2 月 20 日，苏联又发射了世界第一个标准化、模块化的第三代"和平"号空间站。"和平"号空间站在轨道装配长达 10 年（1986 到 1996 年），有人照料 10 年,在轨飞行近 16 年,绕地球飞行 8 万多圈,行程约 35 亿公里。十多个国家的航天员到访过"和平"号空间站。美国航天飞机也 11 次访问"和平"号空间站。"和平"号空间站原来设计使用寿命 5 年。超期服役近 10 年。直到 2001 年 3 月 23 日才因为苏联倒塌,财政拮据,无力维持,有控坠毁在太平洋预定海域。

1969 年美国首次载人登月,为人类太空探险写下光辉一页。20 世纪 80 年代初,航天飞机研制成功并投入使用,为美国建造大型永久性载人空间站提供了技术保障。"阿波罗"登月计划结束后,载人空间站计划列入了重要的发展目标。1973 年 5 月 14 日"土星"V 火箭发射了美国第一个实验性空间站——"太空实验室",同年 3 次向"太空实验室"输送机组人员,保持空间站的三人照料。

和苏联相比,美国在近地空间站的建设方面明显处于劣势。为了摆脱这种局面,1984 年 1 月,美国前总统里根向全世界宣布,美国将在 10 年内投资 80 亿美元,建设规模庞大的永久载人空间站,并邀请盟国参加筹建,以此压倒苏联的空间站优势,这就是后来的美国"自由"号空间站,它是星球大战计划的一部分。

由于尼克松时代提出的航天飞机才问世,"自由"号空间站计划没有获得"阿波罗"登月计划那样举国一致的热情,里根的空间站计划得不到国会大力支持。而"太空实验室"也因为太阳活动而提前落幕,因此作为天地间交通工具的航天飞机变得无处可飞。

由于"自由"号空间站项目费用超支,以及国会每年预算大战,减缓了"自由"号空间站项目的进展,"自由"号空间站未能如期实现。最后,随苏联的崩溃,美国和俄罗斯同意合作建立国际空间站。

1993 年,由于俄罗斯的加入不仅扩大了国际空间站的规模,而且使该项目几乎成为包括所有航天大国在内的国际性计划。国际空间站是一个结构十分复杂、规模极其庞大和功能非常广泛的大型空间设施,由各参加国提供不同的舱段组成。1998 年 11 月俄罗斯首先用"质子"号运载火箭将国际空间站的第一个部件——多功能舱发射入轨,此后用航天飞机和大型运载火箭逐一把其他部件送入轨道,并在轨道上组装国际空间站。国际空间站的建造标志载人航天活动又进入了一个新的发展阶段。

9.2 "载人轨道研究实验室"和"载人轨道实验室"

早在 1962 年 10 月，NASA 就从各项目总部和各中心汇集关于载人空间站的可能应用和价值。1963 年兰利研究中心提出"载人轨道研究实验室"，这是一个容纳 6 人的圆柱体小空间站，直径 6.5 米，长 12.6 米，包括一个对接段，空气塞，由太阳帆板提供能源，用"土星"IB 火箭发射入轨，用改进"阿波罗"或"双子星座"飞船运送人员和物品。1964 年 6 月 1 日，波音和道格拉斯公司获得"载人轨道研究实验室"一期工程合同。

1964 年 7 月 14 日，道格拉斯飞机公司也向 NASA 提交 6 人太空研究站计划，5 年内可以达到绕地球飞行一年。人员来往由改装的"双子星座"或"阿波罗"飞船担任。

虽然"载人轨道研究实验室"简单和便宜，但是"载人轨道研究实验室"从未飞行，因为 NASA 要一个更大的空间站，即"阿波罗"应用轨道工作站，即后来的"太空实验室"。

1963 年 8 月 9 日国防部长罗伯特·麦克纳马拉在回答副总统约翰逊的空间站对国家安全的重要性问题时，强调长期多人空间站的必要性。12 月 10 日在国防部新闻会，麦克纳马拉宣布撤销 X–20 项目，把资金转到空间站。X–20 是集侦察、轰炸、空间营救、卫星维护和破坏敌人卫星为一体的航天飞机。12 月 10 日，美国空军宣布"载人轨道实验室"项目，它是一个容纳 2 人的小空间站，用于太空侦察等任务。该空间站由改装的"双子星座"乘员舱，加上由"大力神"II 运载火箭燃料箱改装的实验室组成。虽然经过几处修改，但是整个航天器很像"双子星座"飞船。改装主要是在防热壁上加了一个圆形门，作为飞船和太空实验室之间通道。"双子星座"飞船是空间站的一部分，不需要交会和对接。

1966 年 11 月 3 日"载人轨道实验室"样机试飞，用"大力神"IIIC–9 运载火箭从卡纳维拉尔角空军基地发射。这次试验飞行，在乘员舱和实验室分离后，实验室样机继续在轨道上飞行，并释放了 3 个卫星。乘员舱分离后进入亚轨道飞行，最后乘员舱在南大西洋的阿森松岛回收。

"载人轨道实验室"计划引起苏联的不安，为了对付美国"载人轨道实验室"，苏联下令发展自己的载人军事空间站的"钻石"计划。

由于"载人轨道实验室"的重量随要求而增加，迫使空军考虑"大力神"火箭的升级。结果费用增加，任务拖后。1967 年 1 月 27 日"阿波罗"I 号起火后，改进"阿波罗"指令舱需要资金，加上越南战争的庞大开支，资金拮据。另外，NASA 正计划后"阿波罗"时代的近地轨道利用。国会认为 NASA 和空军的两个项目重复。1969 年 6 月 10 日，国防部宣布取消"载人轨道实验室"项目。除了"载人轨道实验室"样机，其余"载人轨道实验室"1–7 号都失去了飞行的机会。

9.3 "太空实验室"

"太空实验室"是美国第一个空间站，包括一个微重力研究实验室和一个太阳观察站。1973 到 1979 年运行于地球轨道。1973 到 1974 年期间，有三批机组人员每批 3 人到访。

图 9–1 "太空实验室"在轨道飞行

1965 年 NASA 向约翰逊总统报告了后"阿波罗"计划，其中包括月球探险、火星前期探险和载人地球轨道项目。由于资金缺乏，导致后"阿波罗"计划集中于近地轨道项目和载人低轨长期飞行，以便航天员在太空进行科学和技术实验。

该任务利用"土星"运载火箭第 3 级作为空间站。任务于 1967 年 1 月 26 日宣布。但是，第二天"阿波罗"1 号着火，所有"阿波罗"应用计划资金投入"阿波罗"指令舱重新研制。直到 1969 年 8 月 8 日，麦克唐纳道格拉斯公司才获得改装 2 台"土星"运载火箭第 3 级合同。1970 年 1 月，其中一台第 3 级运到麦克唐纳格拉斯建造样机。改装成的轨道工作站后来改名为"太空实验室"。

"太空实验室"包括轨道工作站、太阳帆板、气闸舱、多端口对接器、"阿波罗"望远镜及其太阳帆板 6 大部分。"阿波罗"望远镜是一个多光谱太阳观测台。"太空实验室"通过多端口对接器和指令／服务舱连接。发射时太阳帆板要折

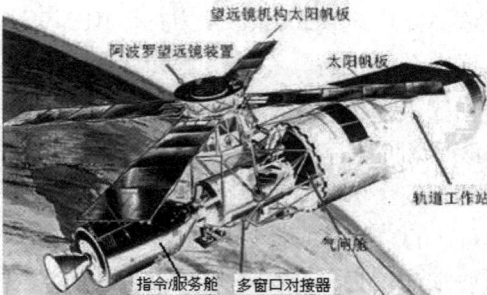

太空实验室

望远镜机构太阳帆板
阿波罗望远镜装置
太阳帆板
轨道工作站
气闸舱
指令/服务舱　多窗口对接器

图 9–2 "太空实验室"结构

叠，进入轨道后，帆板才伸出。

轨道工作站的前段是一个气闸舱，用于航天员出舱太空活动时密封和减压。气闸舱是"太空实验室"的关键部位，有生命支持系统，通信联络系统，以及氮气和氧气储藏器。和气闸舱连接的是多端口对接器，当人员乘飞船从地球来到"太空实验室"时，飞船的指令／服务舱和该对接器对接。对接器的边上还有一个备用对接口，用于紧急情况对接。

多端口对接器内有望远镜机构控制器，望远镜机构安装在气闸舱／多端口对接器结构上，看起来像一个风钻，有四个太阳帆板，提供太空站的一半电力。

9.3.1 "太空实验室"任务1

"太空实验室"任务1指美国发射它的第一个"太空实验室"。1973年5月14日一枚"土星"火箭（二级"土星"V运载火箭）送"太空实验室"进入435公里轨道。

发射时，在最大气动压力时轨道工作站外表的流星体保护／遮阳壁剥离，引起主太阳电池帆板运动被卡，使轨道工作站失去防太阳加热功能，导致太空站电力不足和站内高温，温度高到73.9℃。高温会破坏食物、影片和药品。如果温度继续升高，仪器将会受影响，"太空实验室"的隔热层也会开始释放有害气体，使空间站永远无法居住。

NASA工程师们设法改变"太空实验室"朝向，偏离太阳，使温度降至54.4℃。地面工程师们又日夜工作，设计一个遮阳器，它像一把可伸缩吊鱼竿式遮阳伞。待以后飞往"太空实验室"的航天员撑起这把遮阳伞。为了张开太阳帆板，也需要等待航天员舱外活动，释放被卡的太阳帆板。

9.3.2 "太空实验室"任务2

任务2是用"土星"IB运载火箭，首次把3位航天员送到"太空实验室"。任务2发射于1973年5月25日，最迫切任务是修理太空站。在航天员释放太阳帆板失败后，他们通过"太空实验室"内部的仪器小口部署了遮阳伞式的遮阳罩，使内部温度降到乘员可以入住程度。两周后，两位航天员太空行走，修理和释放了卡住的太阳帆板，开始向太空站供电。

航天员对太空站进行了进一步修理，进行了医学试验，获取了太阳和地球的大量科学数据，拍了29,000帧电影和总共392小时试验。"太空实验室"任务2的航天员在太空待了28天。1973年6月22日任务结束，乘员在太平洋飘落，离回收船9.6公里。

9.3.3 "太空实验室"任务 3

任务 3 是第 2 次向"太空实验室"输送 3 名航天员。任务发射于 1973 年 7 月 28 日，任务共 59 天。航天员进行了大量医学、太阳观察、地球资源勘探和其他试验。

"阿波罗"飞船到达轨道时，指令 / 服务舱的反应控制系统出现泄漏。虽然安全和"太空实验室"对接，但是泄漏问题得寻找。地面救护任务的"阿波罗"飞船首次被推到发射台，准备两个"阿波罗"指令 / 服务舱同时和"太空实验室"对接。由于最终解决了问题，救护任务"阿波罗"飞船没有发射。

10 天后第一次舱外活动时，航天员把原来的遮阳伞换成了双杆遮阳伞，再次降低太空实验室内温度。

任务 3 继续综合医学研究，扩展了任务 2 收集到的关于人体适应性和再适应性数据。任务 3 航天员停留太空时间长达 2 个月，因此，人体生理适应性和再适应性得到充分试验。

9.3.4 "太空实验室"任务 4

任务 4 是最后一次输送航天员到"太空实验室"。任务 4 从 1973 年 11 月 16 日开始，"土星"IB 运载火箭搭载 3 名航天员，在"太空实验室"停留 84 天。进行医学活动、太阳观察、地球资源探测、科胡特克彗星观测和其他试验。

乘员花了大量时间观察地球，两名航天员交替控制、操作遥感设备，测量和拍摄选定的地球表面景点。空余时间通过窗户观看地球的转动。

12 月 13 日，乘员们看到了科胡特克彗星，当彗星飞向太阳时，他们用太阳望远镜和手持照相机对它不断观察和拍照。12 月 30 日，航天员在太空行走时，又看到彗星从太阳后面出现。

他们拍摄了 75,000 张太阳照片。用 X 射线、紫外线和可见光谱拍摄。1974 年 1 月 21 日，太阳表面活动区形成一个亮点，并增强和长大。航天员再次快速拍摄亮点爆发过程。这是首次从太空纪录太阳耀斑的形成过程。

任务 4 绕地球 1,214 圈，飞行 55,500,000 公里。4 次太空行走，共 22 小时。乘员最后离开太空实验室返回地球是 1974 年 2 月 8 日。但是，从此以后，再没有航天员访问"太空实验室"了。

9.3.5 "太空实验室"结束

"太空实验室"是美国国家航空航天局第一个空间站，检测了人类在外层空间生活与工作的能力。"太空实验室"本来打算工作 10 年，计划 1979 年和航天飞机对接，利用航天飞机把它提高到一个安全的高度，但是，航天飞机拖到 1981 年才首飞，计划没有实现。

1977 年秋，由于强烈的太阳耀斑使地球大气层的温度骤然升高，大气层像气球一样膨胀，冲入"太空实验室"轨道。"太空实验室"的速度由于大气阻力变慢，能量减少，迅速脱离轨道，结果比原定计划早四年进入大气。

"太空实验室"的再入大气在 7 月 11 日，在再入前几小时，NASA 地面控制人员试图调整"太空实验室"的飞行轨迹和方向，以尽量减少碎片降落人口稠密地区。NASA 选定地点在南非开普敦南部东南方向 1,300 公里处。再入开始时，地面上看到数十个彩色烟花般的火炬，大片空间站在大气中分解。但是"太空实验室"没有像 NASA 预期的那样燃烧，"太空实验室"碎片降落在西澳大利亚珀斯东南的埃斯佩兰斯（Esperance–Rawlinna）一带。最多地方发现 24 块"太空实验室"碎片。对一些碎片的分析表明，"太空实验室"在地球上方 16 公里分解，远远低于预期。

"太空实验室"在轨 2,249 天，有人照料 171 天，绕地球 34,981 圈，运行 1,400,000,000 公里，航天员进行 10 次太空行走，历时 42 小时 16 分。"太空实验室"进行了 2,000 小时科学和医学实验，多位航天员试验了在长期微重力下适应性。对太阳进行 8 次试验，由于这些试验，发现了太阳冕洞。

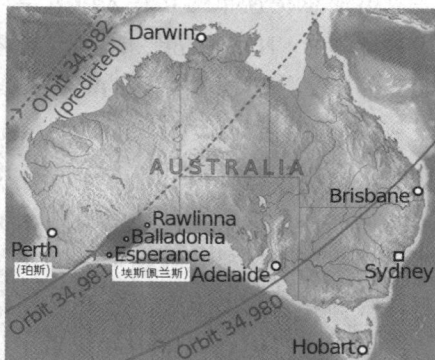

图 9–3 "太空实验室"碎片降落地区

9.4 "自由"号空间站

20 世纪 80 年代早期，随着航天飞机的成功飞行，NASA 计划建立一个大型永久空间站。在某种程度上，这是美国对苏联的"和平"号空间站的回应。该项目由当时里根总统批准，并在 1984 年国情咨文报告中宣布，NASA 计划建立的空间站后来称之为"自由"号空间站，用于在轨卫星修理、航天器装配、外太空观察、微重力科学实验和微重力工厂。但是"自由"号空间站遭到多次预算裁减和设计更改，从未实现，最终变为后来的国际空间站的一部分。

9.4.1 设计更改不断

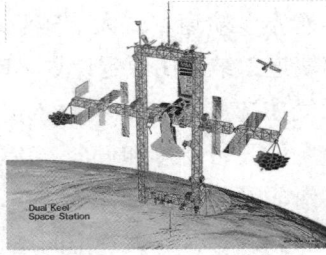

1984 "电塔"式空间站   1986 "双梁"式空间站   1987 修订的基本配置

图 9-4   自由号空间站结构演变

里根总统宣布建立永久载人空间站后，NASA 就开始筹划空间站的设计。1984 年 4 月，NASA 提出第一个 "电塔" 式空间站。中间是一根 122 米高的桁架，大部分质量位于两端，下端围绕着 5 个舱段。站上还有一个服务舱。站上有一根 92 米宽的横向桁架，上面有一组关节式太阳能电池板。中间桁架一端指向地球，以便对地研究，另一端指向太空，以便研究太空。

设计人员很快发现 "电塔" 式结构的严重缺点，最重要问题是由于接近地球端的微重力材料处理设备会诱导较大的重力。另外，流星体或碎片打到舱体时，两端的舱段无法快速密封，会毁坏整个太空站。

出于这些担心，1986 年 3 月，设计人员把 "电塔" 式改成 "双梁" 式空间站。"双梁" 结构像倒卧的中字，由 5 根桁架构成，两边桁架长 110 米，中间桁架长 122 米，上下 2 根桁架长 44.5 米。太阳板分布在中间桁架上。大部分舱段也安排在中间桁架的中部，在整个结构的重心附近，提供了良好的微重力环境。但是该设计需要两根大桁架。后来由于欧洲和日本舱段加入，美国实验室数量由 2 个减为 1 个，结构进行了调整，使进度拖后。

尽管 "双梁" 设计得到认可，但是 "挑战者" 号航天飞机事故后，重新评估了太空站的有效性和安全性。又导致装配计划和各种各样的变化。

由于国会想一个瘦身的空间站。1986 年底，把空间站装配分成二期，第一期提供几个中间舱和中间梁架，但不包括双梁。加大太阳板以保证提供 75kW 电力，这称为修订的基本配置。发展成本为 1,530 万美元（1989 年美元），计划 1994 年第一季度发射首个部件。1987 年 9 月，这一修正的基准配置得到国家研究委员会认可。

1988 年 6 月，里根总统命名新空间站为 "自由" 号空间站。9 月 NASA 签订了发展空间站的 10 年合同。计划最终进入硬件制造。

由于超重 23%、预算超支、装配太复杂和提供用户电力太少，加上 1990

财政年度预算由 20.5 亿美元降到 17.5 亿美元，"自由"号空间站于 1989 年底又进行了小修改。

1991 财政年度预算又从要求的 25 亿美元降到 19 亿美元。1991 年 3 月 NASA 又公布了它的空间站新设计。

由于预算不断削减，迫使首次发射计划推迟到 1995 年 3 月，计划 1997 年 6 月起开始有人照料，1998 年 2 月完成"自由"号空间站。

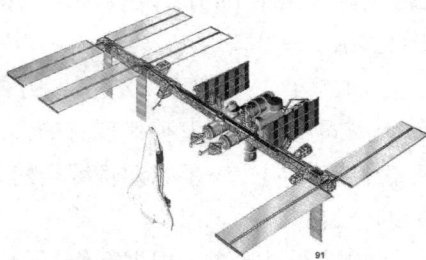

图 9-5　1991 初"自由"号空间站

9.4.2 转向国际空间站

由于 NASA 对空间站成本的低估和国会不肯为空间站投入适当资金，导致空间站在 1984 到 1993 年，7 次主要设计更改，每次都削减不少功能。到 1993 年，国会已经厌倦向太空站投入更多资金，甚至公开质疑空间站的必要性，政府部门也改变了态度。在这种困境下，NASA 向克林顿总统提供了多个选择，但是即使最省钱的方案，都认为太花钱。同年，克林顿政府宣布结束"自由"号空间站，把"自由"号空间站转向国际空间站。

9.5 国际空间站

国际空间站是目前正在建设和运营的太空研究设施，有世界五个空间机构参与的联合项目：美国国家航空航天局、俄罗斯联邦航天局、日本宇宙航空研究开发机构、欧洲空间局及加拿大航天局。包括美俄等 16 个国家合作建造，空间站的所有权和使用由政府间条约和协定确定。该站分为两个部分，即俄罗斯轨道段（ROS）和美国轨道段（USOS），由多国共享。1998 年 11 月 20 日开始组建，原计划 2012 年完工，计划工作到 2020 年，也可能工作到 2028 年。

在 2011 年美国航天飞机计划结束之后，俄罗斯"联盟"号飞船成为国际空间站航天员唯一的交通运输工具，而美国的"龙"飞船成为唯一的大批货物返回地球的运输工具。

截至 2014 年 1 月，国际空间站的美国部分资助到 2024 年。俄罗斯部分已经认可了国际空间站在 2024 年的继续运行，但提出使用俄罗斯轨道部分的要素来建造一个名为"载人轨道装配和实验设施"（英语：OPSEK-Orbital

Piloted Assembly and Experiment Complex– OPSEK）的俄罗斯新空间站（俄语：Орбитальный Пилотируемый Сборочно- Экспериментальный Комплекс-ОПСЭК）。

2015 年 3 月 28 日，俄罗斯方面宣布，俄罗斯的罗斯科斯莫斯和美国航空航天局同意合作开发替代现有的国际空间站的空间站。美国宇航局后来发表了一份保密声明，表示感谢俄罗斯对未来空间探索合作的兴趣，但未能确认俄罗斯的公告。

据俄新社报道，根据新修订的《2016—2025 年联邦航天计划》，俄罗斯拥有完全主权的国家空间站将从 2023 年起开始在轨运行。

俄罗斯国家空间站的建造计划将于 2022—2023 年间展开，通过航天器模块组装的方式建立，将包括多功能试验舱、科学 – 动力舱和结点舱，未来也可用于登月探索。在建造之前，俄罗斯将首先进行新型载人飞船的试验，初步定于 2021 年之后将投入使用。

"载人轨道装配和实验设施"将组装用于火星、月球和可能土星的载人星际航天器。返回的航天员在着陆地球之前先在"载人轨道装配和实验设施"空间站停留。"载人轨道装配和实验设施"主要目的是支援深空探索。

9.5.1 国际空间站的建设

如前所述，国际空间站计划的前身是美国的"自由"号空间站。"自由"号空间站是 20 世纪 80 年代里根政府星球大战计划的一部分。到老布什执政期间，星球大战计划被搁置，"自由"号空间站也随之陷入停顿。1993 年，时任美国总统的比尔·克林顿正式结束了"自由"号空间站计划。1992 年 6 月老布什总统和俄罗斯总统叶利钦同意合作空间探索，导致美国和俄罗斯合作太空探险和和平利用外太空，结果，一位美国航天员到俄罗斯和平号空间站工作，两名俄罗斯宇航员到航天飞机工作。

克林顿任总统时期，国家航天委员会主席为副总统戈尔，他主张把空间观测地球放在优先地位，主张国际合作登月、上火星等，成为克林顿政府的决策依据。在美国副总统戈尔的推动下，"自由"号空间站重获新生，NASA 开始与俄罗斯联邦航天局接触，商谈合作建立空间站的设想。

国际空间站：

长：72 米；

宽：109 米；

高：20 米；

常驻人数：6 人；

舱内压力：101.3 千帕；

运行轨道：400.2×409.5 公里；

轨道速度：27,700 公里 / 小时；

轨道倾角：51.64 度；

轨道周期：92.65 分钟；

轨道衰减：2 公里 / 每月；

每天绕地球：15.54 圈。

图 9-6 国际空间站
（2010 年 5 月 23 日从亚特兰蒂斯航天飞机拍摄）

1993 年 9 月，美国副总统戈尔和俄罗斯总理切尔诺梅尔金宣布新的空间站，后来叫国际空间站。为了国际空间站建设，把美国参与俄罗斯"和平"号空间站项目作为新项目的第一期工程，国际空间站为第二期工程。航天飞机参与"和平"号空间站的人员和物资运输。美国航天员在最后几个月居住在"和平"号空间站，学习俄罗斯空间站经验。通过国际空间站第一期工程，美国参与"和平"号空间站计划，航天飞机 9 次与"和平号"空间站对接，共有 44 名美国航天员造访"和平号"空间站，其中有 5 名航天员到"和平号"空间站长期工作和生活，累计时间 977 天，使美国掌握了航天飞机与大型空间站在轨交会对接的技术，积累了空间站上长期工作和生活以及处理应急情况的经验。NASA通过航天飞机 –"和平"号计划，以不到 2% 的国际空间站总消耗，得到的知识和经验是无法用其他方法得到的。美国的参与也向俄罗斯注入了急需要的资金。

1993 年 12 月，美国为首的"自由"号空间站合作伙伴正式邀请俄罗斯加盟，在原"自由"号空间站和"和平"2 号空间站的基础上，联合建造国际空间站。这样，国际空间站成为五个太空机构的国际合作计划，这五个机构分别是：美国国家航空航天局（NASA）、俄罗斯联邦航天局（RKA）、日本宇航探索局（JAXA）、加拿大航天局（CSA）、欧洲航天局（ESA）。参与国际空间站建设的国家有美国、俄罗斯、欧空局 11 个国家（德国、法国、意大利、英国、比利时、荷兰、西班牙、丹麦、挪威、瑞典和瑞士）、日本、加拿大和巴西（1997年加入）等 16 个国家。空间站的所有权和使用由政府间条约和协定确定。

1998 年 11 月国际空间站的第一个组件，俄罗斯的曙光号功能货舱，进入预定轨道。同年 12 月，美国的团结号节点舱升空并与曙光号功能货舱对接。2000 年 7 月俄罗斯"和平"2 号的"星辰"号服务舱与空间站连接，成为国际空间站的核心部件。2000 年 11 月 2 日，首批 3 名宇航员进驻国际空间站。

自 2000 年 11 月 2 日以来，国际空间站一直有人照料。早期人员都来自俄罗斯和美国的太空计划。俄美外第一个参加国际空间站的是欧洲空间局的德国航天员 Thomas Reiter。

国际空间站原来由俄罗斯的"联盟"号和"进步"号太空飞船和美国航天飞机担任运输任务。2008 年 3 月 9 日，欧洲空间局发射自动运输车，4 月 3 日成功与国际空间站对接,给国际空间站送去 8 吨货物,成为首个美俄外的运输车。

但是，国际空间站的预算远远超过了 NASA 最初的预计，欧洲空间局估计从开始到 2017 年完成要花 1,000 亿欧元。国际空间站是人类至今花钱最多的项目，建成时间也比预定的要晚，主要原因是 2003 年初"哥伦比亚"号航天飞机事故后，美国国家航空和航天管理局停飞了所有的航天飞机。在航天飞机停飞的两年半时间里，太空站的人员和物资运输完全依赖俄罗斯的"联盟"号飞船。太空站上的科学研究活动也被压缩到最低限度。2005 年 7 月 26 日"发现"号航天飞机恢复飞行，升空时碎片再次从外燃料箱脱落，NASA 再次停飞所有航天飞机近一年，使国际太空站的建设进度一拖再拖。

9.5.2 国际空间站主要结构

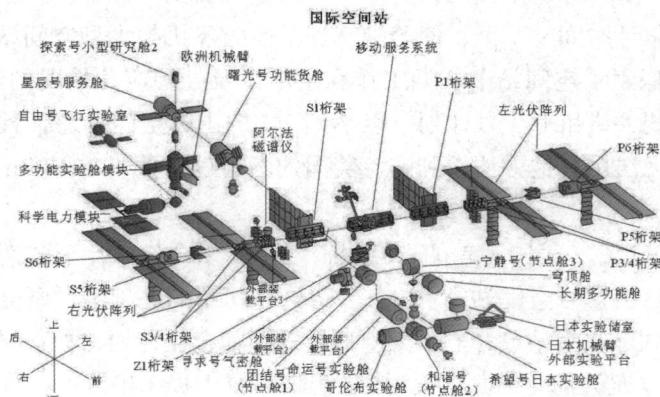

图 9-7　国际空间站主要结构分解图

国际空间站结构主要包括 16 个压力舱段和外部构件。根据功能，国际空间站可以分成如下 8 大部分：

（1）综合桁架：用于安装各舱段、太阳能电池板、移动服务系统及站外试验设施等。

（2）居住舱：主要用于航天员的生活起居，其中包括走廊、厕所、浴室、睡房和医疗设施，由美国承担研制和发射。

（3）服务舱：含科学仪器设备等服务设施，也含一部分居住功能，由俄罗斯研制并发射。

（4）功能货舱：设有航天员生命保障设施和部分居住功能（如厕所、卫生设施等），以及电源、燃料暂存地等，舱体外部设有多向对接口，由俄罗斯研制并发射。

（5）多国实验舱：其中美国1个、欧空局1个、日本1个、俄罗斯3个。

（6）3个节点舱：由美国和欧空局研制，是连接各舱段的通道和航天员进行舱外活动的出口。团结号节点舱1还可作为仓库，用于存储。和谐号节点舱2内有电路调节机柜，用于电能转换，供国际合作者使用。宁静号节点舱3留作空间站的扩展。

（7）能源系统和太阳能电池帆板。由美国和俄罗斯两国提供。

（8）移动服务系统：由移动基站系统、加拿大臂和专用灵巧机械手组成的移动服务系统可以覆盖国际空间站上所有美国部分；欧洲机械臂服务俄罗斯轨道段；日本试验舱的遥控机械手服务日本实验舱设备；2台俄罗斯起重机用于移动太空行走航天员和围绕俄罗斯轨道部分外部零件。

由于资金拮据和2003年"哥伦比亚"号航天飞机事故，国际空间站进行了瘦身，美国取消了4个压力验舱段，俄罗斯取消了2个压力舱段和一个科学动力平台。

9.5.3 国际空间站轨道装配

国际空间站建造计划分三阶段：准备阶段，初期装配阶段和最终装配和应用阶段。

准备阶段（1994年—1998年）：美国航天飞机9次与俄罗斯"和平"号空间站的交会对接，获取建造空间站宝贵经验。

图9-8　航天飞机和"和平"号空间站对接

初期装配阶段：1998年11月20日，国际空间站的第一个组件——"曙光"号功能货舱（美国出资，俄罗斯制造）发射成功，标志着国际空间站正式进入初期装配阶段。此后，国际空间站的第2个组件——美国团结号节点舱于1998年12月4日由"奋进"号航天飞机送入轨道，并于12月7日与曙光号功能货舱成功对接。

图9-9　国际空间站初期结构（从上到下，团结号节点舱，曙光号功能货舱，星辰号服务舱）

2000 年 7 月 "星辰"号服务舱与太空站连接。2000 年 11 月 2 日首批航天员登上国际空间站，实现第二阶段承载 3 人能力的初期空间站目标。

最终装配和应用阶段（2000 年—）："命运"号实验舱、"寻求"号气闸舱和"和谐"号节点舱分别于 2001 年 2 月 7 日、7 月 12 日和 2007 年 10 月 23 日和国际空间站对接。欧空局的"哥伦布"实验舱已于 2008 年 2 月 7 日升空，和国际空间站对接。日本的"希望"号实验舱等于 2008 年 3 月 11 日和 5 月 31 日升空，和国际空间站对接。2009 年 3 月 15 日桁架 S6 及太阳能电池板到位，美国和欧日轨道装配已基本完成。2010 年 3 月，波音交付 NASA 空间站的美国在轨部分。俄罗斯轨道段装配正在加紧进行，利用现有的国际空间站为新空间站"载人轨道装配和实验设施"（OPSEK）作准备。

9.5.4 能源和生命保障系统

国际空间站的能量来自太阳，阳光通过太阳能电池板转换成电能。在初期装配阶段，唯一动力来自俄罗斯"曙光"号功能货舱和"星辰"号服务舱上的太阳板。空间站的俄罗斯舱段使用 28 伏直流电，而太空站的其余部分，来自与桁架连接的太阳能电池板，提供 130 到 180 伏直流电。电能经过稳压，以 160 伏直流传输，然后转变成用户所需的 124 伏直流电。通过变压器，国际空间站的俄罗斯部分和其余部分电能可以共享。共享要求很重要的，因为俄罗斯舱段以后将依赖美国建造的太阳能电池板提供动力。桁架上的太阳板长 58 米，面积约 375 平方米，通过万向接头跟随太阳，以获得最大太阳能量。

国际空间站的环境控制和生命保障系统提供大气、氧气和水的供应和控制，以及火灾的探测和灭火等。其中最重要的任务是供应空间站的大气，但是也收集、处理和储存乘员产生的废物和废水，包括回收和利用污水槽、淋浴间、卫生间和空气中凝结的流动液体。"星辰"号服务舱和"命运"号实验舱的氧气发生器为空间站提供氧气。乘员也可以从氧气瓶和固体燃料氧气发生器罐得到备份氧气。空气里的二氧化碳由"星辰"号服务舱的仪器消除。其他人类新陈代谢副产品，如来自肠里的甲烷，以及来自汗水的阿摩尼亚用活性炭过滤器消除。

国际空间站的大气成分和地球大气相似。气压为 101.3 千帕，相当于地球海平面气压。乘员感觉舒服，也比纯氧大气安全，纯氧大气曾引起"阿波罗"1 指令舱大火。

9.5.5 轨道控制

国际空间站高度控制在 278 公里到 460 公里，因为太阳活动引起外太空大气层的密度变化，因此大气的微弱阻力是天天变化的。空间站会因为微弱阻力不断降低高度，轨道衰减约2公里/月。因此，每年要多次提高空间站。国际空间站的提高可以用"星辰"号服务舱上的2台主发动机、对接的航天飞机、"进步"号无人飞船或欧空局的自动运输车进行。

空间站的姿态控制（朝向）有两种方法，一般使用几个控制力矩的陀螺保持站的朝向。在超出控制力矩陀螺的控制范围时，或控制力矩陀螺无法跟上快速运动而失去控制能力时，俄罗斯的姿态控制系统会自动接管，使用推进器维持站的姿态。航天飞机也可以用于国际空间站的姿态维持。

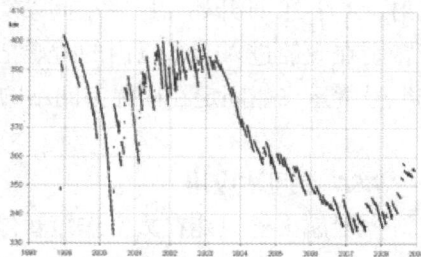

图9-10 从1998年11月至2009年1月的国际空间站的高度变化

9.5.6 空间站运输

向国际空间站的运输有多种运载工具，例如：

* 美国航天飞机：用于乘员来回和物资运输；
* 美国飞船："飞龙"和"天鹅座"飞船；
* 俄罗斯"联盟"号飞船：用于人员来回和紧急撤离；
* 俄罗斯"进步"号无人飞船：用于物资供应；
* 欧洲自动运输船：用于物资供应；
* 日本的HTV无人太空船：用于物资运输；
* 美国"猎户座"飞船：未来人员往来和载荷运输；
* 中国神舟飞船：也考虑和联系过。

其中来自俄罗斯和欧洲的运载工具能够发射、飞行和自动对接，无须人工干预。美国航天器是手工对接，日本航天器是先停泊，再使用手动控制的机器人实施对接。俄罗斯和欧洲供应航天器可以在国际空间站停留6个月，给机组人员装卸极大的灵活性；日本航天器1-2个月。美国航天飞机能待在太空17天，最长的对接是11天。

航天飞机退休后，奥巴马政府积极鼓励和支持私人企业发展载人航天技术，以"灵活方式"将航天员送入国际空间站。2010年11月22日，美国联邦航空管理局向宇宙探索技术公司发放了航天器再入许可证。

2012年5月22日宇宙探索技术公司的"飞龙"号太空飞船搭载"猎鹰"9号火箭完美发射，"飞龙"号太空飞船完成向国际空间站提供物资补给的历史性使命，这是世界第一艘向空间站发射的商业飞船。显示民营企业能够重启美国往返国际空间站的能力。

2013 年 4 月 21 日位于弗吉尼亚州达勒斯的轨道科学公司又进行"安塔尔"火箭携带模拟载荷，从弗吉尼亚州东海岸升空，首次测试飞行成功。轨道科学公司于 9 月 18 日将"天鹅"号货运飞船从美国弗吉尼亚州沃洛普斯飞行基地发射，9 月 29 日开始与国际空间站对接。飞船把导航激光照射到空间站上。机械臂则在飞船进入十米以内的时候把它抓住。太空站上的技术人员最终把"天鹅"号货运飞船固定在国际空间站的停泊区。

9.5.7 空间站应用

一般航天器只能在太空作短暂停留，即使航天飞机在太空最多也只能停留 14 天，而空间站能在太空轨道运行数年，乃至更长时间。组装成功后的国际空间站将作为科学研究和开发太空资源的平台，为人类提供一个长期在太空轨道上进行天文观测、对地探测、基础科学研究和太空发展的基地。

太空提供没有空气、云层和污染物阻挡的天文观察条件。国际空间站在天文观测上比其他航天器优越得多，因为有人参与观测，可充分发挥仪器设备的作用。通过国际空间站，天文学家不仅能获得宇宙射线，亚原子粒子等重要信息，了解宇宙奥秘，而且还能对影响地球环境的天文事件（如太阳耀斑、暗条爆发等）做出快速反应，及时保护地球，保护在太空飞行的航天器及其成员。

对地观测方面，国际空间站比遥感卫星优越。首先它是有人参与到遥感任务，因而当地球上发生地震、海啸或火山喷发等事件时，在站上的航天员可以及时调整遥感器的各种参数，以获得最佳观测效果；当遥感器等仪器设备发生故障时，又可随时维修到正常工作状态；它还可以通过航天飞机或飞船更换遥感仪器设备，使新技术及时得到应用而又节省经费。用它对地球大气质量进行监测，可长期预报气候变化。在陆地资源开发，海洋资源利用等方面，也都会从中受益。

基础科学主要研究领域包括生物学（包括生物医学研究和生物技术），物理学（包括流体力学、材料科学和量子物理），天文学（包括宇宙学），以及气象学。太空微重力环境为这些学科提供地球上无法提供的条件，促进这些科学的发展。同时，国际空间站的建成和应用，为探索建造太空工厂、太空发电站、太空永久居住区（太空城堡）、太空旅游奠定基础。向太空其他星球移民等载人航天的远期目标接近了一步。

9.5.8 任务结束和退出轨道

原来小布什政府计划 2016 年第一季度把国际空间站退出轨道，但是遭遇不同声音。奥巴马政府上台后，航天计划有了修正，奥巴马政府将国际空间站延长至 2020 年退伍。

　　反对者认为国际空间站计划是在浪费时间和金钱，并且抑制了其他更有意义的计划。花费在国际空间站计划上的上千亿美元和近乎一代人的时间，可以用来实施无数的无人太空任务，或者将这些时间和金钱花在地球上的研究中；而支持者认为批评是目光短浅，认为花费在载人空间探索上的巨额经费同样给地球上的每个人带来切实的好处。有评估指出，国际空间站计划所开发的载人航天相关技术的商业应用，会间接带动全球经济，其所带来的收益是最初投资的七倍，也有一些相对保守的估计则认为此种收益只是最初投资的三倍。还有一些坚定的支持者认为，即便国际空间站在科学方面的意义为零，仅其发挥的推动国际合作的作用，也足以令这个计划彪炳史册。

　　欧空局和另外一些参与国断然不会轻易放弃使用权，而是想方设法继续让国际空间站停留太空中。加拿大、欧洲、日本、俄罗斯和美国的国际空间站负责人 2010 年 3 月 11 日在日本东京会面，回顾空间站的合作事宜，并一致认为，该站一直运行到至少 2020 年不会遇到可识别的技术障碍。国际合作正在努力确保它的寿命能够延长到 2028 年以后。

　　根据外层空间条约，发射国要对所有它发射的舱段负责。把如此庞大的国际空间站可控的移出轨道并不容易，虽然俄罗斯的"星辰"号服务舱有推进系统让国际空间站停留太空，但是它没有足够力量控制退出轨道。

　　据英国广播公司报道，俄罗斯官员认为"作为国际空间站的主要集成单位，NASA 在任务结束后，要负责文明结束飞行"。但是美国对俄罗斯的说法仅仅表示理解，没有任何具体承诺。为了解决这一问题，俄罗斯航天官员将目光瞄准了欧洲制造的 ATV 自动运输车，它有足够强大的推进系统引导国际空间站有控制地解体。但是目前自动运输车只能和俄罗斯部分对接，需要大加改动。

　　在国际空间站计划里，NASA 曾经研究过包括通过航天飞机分解国际空间站，但是至少要 27 次航天飞机任务，太昂贵，而且航天飞机早已退休，无机可用。NASA 也考虑过把国际空间站加速到逃逸速度，把它丢弃到太阳轨道，这要花大钱制造新硬件。NASA 还考虑过类似"太空实验室"自然与随机再入轨道衰减，"太空实验室"从轨道慢慢衰减 5 年多，剩余物击中西澳大利亚的埃斯佩兰斯人口稠密地区，所幸没有造成人员伤亡。至今，NASA 欠缺让国际空间站可控退出轨道的经验。

　　让国际空间站可控的退出轨道到安全的海洋地区的技术可行性是美国和俄罗斯的结合。在国际空间站 1998 年发射前，俄罗斯就有"礼炮" 4、5、6 和 7

空间站的退出轨道经验。2001年3月23日俄罗斯又把"和平"号空间站在完成15年的太空任务后，在斐济第三大城市纳迪上空成功地进入大气烧毁，未燃烧殆尽的残骸，落入了南太平洋冰冷的海水。

9.5.9 国际空间站私有化

NASA也在考虑国际空间站的私有和商业化，NASA"决定结束联邦对国际空间站的直接支持并不意味着这个平台本身会在2025年脱离轨道，太空行业将继续运行某些元素或国际空间站将作为未来商业平台的一部分。在未来，NASA将扩大国际和商业合作，以确保人类继续在近地轨道停留。"

将所谓的近地轨道业务转给私人部门，NASA就可以将其资源集中在探索更深层太空上。在小布什总统时期，NASA迈出了第一步，将国际空间站运送补给的任务外包给SpaceX和Orbital ATK。奥巴马总统则继续扩展这一模式，将运送宇航员的任务外包给波音和SpaceX。特朗普政府希望进一步推动公私合作模式，使NASA成为非政府载人飞行管理和运营企业的众多客户之一。

9.6 空间基地

具有长期性、扩展性和功能变换的国际空间站的建成，为空间研究和宇宙资源的开发提供了良好的条件。但是国际空间站不具备对站外其他航天器提供服务的能力，即不具备在轨服务能力。因此，下一个合乎逻辑的发展目标应该是建立载人空间基地。

载人空间基地除执行空间站全部功能外，对基地外航天器要能：在轨加注和补给、在轨维修、在轨变换、在轨装配和轨道中转等功能。空间基地的建成必将为空间科学技术的发展和空间资源的利用和开发开辟更宽阔的道路。

空间基地可以设置在地球轨道上，也可以建立在月球上。月球蕴藏着丰富的自然资源和独特的环境条件。例如月球含有大量的氢、碳和氮等化学物质，还含有地球上极稀有的宝贵氦同位素和氮同位素等。

月球是地球的近邻。从月球基地观察、遥感地球，可以更加全面、及时、详细地了解和掌握地球一切变化。月球基地还将成为人类通往火星、金星和向纵深宇宙进发的航天港和中继站。

2017年9月27日在澳大利亚阿德莱德举行的第六十八届国际宇宙会议上，美国宇航局（NASA）和俄罗斯航天局罗斯科斯莫斯（Roscosmos）宣布月球和深空探索的新合作伙伴关系，将共同努力在地月空间的月球周围建立微型空间站，该站将布置在拉格朗日点附近的几乎是直线的三维晕轨道上。该基础设施将作为未来载人和机器人火星飞行任务的垫脚石，并为未来火星任务积累技术和经验。

第 10 章 "星座"计划

　　"星座"计划是 2005 年至 2009 年美国航天局继航天飞机后开发的载人航天计划。该计划的主要目标是"完成国际空间站"，2020 年前"返回月球"，以及乘坐飞船到火星作为最终目标。该计划由于技术和资金问题，基本上是胎死腹中。"星座"计划主要包括"战神"I 和"战神"V 运载火箭、"猎户座"载人飞舱、"牵牛星"月球着陆器和地轨出发级。

图 10-1　载人飞船 / 月球着陆器 / 地轨出发级

　　"星座"计划吸取了"水星"计划、"双子星座"计划、"阿波罗"计划、天空实验室、航天飞机和国际空间站的经验和教训。虽然载人飞船的乘员舱和服务舱主要参考早期"阿波罗"飞船系统，发动机来自"土星"V 和"德尔塔"IV 火箭，但是"星座"计划的大部分硬件继承航天飞机。

　　"星座"计划采用地球轨道交会和月球轨道交会技术，即第一步，用大推力"战神"V 运载火箭把地轨出发级 / 月球着陆器送入地球轨道，然后用较小推力的"战神"I 运载火箭把载人飞船送入地球轨道；第二步，地轨出发级 / 月球着陆器和载人飞船在近地轨道会合和对接，形成一个长 21 米、重 40 吨的大型航天器，然后借助地轨出发级上火箭的推力飞向月球并绕月飞行；第三步，航天员乘月球着陆器与飞船脱离，降落月球，开始月球科学考察，建设月球基地；而飞船留月球轨道继续绕月球飞行；第四步，航天员乘月球着陆器的上升级离开月球，返回月球轨道，和留守在月球轨道的飞船对接；第五步，载人飞船脱离月面上升级，开始返回地球。

10.1 "星座"计划背景

2003年2月1日"哥伦比亚"号航天飞机失事，7名航天员罹难。经过近1年的整顿，2004年1月4日，"勇气"号火星车成功登陆火星。借此东风，作为对"哥伦比亚"号航天飞机事故的回应和重新获得民众对太空探险支持，2004年1月14日小布什总统发表了"太空探索新构想"的政策性讲话。讲话要点如下：

* 2010年完成国际空间站建设；
* 2010年航天飞机退休；
* 2008年发展新载人航天器，2014年首次载人飞行；
* 发展航天飞机衍生的运载火箭；
* 2008年用无人航天器探测月球，2020年载人登月，重返月球；
* 用无人探测器和载人航天器探测火星和其他星球。

作为对"哥伦比亚"号航天飞机事故、"哥伦比亚"号航天飞机事故调查委员会的报告，以及小布什总统2004年1月14日讲话的回应，NASA于2004年夏天出台了"星座"计划。

2005年4月14日NASA新局长格瑞芬上任后，对NASA的计划和战略做了修改，由近地轨道空间活动转向深空探索。早在2004年7月，格瑞芬就建议"星座"计划分3步走。

第1步：发展一个新的"乘员探索飞行器"，完成国际空间站建设，早日退休航天飞机。把航天飞机省下的钱，用于加速发展"乘员探索飞行器"。

第2步：发展其他项目，包括改进"乘员探索飞行器"，让它可以飞往月球、火星、拉格朗日点和一些近地球星体。

第3步：发展载人行星登陆器，2020年开始让人在月球着陆。

2005年8月航天飞机恢复飞行后，9月，白宫批准NASA提出的用新"乘员探索飞行器"替代航天飞机的计划。2006年8月31日NASA把新"乘员探索飞行器"的设计、发展和制造合同给了洛克希德·马丁公司。

根据该计划，2010年航天飞机将退休。到2014年"乘员探索飞行器"将替代航天飞机，作为地面和国际空间站之间交通工具。2018年美国航天员将重返月球，建立月球基地。"乘员探索飞行器"后来叫"猎户座"载人飞船，它可以和国际空间站对接，也可以飞离地球轨道，去月球和火星。

奥巴马总统2009年1月20日上台后，其时美国经济危机肆虐，下令对"星座"计划进行审查，认为该计划"超出预算，落后于时间，缺乏创新"，同年，奥巴马又下令进行一次审查。2010年2月1日奥巴马宣布撤销该计划的建议，拟议预算已经不包括该项目的资金。10月11日签署了"2010年美国航空航天局授权法"搁置"星座"计划，但"星座"计划合同仍然在位。到2011年4月15日"星座"计划被终止，但保留载人航天器部分。美国航空航天局宣布发展新太空发射系统，同时政府耗资几十亿美元鼓励发展商业载人太空飞行。

10.2 "猎户座" 载人飞船

"猎户座"载人飞船原来叫"乘员探索飞行器"，它是"星座"计划的一部分，计划2014年前进行载人飞行任务。在航天飞机退休后，"猎户座"飞船将运载航天员和科学家去国际空间站。但是"猎户座"飞船的主要目标是搭载航天员执行更远的太空任务。

"猎户座"飞船搭载4到6名航天员，由"战神"Ⅰ运载火箭发射。"猎户座"飞船计划于2020年送人去月球探险，然后去火星和太阳系其他地方。2006年8月31日NASA把"猎户座"飞船设计、发展和制造合同给了洛克希德·马丁公司。NASA计划发展不同型号"猎户座"飞船，用于不同任务。

"猎户座"飞船主要包括乘员舱和服务舱，另外有发射夭折系统和与运载火箭匹配的过渡段。乘员舱/服务舱包括一个圆锥形乘员舱和一个圆柱形服务舱。服务舱有推进系统和各种消耗性物品。

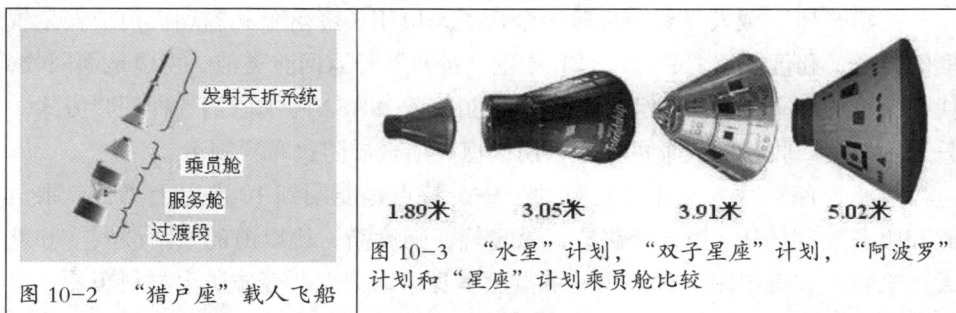

图 10-2 "猎户座"载人飞船

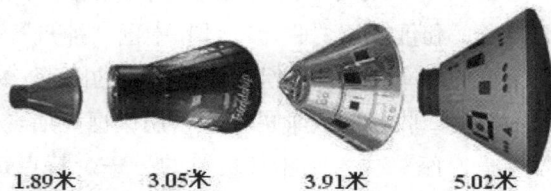

1.89米　3.05米　3.91米　5.02米

图 10-3 "水星"计划，"双子星座"计划，"阿波罗"计划和"星座"计划乘员舱比较

计划的第一期飞船，用于国际空间站的人员往返和物资供应，及其他地球轨道任务。第一期飞船计划于2014年底或2015年初飞行。而第二期和第三期飞船用于深空探测。

10.2.1 乘员舱

"猎户座"载人飞船乘员舱是一个圆台体，像"阿波罗"指令舱，长 3.3 米，直径 5.02 米，质量 8.5 吨，内部容积 5.9 米³，是"阿波罗"指令舱容量的 2.5 倍。乘员舱有对接观察窗口、对接口、乘员出入门和姿态控制推进器等。

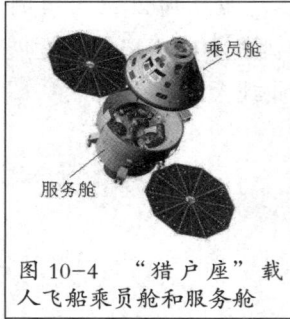

图 10-4　"猎户座"载人飞船乘员舱和服务舱

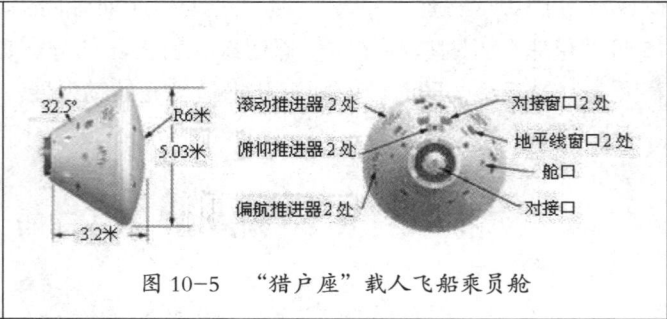

图 10-5　"猎户座"载人飞船乘员舱

和 3 人较小的"阿波罗"乘员舱相比，"猎户座"载人飞船乘员舱能容纳 4 到 6 人。虽然它类似于 20 世纪 60 年代"阿波罗"指令舱，但它使用了多项新技术，例如：

* 来自波音 787 飞机的"玻璃驾驶舱"的数字控制系统；

* 有类似俄罗斯进步号飞船和欧洲自动运输车的自动对接功能；

* 紧急情况飞行人员手工控制飞行器功能；

* 氮/氧混合大气（N2/O2），海平面压力（101.3 kPa；14.7 psi），或略低一点；

* 先进的计算机。

乘员舱和服务舱用铝/锂合金制造，重量轻，强度高，用诺梅克斯轻质耐高温材料保护。乘员舱热保护系统由改进酚醛浸渍碳烧蚀挡板构成。

"猎户座"载人飞船乘员舱一个特点是应用了降落伞和制动火箭或安全气囊的组合，和俄罗斯"联盟"号和中国"神舟"号返回舱类似，可以地面回收，代替昂贵的海军打捞队。但是根据重量的因素，NASA 考虑取消这样回收方式。只采用海上回收。回收伞可再用，用诺梅克斯轻质防火布料制造。

"猎户座"载人飞船乘员舱的另一个特点是能用到 10 次以上飞行。乘员舱和服务舱都用铝/锂合金制造，重量轻，强度高，比以前的"阿波罗"和航天飞机轻。"猎户座"载人飞船乘员舱本身用诺梅克斯轻质防火材料覆盖，感觉像热保护毯。而热保护系统用改进酚醛浸渍碳烧蚀热隔板。

为了让"猎户座"载人飞船服务于国际空间站，和"星座"计划其他飞行器交会对接，它使用柔性对接系统，即航天飞机上使用的简化万用对接环，它是源于 1975 年"阿波罗"–"联盟"号飞船交会对接时的俄罗斯设计。

"猎户座"载人飞船和"水星"计划及"阿波罗"计划一样，采用发射逃逸系统；并且采用"阿波罗"的"升压防护罩"（玻利钎维制），防止上升段2½分钟时的气动力和冲击应力。

10.2.2 服务舱

"猎户座"飞船服务舱和"阿波罗"飞船服务舱一样，为圆柱形，但是新服务舱大、短、轻，直径5米，以便和乘员舱对接。和乘员舱一样，服务舱也用铝/锂合金制造。舱体中部安装了一对可收放圆形太阳板。舱内不再使用燃料电池和液氢燃料箱。

"猎户座"飞船的主要推进系统是一台喷气飞机公司的AJ-10火箭发动机，燃料为自燃推进剂四氧化二氮和联氨。服务舱反应控制系统使用同样推进剂。NASA认为服务舱主发动机失灵时，反应控制系统可以作为备用。

服务舱的一对球形液氧箱和液氮箱在大部分任务期间提供乘员呼吸，抛弃服务舱后，一个位于乘员舱的缓冲罐在再入大气飞行阶段，向乘员舱提供2到4小时（取决于乘员人数）同样的空气。

用氢氧化锂清洁飞船空气中的二氧化碳，以及加入新的氧和氮，维持航天器环境系统。一个使用废水和尿液的封闭循环系统，代替水冷系统，这相当于"和平"号空间站和国际空间站的系统。

服务舱还安装了太空飞行器余热管理系统（散热器）和前面提到的太阳帆板。这些太阳帆板加上乘员舱里的备用电池提供飞船飞行中动力（直流28伏 – 类似"阿波罗"飞行中使用的电压）。

由于排除燃料电池和液氢储箱，飞船要求乘员舱和服务舱都携带水箱，为乘员提供饮料水，为电器设备提供冷却水。和"和平"号空间站和国际空间站一样，使用废水和尿液的封闭循环系统，代替水冷系统。

10.2.3 发射夭折系统

发射夭折系统在乘员舱上面，用于发射台或上升段出现紧急情况时，用一台固体火箭把乘员舱和运载火箭分离，逃生。

NASA想用麦克斯发射夭折系统代替传统塔式发射夭折系统。即利用乘员舱原有的发射时气动力保护罩，加上4枚火箭，在发射紧急情况，把乘员舱和"战神"I火箭分离逃生。

麦克斯发射夭折系统可以降低飞船/"战

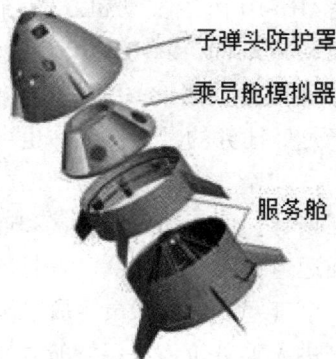

子弹头防护罩
乘员舱模拟器
服务舱

图 10-6 麦克斯发射妖折概念图

神"I火箭组合的重量和重心，也改善了气动性能。降低总高度6-7.5米。麦克斯发射夭折系统于2009年7月8日在沃罗普斯飞行研究所进行了发射台飞行试验，成功分离了乘员舱模拟器。

10.3 "牵牛星"月球着陆器

"牵牛星"月球着陆器原叫月球表面进入舱，2007年12月13日，更名为"牵牛星"月球着陆器。NASA打算用它在2019年左右登月，并用于以后从月球飞往其他星球。

"牵牛星"月球着陆器高9.8米，月面支撑间距14.8米。"牵牛星"月球着陆器比"阿波罗"登月舱大得多，体积几乎是"阿波罗"登月舱的5倍，"阿波罗"登月舱是6.7立方米，容纳2名航天员，而"牵牛星"月球着陆器是32立方米，可以容纳4名航天员。"牵牛星"月球着陆器不可重复使用，它将降落在月球极地地区，NASA青睐在这里建立月球基地。而乘员/服务舱留在月球轨道等待，无人照料。

月球着陆器分上升级和下降级，上升级重10,809公斤，下降级重35,055公斤。着陆器下降级包括乘员的大部分消耗品（氧气和水）和科学舱。下降级作为上升级发射平台，并用于未来基地建设的基础。上升级包括航天员生命保障系统、上升级发动机和火箭用的燃料。上升级使用后也被遗弃。

月球着陆器的下降级和上升级使用低温燃料，和"猎户座"载人飞船的低温燃料一样，用氦气加压供应，而不用故障多发的泵结构。下降级推进系统用4台RL-10衍生发动机，上升级推进系统用1台RL-10衍生发动机。和当前使用的RL-10发动机不同，新RL-10衍生发动机可以调整10%推力，因此，登月舱"牵牛星"可以用于月球任务的月轨插入，也可用于着落月面。

"牵牛星"月球着陆器有两个门，一个在顶部，用于和飞船对接和通道，另一个为月面通道。和"阿波罗"登月舱不一样，主门有一个气塞，让航天员穿脱航天服，防止有害月尘进入乘员舱，及保持舱内压力。

图10-7 "牵牛星"月球着陆器

10.4 地球出发级

地球出发级是一火箭级，是"战神"V和太空发射系统2期（IB期）两种运载火箭的第二级，类似于"土星"V火箭第三级S–IVB。地球出发级由马歇尔航天飞行中心设计。地球出发级旨在将火箭的有效载荷提升到围绕地球的停泊轨道，并从停泊轨道将有效载荷从低地球轨道发送到目的地。

地球出发级：

* "战神"V运载火箭地球出发级

发动机：1台J–2X。

推力：1,310千牛顿。

比冲：448秒（真空）。

燃料：液氢/液氧。

* 太空发射系统2期地球出发级

发动机：3台J–2X。

推力：3,930千牛顿。

比冲：448秒（真空）。

燃料：液氢/液氧。

图10–8　地球出发级

10.4.1 地球出发级动力配置

地球出发级动力配置和"战神"V火箭密切相关，开始"战神"V火箭芯级用5台航天飞机主发动机和2台5段固体火箭，地球出发级用2台可以再启动的J–2X发动机。当"战神"V重新设计，用5台（后来6台）RS–68B火箭发动机，加大推力后，地球出发级仅用一台J–2X发动机。和原来J–2发动机一样，J–2X发动机以液氧和液氢为燃料，可以再启动。

10.4.2 地球出发级飞行

搭载"牵牛星"月球着陆器的"战神"V火箭发射后，在芯级6台RS–68发动机关机前地球出发级并不工作，待"战神"V芯级分离后，地球出发级的单台J–2X发动机启动，把地球出发级和月球着陆器送入近地停泊轨道，等待"战神"I运载火箭发射的"猎户座"载人飞船捕获，然后一起飞往月球。这过程叫地球轨道集合。早期"阿波罗"计划曾经考虑过这种登月方式，但是最终采用了月球轨道集合。

一旦"猎户座"载人飞船和地轨出发级／月球着陆器交会和对接，J-2X发动机第二次启动，进行地月轨道转移加注。当地月轨道转移加注完成，地轨出发级关机，和"猎户座"载人飞船／"牵牛星"月球着陆器分离，前者留太阳轨道飞行，后者飞往月球。

10.5 "战神"运载火箭

如前所述，"星座"计划的载人飞船由"战神"I火箭发射进入近地轨道。地球出发级／月球着陆器由大推力的运载火箭"战神"V发射进入近地轨道，一共使用了两种不同型号运载火箭。

2007年1月，NASA宣布了"星座"计划的另一款火箭设计"战神"IV。"战神"IV可以代替"战神"I和"战神"V的发射任务，详细见2.8。

"战神"I运载火箭由阿连特技术系统公司、洛克达因公司和波音公司开发，原来叫"乘员运载火箭"。"战神"I包括一个固体火箭助推器，从航天飞机的固体助推器改进而来。在其上端连接新的液体燃料推进的第二级，该第二级是"阿波罗"时代的J-2火箭发动机的升级版。

"战神"V设计包括6台RS-68发动机，外加1对5.5段固体火箭发动机。"战神"V原来计划采用5台航天飞机主发动机，但是RS-68发动机更强大，更简单，而且比航天飞机主发动机便宜。"战神"V飞行前八分钟，然后地球出发级负责停泊轨道插入，等待和"猎户座"飞船的对接。

10.6 飞行任务

"星座"计划载人飞船的近地轨道飞行，重点是服务国际空间站；载人飞船和月球着陆器及地球出发级一起时，用于飞往月球及其他星球。

10.6.1 近地轨道飞行

来自全国各地的硬件在肯尼迪航航天中心集合，完成测试，在垂直装配大楼的移动发射台上完成载人飞船和"战神"I火箭的积木式装配。

一旦装配完成，履带式运输车顶起移动发射台和台上装配好的飞船/"战神"I的船箭组合体，缓慢运输到发射场39B，把飞船/"战神"I火箭组合体和移动发射平台安放到位。然后履带式运输车退出，移动到安全位置，等待发射后把发射平台运回垂直装配大楼。

最后检查完成后，地面人员加注液氢和液氧，起飞前3小时，穿好航天服的航天员进入载人飞船。发射4.5分钟后进入近地轨道。"战神"I第二级的J-2X发动机启动，置飞船去国际空间站的轨道。

经过2天追踪，飞船追上国际空间站，得到休斯敦地面控制中心的允许后，飞船和国际空间站对接。然后6位乘员（飞船最多人数）进入国际空间站，执行各种任务和活动。通常乘员在国际空间站待6个月，但可以缩短到4个月，或延长到8个月，取决于NASA的具体任务。

完成任务后，乘员回到飞船（飞船和国际空间站连在一起，作为紧急救生船），拆封飞船和国际空间站的连接门，脱离国际空间站。

一旦飞船离开国际空间站一段安全距离，飞船调头，启动AJ-10发动机，脱离轨道。离轨燃烧完成后，抛弃服务舱，让它在大气中销毁，而乘员舱再入大气层，使用烧蚀材料的隔热板防止热量，以及降低飞行器的速度，速度从28,000公里/小时（马赫数25）降到480公里/小时（马赫数0.5）。完成再入大气后，抛弃头部装配件，释放2顶引导伞，在6,000米高度释放3顶主伞和一些充满氮气的气袋，让乘员舱飘落和回收。然后乘员舱回到肯尼迪航天中心进行检修，以备再飞。和"阿波罗"指令舱只飞行一次不同，"星座"计划乘员舱在正常情况下，可以使用多达10次。

10.6.2 飞往月球

和"阿波罗"登月飞行不一样，"阿波罗"指令/服务舱和登月舱一起用"土星"V火箭发射，而"星座"计划的地轨出发级/月球着陆器用"战神"V火箭发射。月球着陆器和"战神"V在垂直装配大楼装配，然后运到发射场39A。一旦发出发射指令，5台RS-68发动机、2枚5段固体火箭发动机点火，"战神"V火箭从发射场39A起飞。

离开发射台后，"战神"V向东飞行，轨道倾角和卡纳维拉尔角的纬度一样，28.5度，以便借助地球的自转速度。在起飞后2分钟，抛弃2台固体助推火箭，大约8.5分钟后主发动机关闭，芯级和它的5台RS-68发动机在印度洋上空被丢弃，在澳大利亚以西大气中烧毁。然后地球出发级J-2X发动机启动，推动地球出发级/月球着陆器组合体进入360公里高度的圆轨道。

　　"战神"V发射后约90分钟，载人飞船搭载"战神"1运载火箭从发射场39B出发，以同样的轨道倾角起飞，让载人飞船与已经在近地轨道上的地轨出发级/月球着陆器交会对接。准备好月球飞行后，地球出发级再次点火，地月轨道转移加注燃烧约5分钟，速度从28,000公里/小时加速到40,200公里/小时。地月轨道转移加注后，地球出发级被抛弃，进入绕日轨道。剩下载人飞船/月球着陆器组合体进行必要中途轨道修正，飞向月球。

　　载人飞船/月球着陆器到达月球边缘后，开始月球轨道插入。一旦进入月球轨道，乘员仔细调整轨道，准备让飞船无人飞行。得到休斯敦地面控制中心的许可后，乘员从飞船转移到月球着陆器，和飞船脱离对接。接着地面控制人员使用一台遥控TV摄像机，对月球着陆器进行检查（从前这是由"阿波罗"指令舱驾驶员完成）。飞船/着陆器分离后，飞船就运行在95到110公里高度圆形绕月轨道，无人照料，等待月球着陆器上升级回来。

——载人飞船—— ——月球着陆器——

图10-9　载人飞船和月球着陆器

　　得到休斯敦控制中心批准后，月球着陆器下降级上的4台RL-10发动机点火，降落在事先选定的地点。一旦着陆，乘员穿上月球行走服，开始月球舱外活动，收集标本和试验。

　　完成5—7个月的月球任务后，乘员进入月球着陆器的上升级，用下降级作为发射平台，上升级的RL-10发动机启动，离开月面，和在月球轨道上等候的飞船对接。一旦乘员和月球样品转移到飞船，脱离月球着陆器，让其降落到月面。然后飞船启动发动机，进行转月地轨道加注，返回地球。一到地球，抛弃飞船服务舱，进入再入大气轨道，乘员舱速度从40,200公里/小时减速到480公里/小时，准备在美国西海岸着陆，乘员舱飘落地面，被送回肯尼迪航天中心，进行检修，准备再飞行。月球样品送到约翰逊航天中心的月球样品试验室进行分析。

10.6.3 星际飞行

　　载人飞船是"星座"计划的核心，它的设计还可以用于飞往近地球的星体，或在2030年后载人飞往火星。离开火星后，在返航路上可能飞越金星。高速再入大气后，在太平洋飘落，结束为期3年的星际旅行任务。

第 11 章　深空探测

深空探测指对地球以外天体探测。深空探测包括利用望远镜进行天文观测、派遣航天器实地探测，后者又包括无人空间探测和载人空间探测。除月球曾经实行过载人深空探测外，其他深空探测都是无人探测。

深空探测意义重大，可以进一步了解地球、行星的形成和演变；人类是不是宇宙中的唯一生命；地球的未来将如何变化；空间资源的开发和利用；寻找人类新的生活家园。

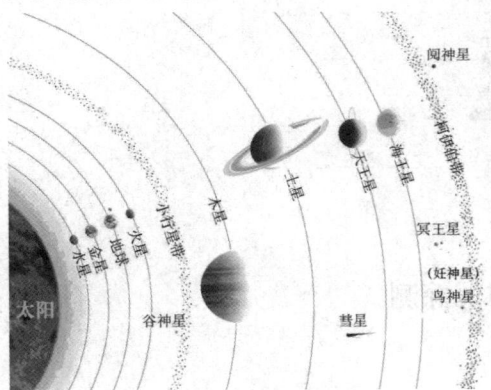

图 11-1　太阳系

太阳系是以太阳为中心，以及所有受到太阳引力约束的天体的集合，包括 8 颗行星、5 颗矮行星、165 颗以上的卫星，以及数以亿计的小天体构成的小行星带、柯伊伯带、彗星和星际尘埃。小行星带以内称为内太阳系，包括 4 颗类地球行星，以及小行星带。小行星带以外为外太阳系，包括四颗气体大行星、柯伊伯带、黄道离散盘面、太阳圈和依然属于假设的奥尔特云。

8 颗行星指水星、金星、地球、火星、木星、土星、天王星和海王星。内太阳系 4 颗行星为类地行星，主要由石头和金属构成。外太阳系 4 颗行星主要是氢和氦，质量远大于内行星。除水星和金星外，行星都有数量和大小不等的卫星。环绕着太阳运动的天体都遵守开普勒行星运动定律，轨

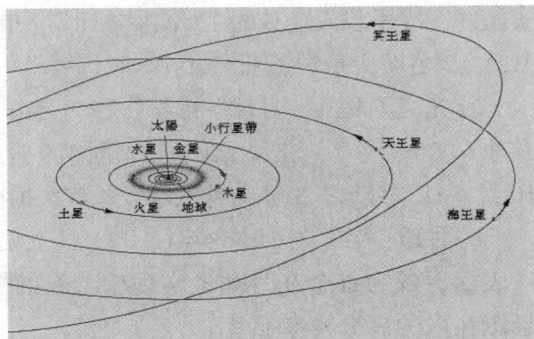

图 11-2　2006 年冥王星被定义为矮行星

道是以太阳为一个焦点的椭圆，接近圆形。

2006年10月，国际天文学联合会重新定义行星后，冥王星被定义为矮行星。5颗矮行星指小行星带内最大的天体谷神星，海王星外的冥王星，柯伊伯带内的最大天体鸟神星与妊神星，以及属于黄道离散盘面的阋神星。

太阳系中不但地球和地球以外的行星有自己的卫星，矮行星、小行星带和柯伊伯带内的天体也会有它们的天然卫星。

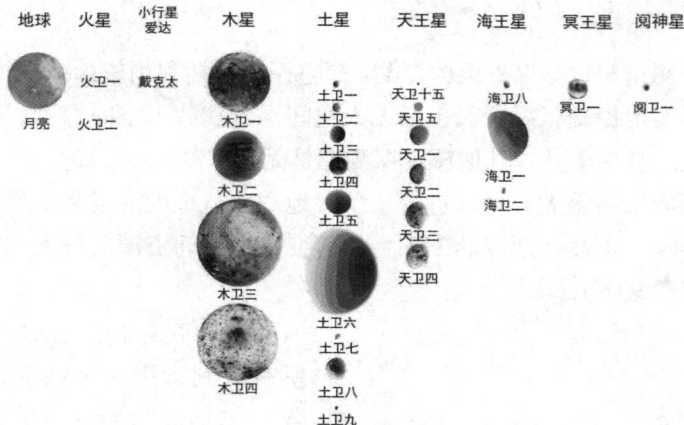

图 11-3　太阳系中主要天然卫星

11.1 月球探测

月球是离地球最近天体，20世纪60年代初到70年代中，对月球的探测和载人登月飞行，成为美苏太空竞争焦点。在苏联领先的情况下，美国举全国之力，实施并完成了载人登月的"阿波罗"计划。最后，6艘"阿波罗"飞船成功登月，共有12名航天员分6批登上月球。

首先，苏联的"月球"1号于1959年1月2日发射，首次飞越月球（距离月球6,000公里），进入太阳轨道。同年9月12日，"月球"2号首次撞击月球。10月4日"月球"3号飞越月球，并首次拍摄了月球远侧照片。

"月球"9号于1966年1月31日发射，三天半之后，成功地降落在月球表面，成为首个在月球上实现软着陆的探测器，4天后发回包括着陆区全景图在内的高分辨率照片。

"月球"10号于1966年3月31日发射，几天后，探测器进入环绕月球的椭圆轨道，成为首个环月飞行的月球探测器。

1970 年 9 月 12 日至 24 日，苏联的"月球"16 号探测器成功完成月面自动采样，并携带 101 克月球样品安全返回地球，实现人类首次月面自动采样。1970 年 9 月至 1976 年 8 月，苏联共发射了 5 个自动采样探测器，其中，"月球"16 号、20 号和 24 号取回了月球样品。

同年 11 月 10 日，苏联发射了携带"月球车"1 号的"月球"17 号探测器，7 天后，"月球"17 号成功降落在月球表面，开始月面巡视考察。它在月球上工作了 301 天，行走 10.54 千米，考察了 80,000 平方米的月面，在 500 多个地点研究了月壤的物理和力学特性，在 25 个地点分析了月壤的化学成分，发回 2 万多个测量数据。1973 年 1 月 8 日，苏联"月球"21 号成功发射，将"月球车"2 号送上月面，进行更大范围的月面巡视考察。

但是，1969 年 7 月，苏联载人登月计划的 N-1 重型运载火箭从拜科努尔发射场起飞 66 秒后炸毁。1972 年 N-1 火箭 4 次试验发射失败，迫使苏联终止了载人登月计划。

在苏联发射"月球"1 号的 2 个月后，美国在 1959 年 3 月 3 日发射了"先驱者"4 号探测器，飞越了月球。

1961 年 5 月 25 日，美国前总统肯尼迪在国会宣布要在 20 世纪 60 年代结束之前，把人送上月球，并安全返回地面，正式启动举世闻名的"阿波罗"载人登月工程。

为了实现"阿波罗"计划，美国实施了 4 个先行计划："徘徊者"计划、"勘测者"计划、"月球轨道环行器"计划和"双子星座"计划。

11.1.1 "徘徊者"计划

"徘徊者"计划的目标是美国首次获得月球表面近距离图片，为"阿波罗"载人登月寻找可能的着落点。"徘徊者"计划开始于 1959 年，分 3 个阶段，每阶段有不同目标。喷气推进实验室规划了每阶段的发射任务，以获取最大经验和科学价值。

第 1 阶段"徘徊者"计划包括 1961 年 8 月 23 日发射的"徘徊者"1 号，以及 11 月 18 日发射的"徘徊者"2 号两个月球探测器，用于测试运载火箭和飞行器，没有到达月球轨道的计划。

第 2 阶段"徘徊者"计划包括 1962 年 1 月 26 日发射的"徘徊者"3 号，4 月 23 日发射的"徘徊者"4 号，以及 10 月 18 日发射的"徘徊者"5 号 3 个月球探测器。它们都携带了电视照相机，辐射探测仪和地震仪。"徘徊者"3 号发射进入太空，但是误差导致轨道偏离，丢失了月球目标；"徘徊者"4 号发射成功，但是太空飞行器失效，因此项目队伍跟踪装载地震仪的太空舱，直到撞击看不见的月球背面，验证了通信和导航系统；"徘徊者" 5 号丢失。第 2 阶段的 3 次任务没有获得大量科学信息。

第 3 阶段在 1964—1965 年，包括 1964 年 1 月 30 日发射的 "徘徊者" 6 号，7 月 28 日发射的 "徘徊者" 7 号，1965 年 2 月 17 日发射的 "徘徊者" 8 号，以及 3 月 21 日发射的 "徘徊者" 9 号 4 个月球探测器。它们先后撞击月球表面。这些月球探测器都携带了电视设备，用于近距离拍摄月球表面，详细揭示月面情况。

"徘徊者" 6 号飞行完美无缺，但是，飞行事故导致电视系统无法工作。携带重新设计的电视系统的其余 3 个 "徘徊者" 完全成功。"徘徊者" 7 号拍摄了月球下降过程，摄像机为迫切等待着的科学家和工程师提供 4,300 多张照片。照片显示环形山是月球表面主要特征。

"徘徊者" 8 号于 1965 年 2 月 20 日撞击月面，拍摄 7,000 多张照片，覆盖了广大地区，进一步证实 "徘徊者" 7 号所获得的信息。4 年半后，"阿波罗" 11 在这里着陆登月。"徘徊者" 9 号于 1965 年 3 月 24 日降落在直径 90 公里的环形山里，拍摄了 5,800 张图片。

"徘徊者" 计划开始问题多多，但是为系统工程师们积累了许多经验。"徘徊者" 计划后期的成功大大丰富了月球科学家对月球表面的了解，激励他们零距离探测月球的欲望。

11.1.2 "勘测者" 计划

"勘测者" 计划是 1966—1968 年 NASA 的探月计划，任务是了解月面的真相、探讨月面上软着陆的可行性、为 "阿波罗" 载人登月作准备。"勘探者" 计划由喷气推进实验室实施。

有些科学家曾经假设月球表面被厚厚的灰尘覆盖，航天器可能陷入其中。也有科学家认为整个月球表面可能像一战的战场，坑坑洼洼，无法着陆。"勘测者" 计划必须去伪存真，了解真实的月面情况。

图 11-4 遗留在月面上的 "勘探者" 3 号
（"阿波罗" 12 航天员拍摄）

"勘测者" 计划酝酿于 1959 年，后来被修改，以满足 "阿波罗" 载人登月的需要。该计划共发射了 7 个 "勘测者" 探测器。5 个在月球表面成功软着陆。

"勘测者" 1 号于 1966 年 5 月 30

日发射，6月2日成功着陆月球，传回 11,240 张照片，证明月球表面是紧密的，可以支持航天器；1966年9月20日发射的"勘测者"2号中途校正失败，9月23日高速坠毁月面；1967年4月17日发射的"勘测者"3号于4月20日在月面环形山里困难着陆，它的遥控挖掘机，挖了一小管月面尘土；1967年7月14日发射的"勘测者"4号于7月17日在计划着陆时间前2.5分失去联系（可能爆炸了）；1967年9月8日发射的"勘测者"5号于1967年9月11日着陆月面，着陆后发动机再次启动，检查月球表面尘土对发动机的影响，试验表明少量尘土对"阿波罗"不会构成问题；"勘测者"6号发射于1967年11月7日，1967年11月10日着陆月面，"勘测者"6号首次实现从月面起飞；1968年1月7日最后的"勘测者"7号升空，1月10日着陆在一个月面环形山附近，提供了 20,000 多张照片。

"勘测者"计划7次任务中5次成功，凯旋结束。这些探测器还留在月球上。只有"勘探者"3号部分零件由"阿波罗"12航天员带回地球。其中的照相机陈列在国家航空航天博物馆。

11.1.3 "月球轨道环行器"

"月球轨道环行器"计划实施于1966至1967年间，共发射了5个无人"月球轨道环行器"，为"阿波罗"计划选择月球着陆点和进行科学研究，从月球轨道提供了首批月球照片。

這5次任务都获得成功，绘制了99%月面，精度达到60米以上。前3次任务小倾角轨道绕月飞行，致力于绘制预定的20个可能着陆点。第4次及第5次任务沿月球极地轨道高空飞行，致力于更广泛的科学任务，测量月球流星的流量和精确测量月亮的重力场。"月球轨道环行器"4号拍摄了整个月球正面和95%的背面。"月球轨道环行器"5号拍摄了整个月球背面，并且得到36个事先选择的地区的中等精度（20米）和高等精度（2米）照片。

图 11-5 "月球轨道环行器"5号拍摄的地球全照

"阿波罗"着陆场的调查很震撼，一些原来认为很好着陆场因为地形高低不平或石头成堆无法着陆。所有场地都有环形山，因此，航天员需要进行回避环形山训练。"月球轨道环行器"表明月面没有太多的放射性和流星，航天员的安全有保证。"月球轨道环行器"也表明月球上重力变化大，月球有大质量集中，会引起"阿波罗"轨道摄动。

"月球轨道环行器"有一个精巧的摄像系统，

它包含一个双镜头相机、底片处理器、读出扫描仪和一个电影处理装置。两个镜头，一个 610 毫米窄角高分辨率镜头和一个 80 毫米广角中分辨率镜头，对准同一点，拍摄不同精度照片，然后把照片传回地球。

在"月球轨道环行器"任务期间，还拍摄了整个地球的第一批照片。"月球轨道环行器"1 号在 1966 年 8 月拍摄了地球从月面升起，"月球轨道环行器"5 号在 1967 年 8 月拍摄了整个地球的首张照片，1967 年 11 月 10 日拍摄了整个地球的第 2 张照片。

随着"徘徊者"计划，"勘测者"计划，"月球轨道环行器"任务的完成，月球无人探测器为"阿波罗"载人登月的探路工作已完成。

11.1.4 "双子星座"计划

"双子星座"计划是 NASA 第二个载人太空计划，介于"水星"和"阿波罗"载人太空计划之间，从 1965 到 1966 年进行了 10 次载人飞行，目的是发展新的太空飞行技术，以满足"阿波罗"载人登月的需要。"双子星座"计划包括美国的第一个太空行走和轨道交会，和人类的第一次太空对接。"双子星座"计划的完成，为载人登月的"阿波罗"计划扫清了技术障碍。航天员着陆月球的日子已经到来。

11.1.5 "阿波罗"计划

"阿波罗"计划是 1961—1975 年 NASA 执行的第三个载人太空飞行计划，目标是载人登月。这是已故肯尼迪总统于 1961 年 5 月 25 日宣布的目标。

1968 年 12 月 21 日，"阿波罗"8 号升空，绕月球飞行 10 圈，并安全返回地球，成为人类第一个环绕月球飞行的载人太空飞行器。1969 年 7 月 16 日"阿波罗"11 号升空，7 月 20 日航天员尼尔·阿姆斯特朗和巴兹·奥尔德林乘登月舱在月球上成功着陆，在月球上踩下人类的第一个脚印。7 月 24 日航天员安全回到地球，实现了肯尼迪总统的遗愿。

1972 年"阿波罗"月球计划结束前，又进行了其他 5 次"阿波罗"登月任务，最后一次是 1972 年。"阿波罗"计划实现了 6 次 12 人登月。"阿波罗"计划是人类航天史上最伟大的事业之一。

11.1.6 后续探月工程

"阿波罗"登月计划完成后，美国探月工作进入低峰期，其后主要是一些无人探测器探测月球，重点是探测月球上是否存在水冰和资源分布，为后续人类长居月球，以及以月球为跳板飞往火星做准备。其中主要月球无人探测有"克莱门汀"月球轨道器、"月球勘探者"月极轨道器、"月球坑观测和遥感卫星"和"月球勘测轨道飞行器"，以及"重力重建及内部结构实验室"。

1994年1月25日，美国发射了"克莱门汀"号月球轨道器，目的是测试传感器和长期暴露在空间环境的航天器，以及进行月球科学研究。原定的近地小行星1620观察，由于探测器问题，没有进行。"克莱门汀"号在月球南极探测时，首次发现月球南极可能存在水的直接证据。

1998年1月7日，美国发射了月极轨道"月球勘探者"，主要任务是探测月表成分和可能的极地水冰，磁场和重力场，及月球放气的研究。"月球勘探者"完成绕月探测使命后，高速撞向月球上可能存在水冰的区域，以便通过巨大撞击能量产生水汽云，进一步证明水的存在，但是，地面和太空的望远镜都没有观测到期待的水汽云。

图11-6　月球勘测轨道飞行器
拍摄月球背面全景

2009年6月18日"月球勘测轨道飞行器"和"月球坑观测和遥感卫星"一起搭载"宇宙神"V运载火箭升空。"月球勘测轨道飞行器"是月球极地轨道飞行器，任务是低轨道测绘，寻找安全着陆地点、定位可能的资源、确定辐射环境和展示新技术。沿着极地轨道绕月运行，这有助于绘制月球表面的三维地图；

"月球坑观测和遥感卫星"任务是通过撞击来判断月球南极地区月球坑里是否存在水冰。在2009年10月9日撞击月球过程中，科学家分析撞击尘埃显示月球上的确存在水冰。

"重力重建及内部结构实验室"发射于2011年9月10日，用于精确探测并绘制月球的重力场图以判断月球内部构造。该任务使用两个小型探测器GRAIL A 和 GRAIL B。GRAIL A 发射后9分钟与火箭分离，之后经过8分钟GRAIL B 也与火箭分离。两个探测器分别于2011年12月31日和2012年1月1日进入轨道，开始环绕月球飞行。借助量测两个探测器之间的距离变化可得知月球重力场和地质结构。这两个航天器在2012年12月17日撞击月球表面。

在欧空局、中国、日本、印度等表现出载人探月兴趣后，2004年1月14日，美国总统小布什在国家航空航天局总部发表"美国太空探索新构想"政策性讲话，宣布重返月球建立基地，并以月球为跳板登陆火星，以期再迈人类太空探测一大步。但是困难重重，不但面临技术障碍，而且经费更告短缺，六年间美国已把近百亿美元投进"星座"计划的无底深渊。2009年以美国为首的经济危机，席卷全球，接任的奥巴马总统在提交国会的预算中，取消了重返月球计划。

重返月球计划遭腰斩，无非钱作怪。美国政府致力缩减开支，奥巴马挥剑斩缆，可说是面对现实的做法。

2017年唐纳德·特朗普上台后，又把航天目光转向深空，2017年9月29日美国航天局官员在第68届国际宇航大会上透露，美国到2033年前后抵达火星轨道，计划按三步走，当前阶段美国航天局将继续利用国际空间站作为实验和研究平台，解决太空探索遇到的问题，优化解决方案。还将对如何利用月球资源进行评估，制定深空探测标准。第二阶段，美国航天局将展开地月空间任务，2024年前后在月球轨道上建成"深空门户"太空港，作为通往月球表面和深空目的地的门户。宇航员可以依托"深空门户"对月球进行为期20天至46天的考察，"深空门户"还可以升降到不同月球轨道上运行。第三阶段，深空运输系统预计于2029年建成，经过为期1年的验证飞行，到2030年至2033年，美国航天局将准备进军并抵达火星轨道。

美国航天局说，深空探索需要所有人共同努力，美国航天局将努力把"深空门户"建成开放而有活力的平台，并将与国际伙伴合作，以可持续方式进行深空探索。

11.2 金星探测

金星是离地球最近的太阳系内行星，自然成为行星探测的首选目标，也是太空赛时美苏争夺的制高点之一。

苏联在1961到1984年间实施了金星探测计划，发展了一系列金星探测器，以获取金星信息。后期型号金星探测器采用成对先后发射方式。有10个探测器成功着陆金星，并且从金星表面发回数据。有13个金星探测器从金星大气传送数据。另外，苏联在1984年12月15日和12月21日发射了"韦加"1和"韦加"2两个金星–哈雷探测器，先飞越探测金星，后追踪哈雷彗星。"韦加"1和"韦加"2飞越金星时都释放了一个1,500公斤240厘米直径的球体，包括一个金星表面着陆器和一个气球探测器，然后飞越探器利用金星重力助推，继续拦截哈雷彗星。"韦加"1和"韦加"2目前在日心轨道。

苏联金星探测计划创造了多项世界第一，如第一个人造设备进入另一行星的大气（1967年10月18日的金星4），首次在另一行星上着陆（1970年12月15日的金星7），首次从行星表面送回图像（1975年6月8日的金星9），以及首次进行金星高分辨率雷达测绘（1983年6月2日的金星15）。

　　不幸的是，金星的表面条件极端，开始探测器只能在表面存活23分钟，最后探测器寿命也只有两个小时左右。

　　20世纪六七十年代，美国也实施了目标指向火星、金星和水星的"水手"计划。"水手"1号发射于1962年7月22日，发射后大约5分钟，由于运载火箭出问题，发射失败。"水手"2号是1号的备用品，发射于1962年8月27日，3个半月后到达金星，成为美国第一个飞越另一颗行星的航天器。

　　1967年6月14日美国发射了"水手"5号，10月"水手"5号到达金星，离金星表面3,950公里，对金星大气进行成分测量。苏联的"金星"4号和美国的"水手"5号都确认金星的高温，高压环境。

　　"水手"10号是一个水星探测器，发射于1973年11月4日，是首次使用重力助推技术到达另一行星的探测器，当它进入金星的重力场时金星对它加速，然后被推向一个稍微不同的轨道，飞往水星。它是第一个近距离接触二个行星的航天器。

　　1978年5月20日和8月8日美国向金星发射了"先驱者–金星"1号和"先驱者–金星"2号探测器。"先驱者–金星"1号是金星的轨道卫星，运行在围绕金星的椭圆轨道，1992年8月坠入大气销毁。"先驱者–金星"1号绘制了金星大部分表面，精度约为80公里。

　　"先驱者–金星"2号是金星大气探测器，携带一个大的和3个小的着陆探测器。大的探测器于11月16日被释放，3个小的探测器于11月20日被释放，4个探测器于12月9日进入金星大气。其中一个探测器到达金星后，出乎意料地工作了45分钟。

　　1989年5月4日，美国发射了"麦哲伦"号金星轨道器，1990年8月进入金星轨道，几乎绘制了整个金星表面，精度100米。工作4年后，1994年10月11日麦哲伦号按计划进入大气，部分蒸发掉，部分穿过大气落到金星表面。

　　2004年8月3日美国发射了"信使"号水星轨道器。于2011年进入水星轨道。"信使"号探测器在去水星的路上2次经过金星，第一次在2006年10月24日，离金星3,000公里。第2次在2007年7月6日，离金星云层上部325公里。"信使"号探测器飞越金星主要是利用重力助推技术降速，但是也提供了对金星的观察机会。

　　苏联和美国对金星的探测，揭开金星许多奥秘。人们发现金星许多方面和地球相似，研究金星的形成和演变对研究地球具有重要意义。

11.3 火星探测

火星是地球公转轨道外最靠近地球的行星，它的自然条件不像金星那么恶劣，自然成为行星探测的重点。苏联及后来的俄罗斯实施过不少火星计划，发射过不少火星探测器，用于火星探测、飞越、着陆和环绕飞行任务。虽然这些任务获得过一些人类第一的好成绩，但是大部分都失败了，或只获得部分成功。而美国在火星探测方面，虽然也有失败，但成功率远高于苏联，远走在苏联/俄罗斯的前面。

美国于 1964 年 11 月 5 日和 28 日分别向火星发射了"水手" 3 和 4 号探测器，用于飞越火星。3 号整流罩抛弃失败。"水手" 4 号于 1965 年 7 月 14 日飞经火星，并送回宝贵的火星照片和测量数据。探测表明火星的大气比想象的要稀薄，表面像月球。

"水手" 6 号和 7 号分别发射于 1969 年 2 月 25 日和 3 月 27 日。它们飞越了火星的赤道和南半球。6 号和 7 号确认了 3 号和 4 号的成果。

"水手" 8 号和 9 号用于火星表面测绘，"水手" 8 号发射于 1971 年 5 月 8 日，由于运载火箭发射问题而丢失。"水手" 9 号发射于 1971 年 5 月 30 日，于 1971 年 11 月进入火星轨道，成为火星的第一个人造卫星，开始测绘火星表面和分析它的大气成分。"水手" 9 号近距离拍摄了火星的 2 个小月亮火卫一和火卫二。

1975 年 8 月 20 日美国发射了"海盗" 1 号探测器，9 月 9 日发射了"海盗" 2 号探测器，它们的主要目的是探测火星上是否有过生命。"海盗" 1 号和 2 号探测器实际上是"水手" 9 号的放大型，轨道器是一个八面体，宽 2.5 米，总发射质量 2,328 公斤，其中 1,445 公斤是推进剂和状态控制气体。"海盗"探测器包括两部分，一个轨道器和一个登陆器，轨道器用于从空中拍摄火星表面，登陆器用于登陆后的通信中继站和实地考察火星，"海盗" 1 号拍摄了首张火星图片。"海盗" 1 号和"海盗" 2 号工作了数年，没有发现生命迹象。

1992 年 9 月 25 日，美国发射了**"火星观察员"**轨道器，用于研究火星表面、大气、气候和磁场，1993 年 8 月 21 日，入轨前 3 天，失去通信联系。

"火星环球测量者"于 1996 年 11 月 7 日发射。用于绘制整个火星表面。2001 年 1 月完成它的主要任务，2006 年 11 月在执行第 3 次扩展任务时，由于电池问题，飞行器失去反应能力。3 天后测到一个微弱信号，表明飞行器已经进入安全模式，所有与它的联系和解决办法都没有作用。2007年1月，NASA正式宣布任务结束。

"火星探路者" 发射于1996年12月4日。7个月后，于1997年7月4日登陆火星。这是历史上第3次在火星表面软着陆。本次任务是分析火星大气、气候、地质和其岩石及土壤的组成。

图11-7 "索杰纳"火星车在火星上

探测器登陆火星2天后，一辆6轮火星车"索杰纳"号从探测器沿斜坡下到火星表面。它是人类第一部火星车。车长63厘米，宽48厘米，高28厘米，质量10.5公斤。"索杰纳"号火星车把信息传输到"火星探路者"，"火星探路者"再把信息转播到地球。"索杰纳"号火星车由地球上的科学家控制。由于无线电信号从地球到火星要10分钟，科学家无法实时控制火星车。为了躲避路障，"索杰纳"号使用了一些自动设备。

"火星探路者"任务由喷气推进实验室负责，是1976年"海盗"探测器在火星上着陆后的最重要任务。20世纪70年代苏联曾经成功地输送巡视车到月球，但是2次火星巡视车都失败了。

"火星气象轨道器" 发射于1998年12月11日，任务是研究火星气象和寻找气候变化证据，并且作为火星极地登陆器的通信中继站。

"火星气象轨道器"本来打算进入140.5－150公里高空火星轨道，但是导航错误导致飞行器进入57公里高度火星轨道，被大气所毁。导航错误是因为NASA和洛克希德公司间使用的单位制不一引起的。

"火星极地登陆器" 发射于1999年1月3日，用于研究火星南极地区土壤和气候，1999年12月3日，下降快完成时失去与地球通信，可能是登陆器触地前发动机过早关机，引起登陆器高速撞击火星。"火星极地登陆器"携带2个一样的小撞击器"深空"2A和"深空"2B。撞击器和极地登陆器分离后，不用减速伞，直接冲向火星表面，进行首次火星表面穿透试验。可是随着下降，通信中断，任务于2000年3月13日宣布失败。

2001年4月7日，美国向火星发射了**"2001火星奥德赛"** 轨道器，10月24日到达火星轨道，利用"气杀"技术减速，让它被火星捕获，进入火星轨道。用火星的大气减速，可节省200多公斤推进剂。2002年2月19日轨道器开始科学测绘任务，利用光谱仪和电子成像仪寻找火星上水和火山活动的痕迹。希望轨道器提供的数据有助于回答火星上是否曾经有过生命。"2001 火星奥德赛"还用于 2003 年的"勇气"号和"机遇"号两个火星车和 2007 年发射的"凤凰"号火星登陆器的通信中继站。

"火星探测漫游器" 包括"勇气"号和"机遇"号一对火星车，分别发射于 2003 年 6 月 10 日和 7 月 7 日，于 2004 年 1 月 4 日和 25 日在火星表面软着陆，用于地表和地质考察。通过研究岩石和土壤看火星上水的活动痕迹。考察证实火星上曾经拥有大量水资源。

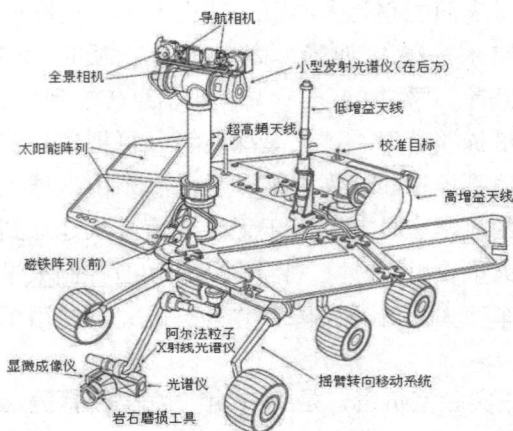

图 11-8　"勇气"号和"机遇"号火星车

"勇气"号和"机遇"号六轮，长 1.5 米，宽 1.6 米，高 2.3 米，重 180 公斤，总质量为 1,063 公斤，最大速度为 5 厘米/秒。火星车是太阳能机器人。摇臂转向架系统上的六个轮子使得在崎岖的地形上能够移动。每个车轮都有自己的电机。车辆前后转向，设计为可以在高达 30 度的倾斜下安全运行。

2007 年 7 月，火星沙尘暴阻挡了火星车阳光，威胁到太阳板获取能量，引起技术人员担心其中一部或两部火星车会永久损害。但是沙尘暴结束，它们又恢复了工作。2009 年 5 月 1 日，"勇气"号卡在火星软土中，经过近 9 个月的努力，"勇气"号重新工作。直到 2010 年 3 月 22 日和"勇气"号的通信才中断。

"机遇"号的情况比较顺利，它现在仍然在火星表面工作。2011 年 8 月份，经过差不多 3 年的跋涉，这辆饱经风霜的火星车终于抵达了它梦想中的目的地：直径约 22 公里的奋进号陨石坑。"机遇"号还发现地质学家认为液态水曾经流淌在火星表面的最好线索。

"火星侦察轨道器" 的主要目的是将一枚侦察卫星送往火星，从火星轨道高分辨率对火星进行详细探测。该轨道器发射于 2005 年 8 月 12 日。2006 年 3 月 10 日到达火星。2006 年 11 月进入科研轨道，开始科学研究。监测每天的天气和表面条件，研究可能的着陆点，为未来任务创造条件。"火星侦察轨道器"将作为未来任务的高效中继卫星。

"火星侦察轨道器"的高分辨率成像科学实验设备于 2004 年 1 月份拍摄到"勇气"号火星车的出发平台。此前还拍摄到工作中的"勇气"号火星车的身影。2012 年 1 月 26 日又拍摄到降落于火星北极地区的"凤凰"号着陆器。

"凤凰"号火星极地登陆器发射于 2007 年 8 月 4 日，2008 年 5 月 25 日登陆火星。该项目的主要目的是探测火星的北极地区环境，研究火星上的微生物生命的可能环境和水的历史。

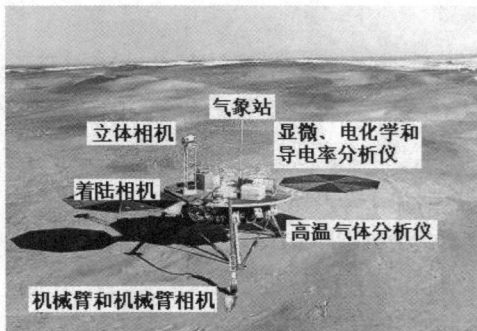

图 11-9 "凤凰"号火星登陆器

"凤凰"号火星登陆器项目由亚利桑那大学的月球和行星实验室领导。项目由美国、加拿大、瑞士、丹麦、德国和英国的大学，以及美国航空航天局、加拿大航天局、芬兰气象研究所和其他单位共同进行。是 NASA 历史上首次由公立大学领导的火星任务。

由于冬天来临，"凤凰"号火星登陆器太阳电力下降，2008 年 11 月 2 日凭借可用的电力，和地球进行了一次简短通信。此后，工程师们无法再次和它联系，2008 年 11 月 10 日宣布任务结束。

2010 年 5 月 12 日喷气推进实验室宣布"凤凰"号火星登陆器、"勇气"号和"机遇"号火星项目获得成功，因为它们都完成了计划的所有试验和观擦任务。

"火星科学实验室"（又称"好奇"号火星车）于 2011 年 11 月 26 日升空，穿越 5 亿 6 千万公里太空，于 2012 年 8 月 6 日登陆火星，它是美国第 7 次实现火星着陆。"好奇"号是第三代火星车。美国第一代火星车是"索杰纳号"，第二代的火星车是"勇气"号和"机遇"号。"好奇"号总投资达 25 亿美元，装有 17 部摄像机和多台光谱仪等。它比以前的火星车都大，如同一辆小型轿车，每天可以移动 200 米。"好奇"号将研究火星的地质、气候、辐射水平。"好奇"号预计工作两个地球年（相当一个火星年）。"好奇"号火星车的电力来自"放射性同位素热发电机"，利用钚 238 在自然衰变的过程中释放出来的热，再转换成电。"好奇"号上的"放射性同位素热发电机"模块在任务初期可以提供约 125 瓦的输出，这个数字会随着燃料的衰变而逐年降低，但 14 年后还有 100 瓦。"好奇"号任务期间的每日总发电量大约在 2.5 度，比"勇气"号和"机遇"号的 0.6 度高 4 倍多。

早期火星登陆器均包裹在气囊内"砸"在火星表面。这种着陆方式对"勇气"号和"机遇"号等个头较小、重量较轻的探测器来说还行得通，但是"好奇"号重近 1 吨，是"勇气"号和"机遇"号的 5 倍多，老方法已不适用；而传统的火箭反推着陆法因为担心扬起的粉尘会损坏仪器。因此科学家不得不重新为

"好奇"号设计一种复杂的新着陆方式。

火星大气层比较稀薄，如果没有外力相助，单靠火星大气的阻力最多只能使"好奇"号时速由约2万公里降至约1600公里。选择可以制动降落的"天空起重机"可以解决降速问题，这要经历切入、下降和着陆三个过程才能安全着陆在火星表面。

切入："好奇"号进入火星大气层的切入点距着陆点高度约为131公里，切入时速度约为每秒5.9公里。进入火星大气层之前，飞行器隔热罩上安装的小型发动机点火，调整飞行器姿态，将隔热罩正对前方。

下降：切入大气层后，飞行器将通过抛掉两块钨质载荷的方式错开原有重心位置，帮助飞行器与火星大气层发生剧烈摩擦时获得升力。降落伞打开之前，隔热罩再次抛掉一组物质负荷，为降落伞顺利打开做好准备。降落伞在飞船距火星表面约11公里时启动，名为"天空起重机"的助降设备及"好奇"号降速后，逐步与隔热罩、降落伞分离，"天空起重机"上安装的8台反冲推进发动机同时启动，进入有动力的缓慢下降阶段。

着陆：当反冲推进发动机将"天空起重机"和"好奇"号组合体的速度降至大约每秒0.75米后，几根缆绳伸出，将"好奇"号从"天空起重机"中吊出，悬挂在下方。此时，"天空起重机"和"好奇"号组合体距火星表面已经很近。随着组合体的进一步下降，缆绳不

图11-10 "天空起重机"和"好奇"号组合体

断被拉长，"好奇"号火星车的轮子和抗震系统在触地时立刻启动，缆绳会被立即自动切断，"天空起重机"随后在距离"好奇"号一定安全距离范围内着陆。

"好奇号"2012年8月成功登陆火星表面，是世界上第一辆采用核动力驱动的火星车。"好奇号"火星车用于研究火星土壤及岩石，解读火星气候地标环境的演变历史，探寻火星上的生命元素。

2016年1月30日，NASA公布了"好奇号"火星车于1月19日传回的一张自拍照。在照片中，"好奇号"身处沙丘，边缘还有裸露的岩层。

至今，火星探险已经花费了大量资金。为了利用集体力量、资源和知识，继续火星探险，2009年10月NASA和欧空局签订"火星联合初步探测协议"，计划2018年联合进行火星采样。

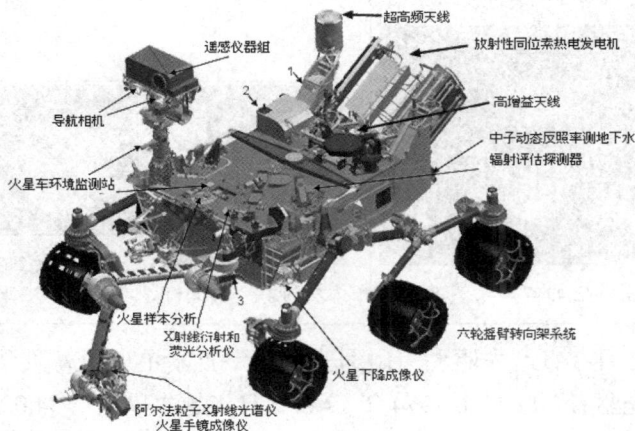

图 11-11　"好奇号"火星车

11.4 其他行星探测

11.4.1 水星探测

水星是最靠近太阳，也是最小的行星。第一个水星探测器是 1973 年 11 月 4 日美国发射的"水手"10 号，利用金星重力助推作用，减速飞向水星。1974 年 3 月 29 日近距离访问了水星。发回 2,000 多张水星照片和测量数据。

"信使"号是水星轨道器，发射于 2004 年 8 月 3 日，2011 年 3 月 17 日进入水星轨道，成为第一颗围绕水星运行的探测器。"信使"号用于研究水星特性和环境，特别是水星表面的化学成分、地质历史、磁场特性、核心大小等。

"信使"号飞行器频繁使用重力助推来降低速度，最后进入环绕水星轨道。在其飞行过程中，一次飞掠过地球，两次飞掠过金星，三次飞掠过水星，到达水星附近，此时其速度已经降得足够低，使用剩余的燃料足以将该飞行器送入环绕水星轨道飞行。

11.4.2 木星探测

木星是一个巨大气体行星，预计木星只有一个相对较小的岩石核心，无法登陆。木星至少有 63 个天然卫星，其中木卫一、木卫二、木卫三、木卫四是 4 个最大的天然卫星。

图 11-12　木星和它的四大天然卫星

图 11-13　木星四大卫星
从左到右：木卫一、木卫二、木卫三、木卫四

1973 年 12 月 3 日"先驱者"10 号送回第一批木星近距离照片，然后向金牛座飞去；"先驱者"11 号于 1974 年 12 月 2 日飞越木星上空 34,000 公里云层，得到木星的奇特照片，并测定木卫四的质量，利用木星的重力助推作用加速飞往土星。

"旅行者"1 号和"旅行者"2 号探测器在 1979 年 5 月 3 日和 7 月 9 日飞越木星，提供了更多木星信息，并在木卫一上发现一些活动火山。

"伽利略"木星探测器包括木星轨道器和木星大气探测器，1989 年 10 月 18 日由"亚特兰蒂斯"号航天飞机发射。借助地球和金星的重力助推，于 1995 年 12 月 7 日到达木星，探测木星和它的卫星。

"伽利略"木星大气探测器于 1995 年 7 月 10 日与木星轨道器分离，5 个月后，于 12 月 7 日与木星会合。经过减速，以每秒约 48 公里的速度进入木星大气。在隔热罩内部的下降舱及其科学仪器在高速进入木星大气时受到极高的热量和压力保护。降落模块在 57 分钟的数据采集期间，将数据经木星轨道器传返回地面。"伽利略"探测器返回了一些有关木星大气条件和成分的令人惊讶数据，并取得了不少新发现。

"伽利略"号探测器首次飞越小行星 951Gaspra，还发现小行星 243 Ida 的卫星 Dacty 1。在 1994 年，伽利略号探测器观察到彗星与木星的碰撞。

"伽利略"号轨道器在太空 14 年，其中在木星大家庭 8 年。为了避免污染木卫二的冰层下可能存在的生命，2003 年 9 月 21 日，"伽利略"轨道器以大约 48 公里 / 秒速度进入木星大气，销毁。

据 2011 年 11 月 16 日报道，"伽利略"计划有新证据显示木星的卫星木卫二上存在大型浅水湖，这使得木卫二和它的水域更适合生命生存。航空航天局官员说，这次发现"巩固了木卫二的地下大洋是我们的太阳系当中另外一个可能存在生命的地方的论点"。

1992 年"尤利西斯"和 2000 年"卡西尼"土星探测器也飞越过木星。

2007年2月底"新视野"号探测器访问过木星，借助木星的重力助推作用飞往冥王星。"新视野"号拍摄了木星和木卫一照片。

"朱诺"号木星轨道器于2011年8月5日被发射升空。该无人探测器升空不久，就脱离运载火箭，并打开它的三个巨型太阳能板吸收太阳能，为接下来的使命提供能源。"朱诺"号是第一个使用太阳能前往外太阳系的探测器。美国航空航天局以往前往这些远距离行星的探测都依靠核能。

经过4年11个月，跋涉27亿公里，"朱诺"号于2016年7月5日成功进入木星轨道，轨道周期53天，并计划在木星轨道运行至2018年2月。

"朱诺"号安置在极地轨道，研究木星成分、引力场、磁场及磁层。"朱诺"号也寻找木星的起源线索，希望对木星起源的发现，有助于解开太阳系早期的某些科学之谜。

11.4.3 土星探测

土星至少有60个卫星，但是确切数字不清楚，因为土星环由大量独立轨道飞行天体组成。和其他气体巨星一样，土星没有固体表面提供着陆。因此大部分探险任务都是通过飞越土星完成。

1974年12月2日"先驱者"11号借助木星重力助推作用，于1979年9月1日飞越土星，距离20,000公里，进行土星探测，发现了土星的大卫星"泰坦"（土卫六）及其他卫星，拍摄了土星和它的卫星的美丽照片，绘制了土星磁场等。

"旅行者"1号于1980年11月飞经土星，首次送回土星，土星环和土星卫星的高精度图片。首次展示了土星卫星的表面特性。"旅行者"1号近距离飞越卫星"泰坦"，增加对"泰坦"大气的了解。但也证明可见光波不能穿透"泰坦"的大气，因此无法提供表面详细信息。

"旅行者"2号于1981年8月26日近距离飞越土星，拍摄了土星的卫星的更近距离照片，探测了大气和环的变化。"旅行者"2号还利用土星重力助推作用加速，以便飞往天王星。

"卡西尼－惠更斯"号土星探测器是美国国家航空航天局、欧洲空间局和意大利航天局的一个合作项目，1997年10月15日发射，2004年7月1日进入土星轨道。该探测器包括NASA研制的"卡西尼"号第1个土星轨道器，以及欧洲空间局研制的"惠更斯"号第1个"泰坦"着陆器。

2004年12月25日"惠更斯"号"泰坦"着陆器和"卡西尼"土星轨道器分离。2005年1月14日"惠更斯"号到达土星卫星泰坦，然后下降到泰坦大气，着陆到泰坦表面，向地球发回泰坦卫星的信息。

美国和 16 个欧洲国家参与"卡西尼—惠更斯"号任务的设计、制造、飞行和数据收集任务。整个任务由喷气推进实验室管理。喷气推进实验室负责"卡西尼"轨道器的设计和制造。欧洲太空研究技术中心负责"泰坦"着陆器的发展和管理。

2010 年 6 月 5 日媒体报道土星存在生命迹象，土星探测器深入分析了泰坦表面的化学成分，最终发现有机化学物质遍布这个面积比月亮大 1.5 倍的星球。不过科学家称，泰坦湖泊里的液体不是水，而是甲烷，因此他们估计曾经生活在泰坦上的生命是以甲烷为基础的。

NASA 和欧洲空间局计划 2020 年执行"泰坦－土星"系统任务，共同探测"土星－泰坦"系统，进行环绕泰坦飞行、漂浮泰坦大气层并着陆泰坦表面。

11.4.4 天王星探测

天王星也是一个气团结构，到现在为止，只有"旅行者"2 号在 1986 年 1 月 24 日造访过天王星，离天王星 81,500 公里。"旅行者"2 号研究了天王星大气的化学成分和结构，以及它的行星环系统。

"天王星轨道器和探测器"已由美国航空航天局的十年探测计划提出，计划在 2020 至 2023 年发射，用 13 年时间飞向天王星。

11.4.5 海王星探测

海王星也是一个大气团，没有固体表面，无法登陆和漫游。海王星大气包括氢、氦和甲烷。

海王星只有"旅行者"2 号于 1989 年 8 月 25 日访问过。因为海王星是"旅行者"2 号要访问的最后一颗行星，地面控制人员决定近距离飞越海王星的卫星崔顿（海卫一），以便获得尽量多的海王星和崔顿的信息。

11.5 太阳、矮行星、小行星带、彗星和柯依伯带探测

随着航天技术的发展，人类的深空探测已经延伸到整个太阳系，除了上面提到的行星和它们的卫星外，还包括太阳、矮行星、小行星、彗星和柯依伯带，大大扩充了人们对太阳系的了解。

11.5.1 太阳探测

太阳是太阳系的母星，唯一发光的恒星，是地球生命的源泉，自然成为人类观察和探测的主要对象。人们在地球轨道，太阳轨道，以及拉格朗日点先后布置过"先驱者"观察站网，"阿波罗"望远镜，"太阳神"观察站，"尤利西斯"号太阳探测器和"日地关系天文台"等对太阳进行观测。

早在 1965 到 1969 年，NASA 就用"先驱者"6、7、8 和 9 建立了世界第一个太阳观察站网，4 个观察站都布置在太阳轨道上，轨道周期略少于 365 天。其中"先驱者"6 和 9 离太阳 0.8 天文单位，"先驱者"7 和 8 离太阳 1.1 天文单位。

"先驱者"6、7、8 和 9 对太阳风、磁场，以及宇宙射线进行首次详细而完整测量。所测数据用于了解太阳风，以及星体的演变和结构。这些探测也为太阳活动影响地球通信提供了实际数据。

1973 年 5 月 14 日，NASA 发射的"太空实验室"包括一个阿波罗望远镜装置的太阳天文台，由驻站的航天员操作。该装置从日冕的紫外线辐射中分辨出太阳的过渡区，还发现"日冕瞬变"和"冕洞"。

1974 年 12 月 10 日和 1976 年 1 月 15 日，NASA 和当时西德合作的太阳轨道观察站，**"太阳神"A 和"太阳神"B**，升空，用于研究太阳活动。"太阳神"B 不但比"太阳神"A 接近太阳，而且比水星轨道还贴近太阳，从轨道近日点观察太阳。

1990 年 10 月 6 日，NASA 向太阳极地轨道发射了和欧洲空间局联合研制的**"尤利西斯"号太阳探测器**，用于探测太阳极地地区，研究太阳高纬度地区的太阳风和磁场。

"日地关系天文台"是美国宇航局和约翰·霍普金斯大学联合研制的两颗太阳探测卫星，于 2006 年 10 月 26 日发射升空，一个在不断超前的地球轨道上，另一个在不断落后的地球轨道上，使人类能够 360 度拍摄太阳的三维图像。2007 年 4 月 23 日，美国宇航局发布了"日地关系天文台"拍摄的首批太阳三维图像，揭示太阳是一个炙热等离子体和磁场交织着的天体。2009 年，拍摄了日冕物质抛射的三维照片。日冕物质抛射会干扰地球通信、卫星、导航和电力网的运作。

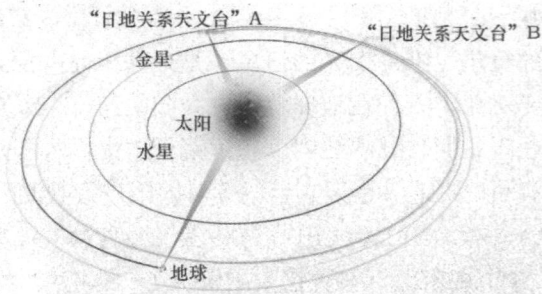

图 11-14　"日地关系天文台"A 和 B

除了在太阳轨道，NASA 还在地球轨道布置了**"太阳动力学天文台"**，它发射于 2010 年 2 月 11 日，用于了解地日系统对生命的直接影响。"太阳动力学天文台"用不同波长，连续不断地观察太阳，通过研究太阳大气层，来研究太阳对地球和近地空间的影响。"太阳动力学天文台"还研究太阳磁场的形成和结构，磁能如何转换，以及如何以太阳风、能量粒子和各种太阳辐射形式释放到太阳圈和地球空间。

地球和太阳间稳定的拉格朗日点是理想的太阳观察位置，NASA 在这里也布置了各种太阳观察站，如 1994 年 11 月 1 日发射的**"太阳风观察站"**、1995 年 12 月 2 日发射的"太阳及日光层观察站"、1997 年 8 月 25 日发射的"高级成分探测器"，都布置在拉格朗日点位置。

"太阳风观察站"用于长期探测太阳风和它对地球气候的影响；**"太阳及日光层观察站"**是欧洲航天局和美国国家航空航天局共同研制的无人航天器，除了太阳科学研究任务外，它是太空天气预报的主要来源；**"高级成分探测器"**是太阳风和太空气象观察站，用于研究太阳风粒子、星际间介质和其他原始物质。

最神奇的任务是**"起源"号太阳风样本采集探测器**，它的主要目的是搜集太阳风粒子，让天文学家直接测量太阳物质的组成，以便解开有关太阳系的起源和演化等方面的问题。

"起源"号于 2001 年 8 月 8 日发射，然后飞往拉格朗日点 L_1，11 月 16 日进入围绕拉格朗日点 L_1 的椭圆轨道。2001 年 12 月 3 日"起源"号张开它的收集网收集太阳释放出的太阳风粒子。收集 850 天后，2004 年 4 月 1 日，"起源"号绕拉格朗日点 L_1 飞行 5 圈后，2004 年 4 月 22 日开始返回地球。回程包括迂回到拉格朗日点 L_2 一圈，以便白天回收。2004 年 9 月 8 日回到地球。回收时降落伞未能张开，"起源"号迫降，尽管损害严重，但是飞船的样品容器回收了一些可用的样本，用于分析。

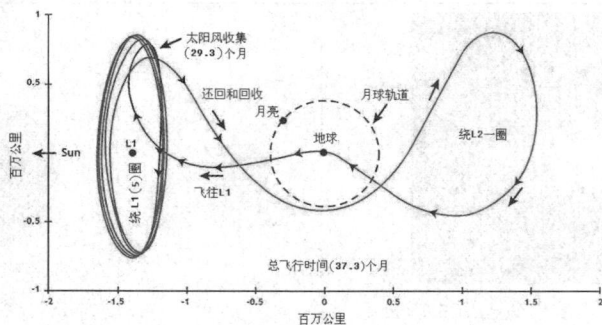

图 11-15　"起源"号飞行轨道

"帕克太阳探测器" 是行星式无人太空探测器，原名"太阳探测器"，运行在离太阳表面 8.5 太阳半径的太阳轨道，离太阳表面 590 万公里。原计划 2015 年发射，后推迟到 2018 年 8 月 12 日搭载"德尔塔"IV 运载火箭，从佛罗里达州卡纳维拉尔角的肯尼迪航天中心 37 号发射场升空。

该探测器重 1,400 磅，速度可达每小时 43 万英里，是历史上最快的航天器。借助于材料科学的最新进展，航天器前面设置隔热罩，不仅可以承受太阳的极热，而且背面可以保持凉爽。

11.5.2 矮行星和小行星探测

矮行星指当前定义的谷神星、冥王星、妊神星、鸟神星和阋神星。小行星指位于火星和木星间小行星带里的小天体。

冥王星探测：

2006 年 10 月，国际天文学联合会重新定义行星后，虽然冥王星已经不再是太阳系的行星成员，而归属于矮行星一类，但是对探测冥王星仍然具有巨大兴趣。"新视野"号探测器的任务之一就是探测冥王星和它的卫星卡戎。**"新视野"号探测器** 于 2006 年 1 月 19 日升空，借助木星重力助推，在太空中飞行了漫长的 9 年多时间，飞行距离超过 50 亿公里，于 2015 年 7 月 14 日从距离冥王星表面约 1.25 万公里的高度飞过冥王星，探测冥王星和它的卫星卡戎，成为第一艘探索冥王星的航天器，然后进入柯伊伯带。

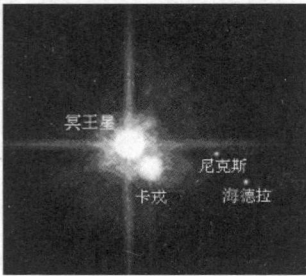

图 11-16　冥王星和它的已知三颗卫星
卡戎、尼克斯和海德拉

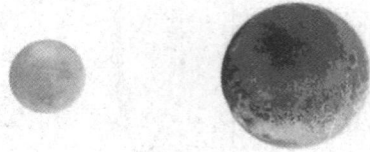

图 11-17　"新视野号"探测器拍摄的
冥王星—卡戎（2015 年 7 月 11 日）

灶神星和谷神星探测：

灶神星与谷神星是小行星带里的最大天体。2007 年 9 月 27 日，NASA 发射了"黎明"号小行星带的第一个探测器，先后绕飞灶神星和谷神星。科学家认为探测灶神星与谷神星这两颗古老的小行星有助于了解太阳系的起源。

"黎明"号探测器在 2011 年 7 月 16 日至 2012 年 9 月 5 日进入环绕灶神星的轨道，进行了将近一年的探测，发回一些灶神星的新图片，提供 45 亿多年前地球形成时太阳系的大致状况，因为灶神星自那时以来几乎没有变化，而地球长时间以来已经经历了巨大演变。

"黎明"号探测器跋涉 49 亿公里，在美东时间 2015 年 3 月 6 日上午 7 时 39 分被谷神星的引力捕获。喷气推进实验室的任务控制器接收到一个从"黎明"号发来的信号表明航天器正常，凭借其离子发动机助推，"黎明"号进入预定轨道，成为第一个绕飞矮行星航天器。谷神星在 1801 年被发现时，认为是一颗恒星，然后认为是小行星，后来被认为是矮行星。

"黎明计划"之所以成功要感谢离子发动机的出现。与传统的航天器化学燃料发动机不同，新型发动机将太阳能转化为电能，再通过电能电离惰性气体氙气的原子，产生时速达 14.32 万公里的离子流作为推动力。"黎明"号上安装了 3 个离子推进器和 2 个巨大的太阳能板，双翼间距近 20 米，足以为它提供穿越太空的能量。

小行星带其他星体探测：

除了谷神星与灶神星，小行星带里还有成千上万颗小行星，即使用最大望远镜观看也仅仅是一些光点，它们的形状和地貌都是谜。到现在，只探测过几个小行星。

第一个飞越小行星带的探测器是"先驱者"10，在 1972 年 7 月 16 日。那时担心小行星带的小天体会危害到探测器，但是至今没有探测器飞越小行星带时发生过事故。"先驱者"11,"旅行者"1和2,以及"尤利西斯"穿过小行星带时,没有拍摄小行星照片,而"伽利略"、"会合－舒梅克"、"卡西尼"、"星尘"和"新视野"号探测器都拍摄了小行星照片。

1989年10月18日发射的"伽利略"号木星探测器先在1991年10月29日飞越951Gaspra小行星,向地球发回57张照片,接着在1993年8月28日飞越243 Ida(爱达)小行星,拍摄它和它的小卫星Dactyl(戴克太)照片,首次发现小行星的卫星。

首次环绕小行星飞行和登陆小行星的太空探测器是**"会合－舒梅克"号爱神星轨道器**。"会合－舒梅克"号发射于1996年2月17日,1997年6月27日飞越小行星梅西尔德(Mathilde),发回照片500多张,覆盖梅西尔德的60%表面,获取计算梅西尔德大小和质量的引力数据。

图11-18 "伽利略"号拍摄的爱达小行星和它的卫星戴克太。

"会合－舒梅克"号于2000年2月14日进入爱神星轨道,用一年时间在轨道上研究爱神星。2001年2月12日"会合－舒梅克"号在爱神星上着陆。成为第一颗登陆小行星的探测器。

11.5.3 柯依伯带探测

柯依伯带位于距离太阳40至50天文单位的小倾角轨道上。柯依伯带是现时我们所知的太阳系的边界,是太阳系大多数彗星的来源地。该处过去一直被认为空无一物,是太阳系的尽头所在。但事实上这里热闹无比,满布着直径从数公里到上千公里的冰封物体。

第一个探测柯依伯带的"新视野"号发射于2006年1月19日,从2015年1月起,"新视野"号已探测柯依伯带的诸多小天体,如2011KW48,15810 Arawn,50000 Quaoar。"新视野"2019年1月1日飞越柯依伯带小天体(486958)2014MU69,其时离太阳43.4天文单位。

11.5.4 彗星探测

彗星属于太阳系小天体,通常直径只有几公里,主要由具有挥发性的冰组成。它们的轨道具有高离心率,近日点一般都在内行星轨道的内侧,而远日点在冥王星轨道之外。当一颗彗星进入内太阳系后,接近太阳会导致它的冰冷表面的物质升华和电离,产生肉眼可以见的彗尾。

飞越"哈雷"彗星

为了观察 1986 年的"哈雷"彗星，苏联、欧空局和日本都用探测器探测难得一见的彗星现象。美国也用"国际彗星探测器"迎接 1986 年的"哈雷"彗星。"国际彗星探测器"原来叫"国际日－地探测卫星"，是 NASA 和欧洲空间局太阳 / 地球探测国际合作项目的一部分，用于研究地球磁场和太阳风的互相影响。国际日－地探测器发射于 1978 年 8 月 12 日，布置在离地球 150 万公里的拉格朗日点附近，是第一个布置在日晕轨道的航天器。

国际日－地探测卫星完成原始任务后，1982 年 6 月 10 日改名为"国际彗星探测器"，研究太阳风和彗星大气的相互作用。1985 年 9 月 11 日，"国际彗星探测器"飞经彗星 Giacobini–Zinner 的等离子体彗尾，成为第一个访问彗星的航天器。1986 年 3 月底"国际彗星探测器"飞越哈雷彗星彗尾，离哈雷彗星核 28 万公里。

"星尘"号彗星星尘取样

"星尘"号是维尔特二号彗星探测器，在离彗星 200 公里不到的近距离探测维尔特二号彗星和它的彗发成分。"星尘"号于 1999 年 2 月 7 日发射升空，经过 50 亿公里的旅行，2006 年 1 月 15 日采样返回舱成功在地球着陆。首次完成彗星星尘采样和返回任务。"星尘"号探测器还于 2011 年 2 月 15 日在飞经坦普尔 1 号彗星时拍摄了 72 张照片。

"深度撞击"号彗星探测

"深度撞击"号用于研究坦普尔 1 号彗星核的成分，发射于 2005 年 1 月 12 日。"深度撞击"号包括撞击器和飞越器二部分，通过向彗星释放撞击器来研究坦普尔 1 号彗星的内部结构。2005 年 7 月 4 日，撞击器首次成功撞击彗星核。探测器飞越部分用于研究地外行星和哈特雷 2 号彗星。

11.6 星际航行

星际航行是行星际航行和恒星际航行的统称。行星际航行是指太阳系内的航行，恒星际航行是指太阳系以外的恒星际空间的飞行。到目前为止，人类只实现了行星际航行，还没有进行过恒星际空间飞行。目前正在太阳逃逸轨道上的航天器有"旅行者"1 号和 2 号，"先驱者"10 号和 11 号，以及"新视野"

号 5 个星际太空探测器。

11.6.1 "水手"号项目

20 世纪六七十年代，美国实施了"水手"号项目。用于探测火星，金星和水星。该项目创造了许多第一，如首次星际飞越，首次行星图片，首个行星轨道器，以及首次使用重力助推技术。

"水手"号探测器是一个六面体或八面体，所有电子仪器和零件都和它连接，如天线、照相机、推进器和动力源。除了"水手"1 号、"水手"2 号和"水手"5 号，其他"水手"号探测器都有电视摄像机。

10 个"水手"号探测器中，7 个成功，3 个失败。计划的"水手"11 号和12 号后来变成"旅行者"项目的"旅行者"1 号和 2 号。"水手"9 号的放大版本成为"海盗"1 号和 2 号火星轨道器。其他基于"水手"号航天器的有去金星的"麦哲伦"号探测器，去木星的"伽利略"号探测器。第二代"水手"号变成绕行土星的"卡西尼—惠更斯"号航天器。

"水手"1 号和 2 号计划飞越金星，"水手"1 号发射于 1962 年 7 月 22 日，但是发射后大约 5 分钟，毁于火箭问题。"水手"2 号是 1 号的备用品，发射于 1962 年 8 月 27 日，3 个半月后到达金星，成为第一个飞越另一颗行星的航天器。

"水手"3 号和"水手"4 号用于飞越火星。"水手"3 号由于发射时运载火箭整流罩出问题而失败。"水手"4 号发射于 1964 年 11 月 28 日，成为首个近距离观察火星的航天器。

"水手"5 号发射于 1967 年 6 月 14 日，10 月到达金星附近。在金星上空用无线电波探测金星大气，测量紫外光亮度，以及对太阳粒子和磁场取样。苏联的"金星"4 号和美国的"水手"5 号都确认金星是一个高温，高压地狱般的地方。

"水手"6 号发射于 1969 年 2 月 24 日，"水手"7 号发射于 1969 年 3 月21 日，它们飞越了火星的赤道和南半球。

"水手"8 号和"水手"9 号用于火星表面测绘，但是"水手"8 号由于运载火箭发射出问题而丢失。"水手"9 号发射于 1971 年 5 月，它于 1971 年 11月进入火星轨道，成为火星的第一个人造卫星，进行火星表面测绘，并用它的红外和紫外仪器分析火星的大气。

"水手"10 号发射于 1973 年 11 月 3 日，首次使用重力助推技术，当它进入金星的重力场时加速，然后按金星引力飞行，进入一个稍微不同的轨道飞往水星。"水手"10 号是第一个近距离访问二个行星的航天器，也是唯一一近距离拍摄水星的航天器。

11.6.2 "先驱者" 项目

"先驱者" 项目用于行星探测。整个计划分数个任务，最早任务是要证明达到地球逃逸速度是可行的和对月球进行研究。

早期 "先驱者"

早期 "先驱者" 项目包括 1958 年 8 月到 1960 年 3 月发射的 "先驱者" 0 号到 5 号、1959 年发射的 "先驱者" P-1 和 "先驱者" P-3、1960 年发射的 "先驱者" P-30 和 "先驱者" P-31，这些任务主要是打算飞越月球和绕月飞行，开始基本上都以发射失败告终。"先驱者" 4 号飞越了月球，逃逸了地球引力，进入日心轨道，成为美国第一个逃逸地球引力的探测器。"先驱者" 5 号成功地探测了地球轨道和金星轨道间的太空，确信星际空间磁场的存在。

1965 年 12 月至 1969 年 8 月，NASA 发射了 "先驱者" 6、7、8、9 和 E，目的是建立太空气象观察站。"先驱者" 6 和 9 布置在离太阳 0.8 天文单位的轨道上，"先驱者" 7 和 8 布置在离太阳 1.1 天文单位轨道上。"先驱者" E 发射失败。

在 "先驱者" 10 和 "先驱者" 11 后，NASA 于 1978 年实施了 "先驱者 – 金星" 项目，其中包括 "先驱者 – 金星" 轨道器（"先驱者" 12）发射于 1978 年 12 月，在轨工作 10 多年；"先驱者 – 金星" 多功能探测器（"先驱者" 13）发射于 1978 年 8 月，它送出 4 个金星大气探测器。

"先驱者" 10 和 "先驱者" 11

"先驱者" 项目里最有名的是 "先驱者" 10 和 "先驱者" 11，它们的任务是探测外太阳系和研究未来太空计划可能的遭遇和所需的关键技术。"先驱者" 10 携带 11 台探测仪，"先驱者" 11 携带 12 台探测仪。它们已经完成了太阳系外行星探索，并且飞出了太阳系。

"先驱者" 10 和 "先驱者" 11，1969 年批准，由埃姆斯研究中心发展。除了 "先驱者" 10 和 11，还有备件 "先驱者" H，但是 "先驱者" H 没有发射，现在摆放在华盛顿特区的国家航空航天博物馆。

"先驱者" 10 全长 2.9 米，有一个直径 2.74 米的碟形高增益天线，在其前

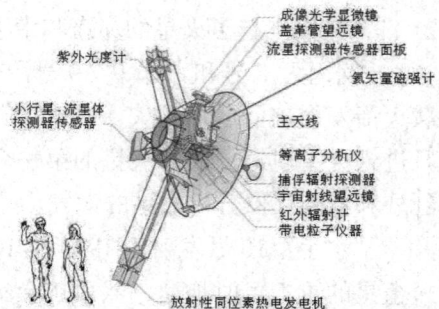

成像光学显微镜
盖革管望远镜
流星探测器传感器面板
紫外光度计
氦矢量磁强计
小行星-流星体
探测器传感器
主天线
等离子分析仪
捕获辐射探测器
宇宙射线望远镜
红外辐射计
带电粒子仪器
放射性同位素热电发电机

图 11-19 　"先驱者" 10、11 探测器

面有中增益天线。另外一个全方位低增益天线则装设于高增益天线接收器之下。

"先驱者"10中心是36厘米深，由6块76厘米长的板形成的六边形结构，用于安放推进剂和十一个科学仪器中的八个科学仪器。仪器设备舱位于铝蜂窝结构内，以防流星体。由镀铝的聚酯薄膜和聚酰亚胺毯组成的绝缘层提供热控制。热量是由隔室内的电气部件耗散70至120瓦特能量产生。通过位于安装平台下方的百叶窗将热量范围保持在设备的运行范围内。航天器的发射质量约为260公斤。

发射时，航天器在直径42厘米的球形箱中携带36公斤的液态肼单体推进剂。

航天器旋转稳定，以4.8rpm的速度旋转高增益碟形天线的轴线。六个肼推进器提供速度、姿态和旋转速率控制。探测器上有三个感应器：恒星（老人星）感应器及两个太阳感应器，根据相对地球及太阳的位置，及以老人星的位置作后备，计算探测器的位置。

动力由四台放射性同位素热电发电机钚–238提供，每台电机提供40瓦功率，安放在两个3米长桁架的外端头，以免对探测器仪器的辐射干扰，两个桁架相隔120度。

"先驱者"10是1972年3月2日发射的，用于研究小行星带、木星的周围环境、太阳风、宇宙射线以及太阳系与太阳圈之间的空间。它是人类史上第一个穿越小行星带以及第一个拜访木星的航天器。由于电力限制以及远离地球，导致2003年1月23日之后失去联系。现在"先驱者"10每年以大约2.6天文单位速度飞向金牛座。

"先驱者"10号曾是离地球最远的航天器，在最后一次与之联系时，"先驱者"10号离地球的距离是122.3亿公里。最远纪录一直保持到1998年2月17日，那天，"旅行者"1号和"先驱者"10号与太阳的距离都是69.419天文单位。因为"旅行者"1号速度优势（每年大约多飞行1.016天文单位），与太阳的距离超过了"先驱者"10号。

"先驱者"11是第二个用来研究木星和外太阳系的空间探测器，是研究土星和它的光环的第一个探测器。与"先驱者"10号不同的是，"先驱者"11号不仅拜访木星，还用木星的强大引力改变它的路径，飞向土星。它靠近土星后，就顺着它的逃离轨道离开太阳系。

"先驱者"11发射于1973年4月5日。1974年12月2日，"先驱者"11飞越木星。1979年"先驱者"11成功飞越土星。现在"先驱者"11飞行在逃逸太阳系的轨道上。以2.4天文单位/年速度（11.6公里/秒）飞向天鹰座。

"先驱者"10和11已经完成了太阳系外行星探索，离开了太阳系。二者都携带镀金铝板，其上绘制了一对男女，及探测器的一些原始信息，提供给外星生命。

11.6.3 "旅行者"计划

"旅行者"航天器由喷气推进实验室研制，包括"旅行者"1号和"旅行者"2号一对探测器。"旅行者"2号发射于1977年8月20日，"旅行者"1号发射于9月5日。

虽然"旅行者"原来的任务只是研究木星和土星的行星系统，但"旅行者"2继续前往天王星和海王星探索。现在两个"旅行者"都负责探索星际空间。两个探测器已经工作40年，任务扩展了三次，还在继续收集和传递有用的科学数据。"旅行者"1现在是离地球最远的人造深空探测器。

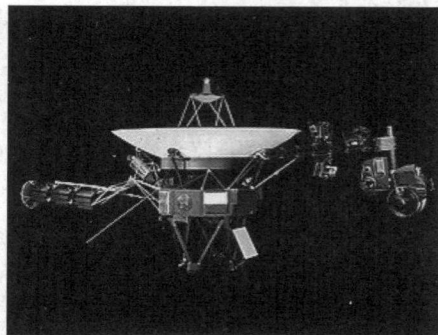

图 11-20 "旅行者"探测器

2012年6月15日，NASA报告"旅行者"1非常接近进入星际空间，因为太阳系外部高能粒子急剧上升，2013年9月，美国航空航天局宣布，"旅行者"1于2012年8月25日跨越太阳风层顶，成为第一颗进入星际空间的航天器。

截至2017年，"旅行者"1和"旅行者"2都一直在监测太阳系外部扩展区的条件。预计"旅行者"科学仪器可以运行到2020年，之后，因为有限的电量将要求仪器逐一关闭。在2025年左右，不再有足够的电力来操作任何科学仪器。

"旅行者"携带了55种人类语言的问候语和音乐的铜质磁盘唱片，旨在向"外星人"表达人类的问候。

"旅行者"计划的背景

如前所述，"旅行者"1和"旅行者"2原来是"水手"号项目的一部分，分别为"水手"11和"水手"12。后来它们从"水手"号项目分离出来，叫"水手-木星-土星"，再后来因为探测器的设计和"水手"家族已经大不一样，才叫"旅行者"。"旅行者"计划基本上是20世纪60年代后期和70年代初期NASA的"大旅行"计划的替代。"大旅行"计划用二组探测器（四个），其中一组（二个）探测器访问木星，土星和冥王星，另外一组（二个）将访问木星，天王星和海王星，飞越太阳系的所有外行星，耗资约为10亿美元，由于资金削减，导致取消并更换"水手-木星-土星"，成为"旅行者"计划。

"旅行者"2完成了"大旅行"计划飞越所有太阳系外行星任务,除了冥王星,那时冥王星还没有被国际天文学联合会除名,被认为是太阳系的行星。

"旅行者"探测器结构

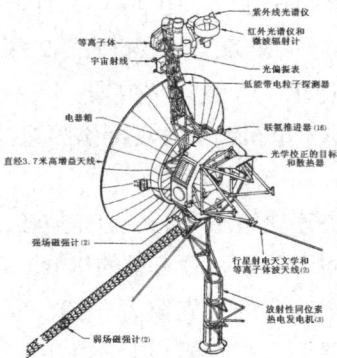

图 11-21 "旅行者"探测器结构

"旅行者"1号和"旅行者"2号结构相同,重722公斤,其中105公斤是科学仪器。中心部分由直径约2米,深度约60厘米的十面棱柱构成。探测器携带推进剂球形罐、通信系统和科学仪器。

3.7米直径高增益天线安装在棱柱面对地球的一端。飞船和地球之间的通信通过高增益天线S波段和X波段传输。

由棱柱扩展出3根梁:一根安装了多种仪器;一根13米长梁上安装了弱场磁力计;还有一根梁上安装了放射性同位素热电发电机。放射性同位素热电发电机产生约400瓦电力。探测器由姿态控制子系统、计算机命令子系统和飞行数据子系统管理飞行。推进器和陀螺仪提供探测器的推进和姿态控制。系统3轴稳定,保证高增益天线指向地球和科学仪器朝向其目标。

"旅行者"探测器动力

"旅行者"电力由3个放射性同位素热力发电机供应,核原料为钚-238,在发射时提供大约470瓦,30伏直流电。由于核原料的衰减和双金属热电偶退化,到2009年9月25日,由"旅行者"1和"旅行者"2产生的电力分别下降到276.4瓦和277.6瓦。由于电力下降,一些有效载荷必须关闭,限制了探测器的能力,但是两个旅行者号探测器仍在发回科学仪器的全部科学数据。

图 11-22 放射性同位素热力发电机

现在,两个"旅行者"还有足够的电力和姿态控制推进剂维持继续工作,到2020年左右,电力将不再支持科学仪器操作,科学数据传输和探测器的操作将停止。

飞越太阳系外行星

"旅行者"1主要任务在1979年相遇木星系统和1980年相遇土星系统后,于1980年11月20日结束。"旅行者"1首次提供木星和土星及它们卫星详细照片。

"旅行者"2比"旅行者"1先发射，利用20世纪70年代后期176年才会发生一次的行星一致机会，让"旅行者"2分别飞越木星、土星、天王星和海王星，成为首次访问天王星和海王星的探测器；"旅行者"2在1979年遇到木星系统，1980年遇到土星系统，于1986年1月经过天王星，1989年8月经过海王星，完成"旅行者"项目探测所有外太阳系行星任务。"旅行者"2探测器送回外行星、行星环及它们卫星的壮观照片，记录了大量科学数据，在木星的卫星木卫一上发现了一些活动火山，在海王星的卫星崔顿上发现间歇喷泉，在其他卫星上发现冰和石头信息。

"旅行者"1比"旅行者"2后发射，但是在快速轨道上飞行，让它早到木星和土星，并且首先飞离开太阳系，但是失去访问天王星和海王星的机会。

1998年2月17日快速的"旅行者"1超过速度较慢的"先驱者"10，成为飞行最远的太空人造天体。即使后来的快速"新视野"探测器也赶不上它，因为"新视野"最终速度将小于"旅行者"1的速度。"旅行者"1和"先驱者"10是宇宙中分离最远的人造天体，因为它们反向飞行。

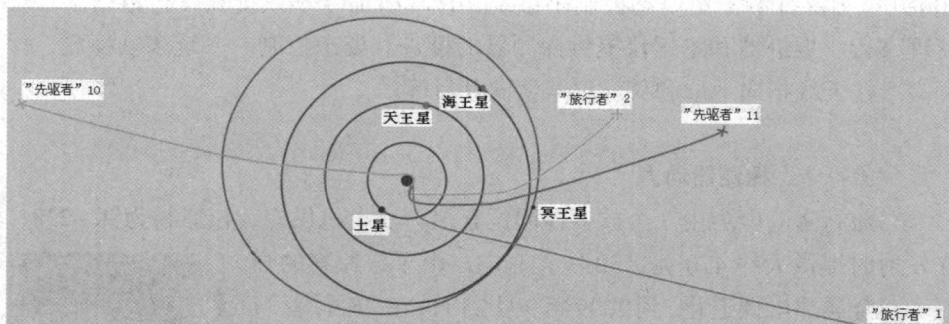

图11-23 "先驱者"10、11和"旅行者"1、2飞行路线

"旅行者"探测太阳系边界地区

"旅行者"的主要任务以1989年"旅行者"2飞越海王星结束。"旅行者"现在的任务是1989年后的延伸任务，用于寻找和研究太阳系的边界，包括柯伊伯带、日光层和星际空间。NASA保持和"旅行者"1和2两个探测器定期联系，以便监视外太阳系空间的条件。

1998年2月17日，"旅行者"1号超过了"先驱者"10号，成为距离地球最遥远的人造天体，"旅行者"1号是目前保持与地球通信最遥远空间探测器。科学家们预计2012-2015年间"旅行者"1号跨越太阳风顶层。"旅行者"1号近距离飞越土星和土卫六获得额外的重力助推加速，它是太阳系中最快的探测器，速度为17.26公里/秒。"旅行者"1和地面深空网间还在正常接收指令和发送数据。

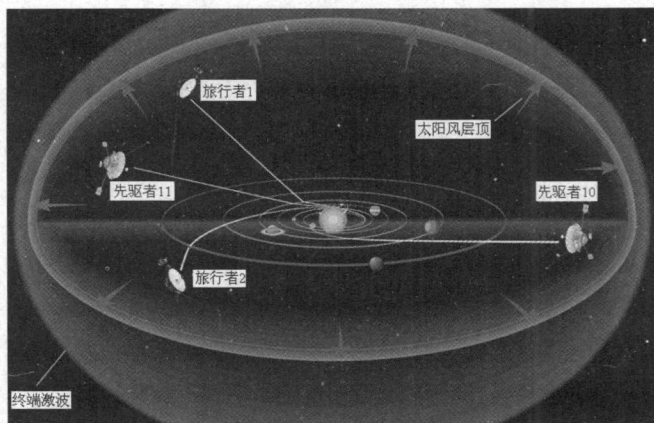

图 11-24　探测太阳系边界地区

　　研究人员发现，2012 年 8 月 25 日是带电粒子数量下降和银河宇宙线数量上升的一天，这一天很可能就是"旅行者"1 号抵达星际空间的日子，距离太阳大约 121 个天文单位。

　　2013 年 9 月 12 日报道，"旅行者"1 号已经飞出了太阳系。成为第一个进入星际空间的人造物体。距离地球约 187 亿公里。

11.6.4 "新视野"计划

　　"新视野"是星际飞行探测器，由霍普金斯大学应用物理研究实验室和西南研究所研制。主要任务是探测冥王星系统，第二是飞越和研究一个或多个柯依伯带天体。

图 11-25　"新视野"探测器

　　2006 年 1 月 19 日，"新视野"号发射直接进入地 – 日逃逸轨道，在发动机最后关闭时相对于地球的速度达 16.26 公里 / 秒。这是有史以来发射离开地球速度最高的的航天器。2006 年 4 月 7 日"新视野"通过火星轨道，2006 年 6 月 13 日飞越小行星 132524 APL，2007 年 2 月 28 日飞越木星，获木星重力助推。2008 年 6 月 8 日飞越土星轨道，2011 年 3 月 18 日飞过天王星轨道，2014 年 8 月 25 日飞越海王星轨道，2015 年 7 月 14 日飞越冥王星 / 卡戎卫星 12,500 公里上空，2016 年 10 月 25 日地面收到来自"新视野"的冥王星的最新数据。

　　从 2015 年 1 月开始，"新视野"飞越数个柯依伯带小天体，现在"新视野"

已经机动准备 2019 年 1 月 1 日飞越柯依伯带小天体（486958）2014 MU69，其时离太阳 43.4 天文单位。根据钚–238 放射性同位素热电动力源的衰变预期"新视野"任务 2026 年结束。到 2038 年，新视野将离太阳 100 天文单位。

11.7 太空观测

在天文观测方面，利用 20 世纪 60 年代航天技术成就，NASA 把传统地面天文台搬到太空，在地球轨道，拉格朗日点和太阳轨道部署了一系列太空天文台。

11.7.1 "大天文台" 计划

许多天文学的发现源于对接收到的电磁波谱的研究，但是红外线、X 射线和伽马射线不能穿透地球大气层，因此只能通过太空天文观测获得信息。地球轨道卫星处于大气层以外、不受气辉干扰，能够拍摄到比地面大型光学望远镜所能观测到的更暗的天体。因此，1990–2003 年 NASA 实施了"大天文台"计划，该计划包括四颗卫星，各自携带接收不同电磁波的太空望远镜，大部分布置在大气层外的地球轨道上。其中包括"康普顿"伽马射线天文台、"钱德拉"X 射线天文台、"史匹哲"红外空间望远镜和"哈勃"太空望远镜。其中以"哈勃"太空望远镜最引人瞩目。它们工作在不同的波段，每台望远镜都为各自的领域做出了重要的贡献。

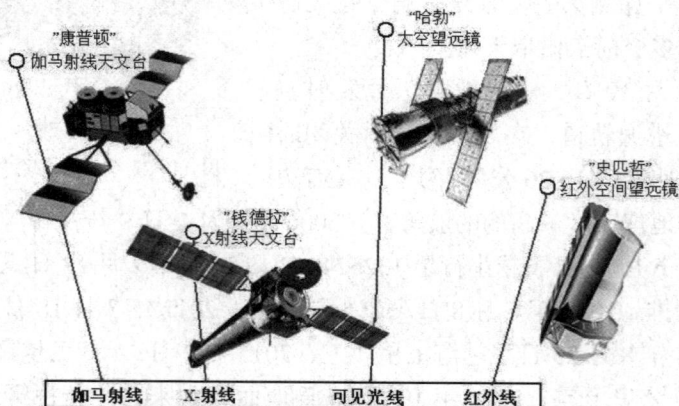

图 11–26　"大天文台"计划的四颗卫星

"哈勃"太空望远镜

"哈勃"太空望远镜于 1990 年 4 月 24 日由"发现号"航天飞机发射升空，工作在可见光和近紫外波段，1997 年维修之后又具备了近红外观测能力。"哈勃"太空望远镜已传回的图片包括太阳系本身、远离地球的其他恒星、甚至在所谓宇宙大爆炸发生后形成的初期星系。"哈勃"太空望远镜扩大了我们对宇宙的认识，帮助科学家估算宇宙大约开始于 140 亿年前。之前估计宇宙的年龄是 100 亿到 200 亿年左右。

"哈勃"太空望远镜最近找到了绕行冥王星的第四颗卫星。天文学家暂时将它命名为 P4。这颗卫星是在这个覆盖着冰层的矮行星周围所发现的最小卫星。天文学家估计，这颗卫星大约 13 到 34 公里宽，是从"哈勃"太空望远镜在 2011 年 6 月 28 日拍到的照片首次看到这颗卫星。

"哈勃"太空望远镜重大贡献之一是证实黑洞的存在。一般相信，这些密度极高的物质大部分存在银河中心。黑洞的万有引力很强，能吸进光线。

"康普顿"伽马射线天文台

"康普顿"伽马射线天文台于 1991 年 4 月 5 日搭载"亚特兰蒂斯"号航天飞机升空，工作在伽玛射线波段，也能扩展到硬 X 射线波段。因陀螺仪损坏，2000 年 6 月 4 日在人工引导下落入太平洋。

"钱德拉"X 射线天文台

"钱德拉"X 射线天文台于 1999 年 7 月 23 日搭载"哥伦比亚号"航天飞机升空，工作在软 X 射线波段。以 X 射线图形揭露宇宙的结构和起源，探测太空秘密。

"史匹哲"太空望远镜

"史匹哲"太空望远镜于 2003 年 8 月 25 日由德尔塔 Ⅱ 型火箭发射升空，运行在太阳轨道，工作在红外波段。

11.7.2 后续太空观察计划

继"大天文台"计划，有许多后续太空观测项目，如替代"哈勃"太空望远镜的"韦伯"太空望远镜和寻找"类地行星"的"开普勒"太空望远镜等。

"韦伯"太空望远镜

"哈勃"太空望远镜已服务 20 多年，欧洲空间局和美国航空航天局开发了新一代詹姆斯·韦伯太空望远镜，简称"韦伯"太空望远镜，作为"哈勃"太空望远镜的后续机型。"韦伯"太空望远镜是红外线太空望远镜，原计划2011年发射，因项目超支等原因，改为2018年从圭亚那太空中心发射，运载火箭为"阿利亚娜"5。望远镜将布置在距离地球150万公里的第二拉格朗日点。

"哈勃"太空望远镜位于大约600千米的近地轨道。因此，光学仪器发生故障可以用航天飞机前去修理。可是新一代"韦伯"太空望远镜位于离地球150万公里，出现故障不大可能派遣修理人员。好在它位于第二拉格朗日点上，重力相对稳定，相对于邻近天体来说可以保持不变的位置，不用频繁地进行位置修正，可以更稳定地进行观测，而且不会受到地球轨道附近灰尘的影响。

"韦伯"太空望远镜高24米，长12米，重6.2吨，约为"哈勃"太空望远镜（11吨）的一半。主反射镜由铍制成，口径6.5公尺，面积为"哈勃"太空望远镜的5倍以上，因此可以看得更远。

"韦伯"太空望远镜望远镜构造

主镜：外形呈六边形，由18块六角金属铍组成，表面涂金捕获红外光。每个镜面的抛光误差不得超过10纳米，镜面经过专门研磨，使其能够在遮阳板阴影的极度严寒环境中保持正确形状。每块镜片背部都装有7个马达，能够在10纳米的精度内调整镜片的形状和方向。发射后这些镜片会在高精度的微型马达和波面传感器的控制下展开。不必像地面望远镜那样必需根据重力负荷和

图11-27　"韦伯"太空望远镜望远镜

风力的影响时常调整镜面，故詹姆斯·韦伯太空望远镜除了初期配置之外将不会有太多改变。

副镜：收集从主镜到科学仪器的光线。

科学仪器模块：安置所有韦伯照相机和科学仪器。

多层遮阳板：共五层，屏蔽来自太阳和地球的光和热。

太阳能阵列：获取太阳能。

航天器控制系统：顾名思义控制航天器。

调整片：帮助稳定航天器。

"开普勒"太空望远镜

自古以来，人类仰望天空总会问宇宙中有没有类似地球的行星存在？新一代的"开普勒"太空望远镜就是用于寻找太阳系以外适合生命生存的行星，是首颗寻找"类地行星"的专门观察卫星。所谓"类地行星"，就是类似地球，与恒星有适当距离和温度，并有液态水的星球。天文学家认为这样的行星上可能孕育生命，因而具有研究意义。

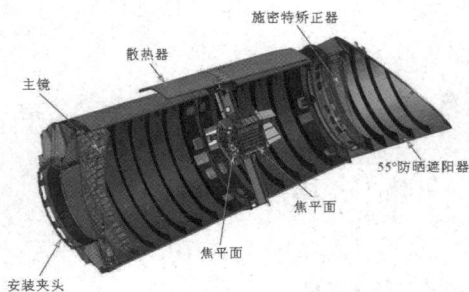

图 11-28　"开普勒"太空望远镜

2009 年 3 月 7 日美国把安装太空光度计的"开普勒"太空望远镜发射升空，布置在尾随地球的太阳轨道上，所以它不会被地球遮蔽而能持续观察，光度计也不会受到来自地球的漫射光线的影响。轨道周期372.5 天。

开普勒太空望远镜选定天鹅座和天琴座观测，对天鹅座和天琴座中约 10 万个恒星系统展开为期约 3 年半的跟踪，寻找"类地行星"。

天文学家通过"开普勒"任务，分析数据发现宇宙中的大部分行星像地球一样的，是较小的岩石行星，像木星那样体型庞大的气体行星的数量相对较少

2015 年 7 月 23 日"开普勒"任务宣布最新发现的类地行星是"开普勒"–452b，是地球直径的 1.6 倍，位于距离地球 1400 光年的天鹅座，是确认发现首个与地球大小相近的"宜居"行星，叫地球 2.0。"开普勒"–452b 围绕一颗类似太阳的恒星运行，"开普勒"–452b 的一年大约 385 天，和地球的 365 天很接近，"开普勒"–452b 与地球相似指数达 0.98。

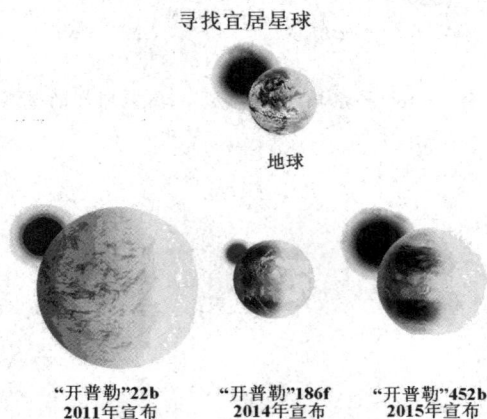

图 11-29　"开普勒"太空望远镜发现的主要"类地行星"

和"开普勒"–452b 一同被确定为类地行星候选者的还有其他 11 颗行星，它们都存在于各自恒星的宜居带内，也就是在与恒星保持合适距离的公转轨道上。

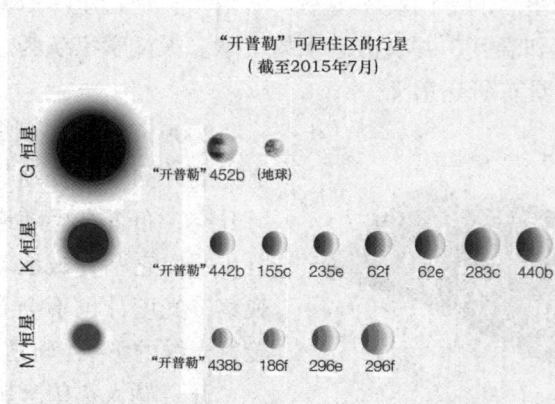

图 11–30 "类地行星"候选星球

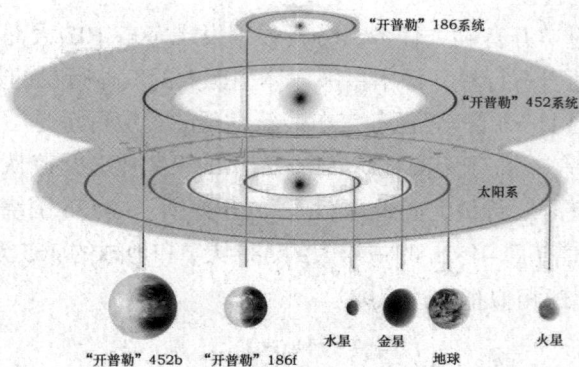

图 11–31 "开普勒"–186 星系与"开普勒"–452b 所在的星系和太阳系比较

224

第 12 章 航天测控通信网

　　航天测控通信网为火箭、航天器发射和飞行过程中，传递测控和其他信息的通信网络。如今，人类已先后将 5,000 多个卫星、飞船、航天飞机和空间站等航天器送入太空。然而，太空并未因此变得杂乱无序，引导着这些航天器始终按照自己的轨道有序飞行的神奇力量，就是来自于庞大的航天测控通信网。

　　航天测控通信网是航天工程不可缺少的重要组成部分。地面控制人员通过航天测控通信网对航天器进行跟踪、控制和交换信息。这种系统的雏形是 20 世纪 40 年代初期开始建立和使用的靶场测量系统。随着航天和电子技术的发展，测控系统逐渐超出靶场应用范围，发展成为多功能、大信息量和高度自动化的航天测控通信网。

　　早期航天测控系统由测控中心和分布在各地的航天测控站组成。通过电缆、光缆、明线载波和无线电路把航天测控中心与各测控站以及航天器发射场、回收场联系起来，形成航天测控通信网，完成测控中心、测控站和航天器之间的信息传递。现在航天测控系统正向高功能、综合利用和部分测控功能从地面转向空间发展。

　　近地轨道跟踪和深空任务跟踪完全不同。深空任务从地球的大部分地方都可以长时间观察到，因此需要的地面站少，但是需要大天线和极灵敏的接收器来接收非常微弱的信号；近地轨道任务在某一时间只有地球上很小部分可以看到，卫星在上空运行角速度大，要大量分布全球的跟踪站，因此天线不必太大，但是跟踪要快。

　　早期美国航空航天局主要运营三个测控通信网：航天器跟踪和数据采集网、载人航天网和深空网，各网有不同的使命：

* 航天器跟踪和数据采集网用于科学和应用卫星；
* 载人航天网用于"水星""双子星座""阿波罗"和其他载人太空任务；
* 深空网用于月球、行星和星际无人探测器，也支持载人航天任务。

　　跟踪和数据采集网的前身是海军研究实验室的小型跟踪网。到 20 世纪 70 年代初航天器跟踪和数据采集网与载人航天网合并成太空飞行跟踪和数据网。

1983 年后又发展成跟踪和数据中继卫星系统，它由地球静止轨道上的跟踪和数据中继卫星与新墨西哥州的白沙地面站组成，能对中、低轨道航天器进行连续跟踪测量和控制。

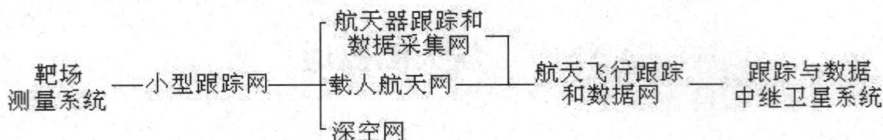

图 12-1　美国航天测控通信网变迁

12.1 小型跟踪网

小型跟踪网是美国第一个卫星跟踪网，1957 年投入使用。用于跟踪苏联的"史泼尼克"号卫星、美国的"探险者"号和"先锋"号卫星，以及其他早期太空任务。小型跟踪网是航天器跟踪和数据采集网和载人航天网的前身。

20 世纪 50 年代中期卫星计划一出现，跟踪问题随之而来，那时曾经考虑过三种跟踪方法：

* 光学跟踪；
* 雷达跟踪；
* 无线电波干涉原理跟踪。

虽然光学跟踪和雷达跟踪方法不需要参考目标，但是他们观察范围小，第一时间捕获目标困难。海军研究实验室根据白沙导弹靶场的工作，提议用无线电干涉原理跟踪，只要在目标上安装一个转播器，就可以在大视区范围内任何地方很容易发现目标。因此，海军研究实验室的建议得到采用，结果出现了最早的小型一对两站的小型跟踪网。

到 1955 年底，海军研究实验室的建议有了很大的改变。因为，一对两站只能覆盖有限范围，随机数据采样难，轨道数据积累慢。因此，计划沿美国南部建立四对八站系统，这就是"无线电围栏"设想的萌芽。为了把"先锋"号卫星的轨道纳入"无线电围栏"，最终采用沿西经 75 度线布置的 9 个小型跟踪网站的天线链。扩大了测量范围，提高了测量速度。

小型跟踪网站选择了 6 个南美站点：哈瓦那、巴拿马、基多、利马、安托法加斯塔和圣地亚哥。在国外建立地面站，最难的是站址谈判，站址所在国对美国基地很敏感。国内本土的小型跟踪网站点建设顺利，海军在马里兰州的花点和加利福尼亚州的圣迭戈建立了两个运营站点。花点位于华盛顿东南56公里，1956年7月投入使用，选作小型跟踪网操作人员的训练总部和跟踪网设备试验场所。根据跟踪、物流，以及支援需求的审议，下靶场选在加勒比海的安提瓜和大特克岛。

1957年10月，一个10个站点的完整小型跟踪网投入使用，一个月后又增添了澳大利亚武麦拉的第11个站点。然而，小型跟踪网不是一成不变，站点随太空计划增加或减少。例如大型卫星具有更强转播能力时，智利北部海港城市安托法加斯塔站点成为多余站点，古巴的政治变化，又迫使哈瓦拉站点在1957年9月搬走。

1957年10月4日，苏联的第一颗卫星"史泼尼克"1号以每96分钟穿越一次小型跟踪网。由于"史泼尼克"1号没有采用卫星转播频率，而是用20和40MHz业余无线电波段转播，便于全世界无线电业余爱好者接收，所以小型跟踪网操作人员只知道"史泼尼克"1号飞经上空，但是108-MHz干涉仪无法跟踪。因此，海军研究实验室的小型跟踪网队伍修改小型跟踪网为40-MHz接收。修改后的干涉仪很快在马里兰州花点、加州圣迭戈、以及秘鲁利马安装。几天后，得到很好的"史泼尼克"1号跟踪数据。后来又在智利圣地亚哥和澳大利亚武麦拉安装修改后的小型跟踪网。因此，"史泼尼克"1号和2号提供小型跟踪网一个很好的锻炼机会。

几个月后，小型跟踪网顺利地跟踪了美国自己发射的"探险者"号和"先锋"号卫星。该网工作情况很好，小型跟踪网干涉仪成为后续航天器跟踪和数据采集网的基本跟踪方法。

澳大利亚武麦拉站1957年10月投入使用后，直到1962年5月在阿拉斯加的费尔班克斯安装26米抛物面大天线，小型跟踪网没有大的变化。在此期间，小型跟踪网很容易地跟踪少量而简单的科学卫星。到美国规划太空计划时，小型跟踪网已到饱和状态，需要规划、研究和发展新网，导致后续航天器跟踪和数据采集网的诞生。

图 12-2　小型跟踪网分布

12.2 航天器跟踪和数据采集网

随着卫星业务的发展，出现了小型跟踪网无法解决的问题，其中包括：

* 极轨卫星需要新站跟踪；

* 地球静止轨道卫星无法测量；

* 宽带图形数据回收需要大天线；

* 卫星数量和功能的增加，需要越来越多自动、遥测和指令设备。

为了满足这些新的要求，小型跟踪网做了很大变化，其中包括：

* 站点调整；

* 在一些站点加设 12 米和 26 米碟式天线；

* 在戈达德指挥控制中心跟踪设备升级；

* 增加卫星自动跟踪天线；

* 站与站之间采用大而更自动化的地面通信设备。

改建后的系统叫航天器跟踪和数据采集网，由戈达德航天中心的网络操作控制中心进行实时控制和管理。航天器跟踪和数据采集网包括分布世界各地的21 个站点：

* 美国马里兰州格林贝尔特的戈达德航天中心；

* 澳大利亚的堪培拉南面 50 公里的 Orroral 谷地；

* 澳大利亚西部沿海的卡纳芬；

* 澳大利亚昆士兰的图沃柏北面 22.5 公里地区；

* 南非的约翰内斯堡；

* 马达加斯加的塔那那利佛；

* 美国明尼苏达州的东大福克斯；

* 加拿大的纽芬兰 – 拉布拉多省的圣约翰斯附近；

* 美国佛罗里达州的麦尔兹堡；

* 厄瓜多尔首都基多；

* 秘鲁首都利马；

* 智利首都圣地亚哥；

* 智利安托法加斯塔；

* 美国阿拉斯加州的费尔班克斯；

* 英国英格兰温克菲尔德；

* 美国北卡罗来纳州西南部的罗斯曼镇；
* 美国加利福尼亚州戈德斯通；
* 美国加利福尼亚州巴斯托；
* 美国加利福尼亚州丘拉维斯塔附近的布朗；
* 巴基斯坦；
* 希腊的克里特岛。

图 12-3 航天器跟踪和数据采集网

航天器跟踪和数据采集网包括遍布全球的碟式抛物面天线和电话通信装置。随着以卫星为基础的跟踪和数据转播卫星系统的发展，接管了近地轨道卫星的大部分工作。航天器跟踪和数据采集网的大部分站点于 20 世纪 80 年代早期退出舞台。

航天器跟踪和数据采集网可以提供 90 分钟轨道周期的 15 分钟地空通信，这对无人太空飞行器是足够了，但是对载人太空飞行需要更长地空通信时间，还得要有载人航天网。

12.3 载人航天网

载人航天网用于支持美国"水星"、"双子星座"、"阿波罗"和天空实验室的载人航天任务。

图 12-4　1963 年"水星"计划的载人航天网地面站

美国的载人航天网是从 1958 年到 1971 年期间逐步建成的,具有跟踪、遥测、遥控功能,后来增加了通信和电视功能。"水星"计划测控站点分布在载人航天器飞经的赤道附近。"双子星座"计划时测控站增加到 21 个,并将飞行计算中心和控制中心合并建立休斯敦载人航天指控中心。"阿波罗"计划网的变化主要是采用统一 S 波段,跟踪、测距、遥测和声音使用同样的 S 波段发射器。全球建立了近 20 个测控站。当跟踪与数据中继卫星系统投入使用后,美国关闭了大部分地面站。

"水星"和"双子星座"任务是近地轨道飞行,"阿波罗"探月是深空任务。近地轨道跟踪和深空任务跟踪是完全不同的,深空任务需要的地面站少(深空网仅用 3 个地面站),可是需要大天线和高灵敏度的接收器来接收非常微弱的信号。近地轨道任务要分布全球的大量跟踪站,天线不必太大,但是跟踪要快。"水星"和"双子星座"网的遥测小天线无法跟踪 40 万公里远绕月球运行的太空飞行器,也无法检出从月球发来的微弱遥测和声音信号。这些不同要求促使对原有载人航天网做较大改变。用于"阿波罗"载人登月任务的载人航天网又叫"阿波罗"网,而原有的深空网作为支持/备用网。"阿波罗"载人太空飞行网做了下列变化。

　*建立一个类似深空网的连续跟踪系统;

　*使用 26 米抛物面大天线,以便对月球距离航天器跟踪和通信;

　*保证月球轨道插入和再入大气任务,增加船只、飞机,以及附加地面站;

　*安装小的抛物面天线,以便和"阿波罗"飞船通信;

　*扩充通信系统,测控和通信都使用 S 波段频率。

"阿波罗"项目结束时,NASA 看到载人航天网和航天器跟踪和数据采集网具有类似功能,在"太空实验室"计划结束后,1971 年 5 月,航天器跟踪和数据采集网和载人航天网合并,形成航天飞行跟踪和数据网,后来航天飞行跟踪和数据网又被跟踪和数据传播卫星网替代。而载人航天网的大天线归属了深空网。

12.4 深空网

深空网是位于美国（加利福尼亚）、西班牙（马德里）和澳大利亚（堪培拉）的美国航天通信设施的全球网络，它支持 NASA 的星际飞行任务，还对太阳系和宇宙的探索进行无线电和雷达天文观测，也支持某些地球轨道任务和"阿波罗"载人登月任务。深空网是喷气推进实验室的一部分。

图 12-5　深空网控制中心

戈德斯通深空网站点　　堪培拉深空网站点　　马德里深空网站点

图 12-6　深空网 3 个站点

如前所述，跟踪深空航天器和跟踪低地球轨道航天器是完全不同的。深空飞行任务从地球表面可以长时间看到，所以站点少。但是深空网需要大天线、超灵敏的接收器、大功率发射机，以便远距离发送和接收。

美国航空航天局成立前，在陆军合同下，喷气推进实验室在尼日利亚、新加坡和美国加利福尼亚部署其发展的携带式无线电跟踪站，用于接收遥测信号和测绘陆军发射的美国第一颗卫星"探险者"1 号的轨道。

1958 年 12 月 3 日，喷气推进实验室从陆军转移到 NASA，负责月球和星际探险航天器的遥控任务。不久，NASA 有了把深空网用于所有深空任务，避免不同太空项目建立各自太空通信网的想法。深空网由喷气推进实验室研究、发展和运营，支持所有用户。根据这个想法，深空网发展成为低噪音接收器、大抛物线碟式天线、跟踪 – 遥测 – 指令系统、数字信号处理和深空导航的国际排头兵。

虽然几乎所有航天器设计成正常操作可以在深空网小天线上进行（更经济），但是在紧急情况使用深空网大天线是至关重要的。因为出事航天器可能被迫使用低于其正常的发射功率，状态控制也可能无法使用高增益天线，对于判断航天器的情况和恢复航天器正常状态，接收遥测的每一个比特信号都是关键。最有名的例子是"阿波罗"13号登月飞船飞往月球时氧气罐爆炸，有限的电池能量无法使用航天器的高增益天线，导致信号电平低于载人航天网的接收能力，使用深空网的大天线对拯救航天员的生命起了至关重要作用。抱着国际合作精神，深空网也对世界上其他太空机构提供类似紧急服务，例如深空网的大型设备参与欧空局的太阳及日光层天文台挽救。

图12-7　深空网站点分布

深空网当前包括三个深空通信中心，位于绕地球约120度间隔位置，它们是：

*位于美国加利福尼亚的巴斯托附近的戈德斯通深空通信中心；

*位于西班牙马德里西面60公里的马德里深空通信中心；

*位于澳大利亚堪培拉西南40公里的堪培拉深空通信中心。

每个站点位于半山的碗状地区，防止射频干扰。这一战略性的部署使地球旋转也不会停止对航天器的观察，使深空网成为世界上最大和最敏感的远程通信系统。所有的深空网天线都是可控的高增益抛物面反射天线，天线和数据传输系统可以：

• 从航天器获取遥测数据。

• 向航天器发送命令。

• 将软件上传到航天器。

• 跟踪航天器的位置和速度。

• 执行非常长的基线干涉测量观察。

• 测量无线电科学实验的无线电波的变化。

• 收集科学数据。

• 监控和控制网络的性能。

每一个站点包含至少4个深空终端，终端安装了特别灵敏的接收系统和大的抛物面碟式天线：

*1个26米天线；

*1个34米高效天线；

*34 米光束波导天线：戈德斯通 3 个、马德里 2 个、堪培拉 1 个；

*1 个 70 米天线。

三个深空网综合体都直接与位于加利福尼亚州帕萨迪纳的喷气推进实验室的深空运营中心链接。数据在每个站点的综合设施处理后，被传送到喷气推进实验室进一步处理，再用卫星通信分送到美国和海外的太空飞行控制中心和科研队伍。

为了满足当前和将来的深空通信服务需求，需要在现有的深空网站点建立一些新的深空天文台天线。在堪培拉，第一个于 2014 年 10 月完成，并于 2016 年 10 月开始运作。马德里深空通信综合设施的天线也已开始施工。

"阿波罗"任务后，载人航天网不再需要为月球通信的大天线。因此这些大天线最终归属了深空网。

12.5 跟踪与数据中继卫星系统

航天器跟踪和数据网的地面站遍布全球，容易引起地面站所在国的各种想法，加上航天飞机于 20 世纪 70 年代中期立项，要求高质量通信系统，以增加天地通话时间，提高数据传输速度，于是 NASA 开始研究基于太空的跟踪与数据中继卫星网，替代地面站遍及全球的航天器跟踪和数据网。新系统的卫星布置在地球静止轨道，可以 100% 覆盖全球，提供航天器、地面控制和数据处理设备间的双通道传输。网络控制中心最初位于马里兰州格林贝尔特的戈达德太空飞行中心，2000 年搬至白沙综合体。白沙综合体位置靠近赤道，便于和赤道上空的地球静止卫星观察和通信，天气是另一个重要因素，新墨西哥每年平均有近 350 天的阳光，降水量非常低。

许多跟踪和数据中继卫星在 20 世纪 80 年代和 90 年代通过航天飞机发射，部分由"宇宙神"IIA 和"宇宙神"V 运载火箭发射。

跟踪和数据中继卫星系统也包括三部分：地面部分、太空部分和用户。任何部分的问题都会影响系统的其余部分，但是各部分都有冗余度。

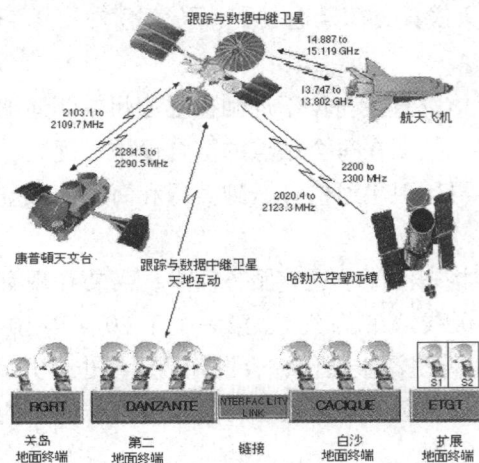

图 12-8　跟踪和数据中继卫星系统

地面部分

跟踪和数据中继卫星系统的地面部分由位于新墨西哥州的拉斯克鲁塞斯地区的白沙综合设施、关岛远程地面终端和马里兰州格林贝尔的特戈达德太空飞行中心的网络控制中心组成。这三个地面设施是网络的心脏，提供命令和控制服务。2000 年戈达德太空飞行中心的网络控制中心被迁往白沙综合设施，使跟踪和数据中继卫星系统和航天器跟踪和数据网融合在一起。

开始，NASA 在白沙只设计和建造了一个地面终端，叫白沙地面终端。几年后，由于用户需求的增加，NASA 在白沙建造了第二个地面终端，叫跟踪和数据中继卫星系统第二地面终端。两者相距 3 英里，彼此完全独立，保持光纤连接，以便在紧急情况下站点之间的数据传输和备份。还有一个扩展跟踪与数据中继卫星地面终端。因此，白沙现在有 2 个功能一样的卫星地面终端系统，合称白沙综合设施。白沙地面终端于 1978 年投入工作，正好赶上航天飞机 1979 年初首次亮相。第二地面终端 1994 年开始运作。每个地面终端有 19 米碟形天线，叫天地联结终端，用于和卫星通信。关岛的天地联结终端，提供全面的网络支持，让卫星覆盖排除区。提供全球覆盖。

关岛远程地面终端是白沙地面终端的延伸。在关岛远程地面终端开始运营前，在印度洋的迪戈加西亚有一个辅助系统。

太空部分

跟踪与数据中继卫星系统的空间部分，即跟踪与数据中继卫星，是系统最具活力部分。跟踪与数据中继卫星布置在地球静止轨道。凭借卫星的位置优势，可以和近地轨道卫星传输数据，并且在地面接收站的视线内。开始的跟踪与数据中继卫星系统用东西两颗主要卫星，以及一颗在轨备用卫星。20世纪80年代，用户需求激增，系统增加到9颗卫星，用三个主要的卫星提供服务，其余在轨卫星为及时提供服务的备星。有些卫星共处在一个特别忙轨道。

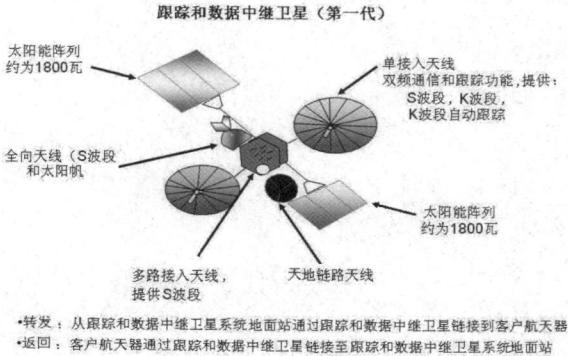

图 12-9　跟踪和数据中继卫星

前7个中继卫星由加利福尼亚州的TRW公司（现在的诺斯罗普格鲁曼公司航空航天系统的一部分）制造，此后所有卫星由加利福尼亚州的休斯空间和通信公司（现在的波音公司的一部分）制造。

第一代7颗跟踪与数据中继卫星（型号A到G）由航天飞机发射，发射时间1983年4月4日—2005年7月13日。第二代3颗跟踪与数据中继卫星（型号H到J）由"宇宙神"火箭发射，发射时间2000年6月30日至2002年12月4日。第三代2颗跟踪与数据中继卫星合同于2007年12月20日给了波音公司。

用户部分

跟踪与数据中继卫星系统的用户部分包括许多NASA的杰出项目，如哈勃太空望远镜和"陆地"卫星的观察结果经跟踪与数据中继卫星系统到各自的任务控制中心。由于载人航天飞行是构建跟踪与数据中继卫星系统的主要动力，因此航天飞机和国际空间站语音通信和数据转播都由跟踪与数据中继卫星系统担任。

跟踪与数据中继卫星系统的引入，可以100%覆盖全球，美国实现地面网站本土化的梦想。

第 13 章 发射场和着陆场

航天发射场是发射航天器的特定场区。场区配备各种设备，用以装配、贮存、检测和发射航天器、测量飞行轨道、发送控制指令、接收和处理遥测信息。航天器发射场的组成和功能与导弹试验靶场基本相同，有的是根据航天试验的特殊需要专门建造的。发射场通常建在人烟稀少、地势平坦、视野开阔、气候和气象条件适宜的地方，并且应考虑所发射方向的主动段航区上没有大城市和重要工程。

发射场的场址选择和航天器的轨道倾角有关。小倾角轨道航天器发射场宜选择在地球赤道附近或低纬度地区，从靠近地球赤道发射场发射，地球对地心自转速度 1,650 公里 / 小时可以用于绕地球运动需要的速度（约 28,000 公里 / 小时），和远离赤道发射场相比，赤道发射场的运载火箭需要的推进剂较少，节省能量。换句话说，相同能量可以发射更大的载荷质量，提高运载火箭能力。大倾角轨道航天器发射场不追求近赤道的发射场地，可以在任何纬度选择。

大型运载火箭要复杂的固定地面设施，但是小的运载火箭可以用移动式发射设施。小型火箭也可以采用空中发射，一旦离开母机，自动点火，起飞不需要什么设施。发射场也可以选在海上，海上发射场场址可以根据需要选定，尽量靠近赤道。可以充分利用地球自转速度，提高运载火箭有效推力。

13.1 肯尼迪航天中心发射场和着陆场

肯尼迪航天中心发射场和着陆场（28° 35′ 28.31″ 北纬，80° 39′ 03.48″ 西经）隶属于著名的 39 号发射中心。中心东面有 39A 和 39B 两个发射场，濒临大西洋，发射场南面和卡纳维拉尔角空军基地发射场相连。这里是美国本土最接近赤道地区，向东发射火箭，可利用地球自转速度，提高火箭的有效运载能力。发射场东南方向有巴哈马群岛和西印度群岛，适宜于建立一系列监控站，是航天器的理想发射场所。着陆场位于 39 号发射中心北部，有 4,800 米长，91 米宽的世界最长跑道，供载人航天器着陆。

肯尼迪航天中心发射场和着陆场曾用于"土星"运载火箭发射，以及航天飞机的发射和返航。将来太空发射系统也从这里出发，被称为人类通往太空的大门。

今天的肯尼迪航天中心发射场是 1958 年艾森豪威尔总统授权建立的，在报请亚拉巴马州马歇尔太空飞行中心时，中心叫发射运营局，在卡纳维拉尔角工业区设有几栋建筑，因此，卡纳维拉尔角成为军民两用航天发射基地。

1961 年约翰·肯尼迪总统宣布登月计划，导致 NASA 由工业区的少量大楼扩展到西北方向的梅里特岛。1962 年 7 月 1 日，发射运营局改名为发射操作中心。1963 年 11 月 29 日改名为肯尼迪航天中心。

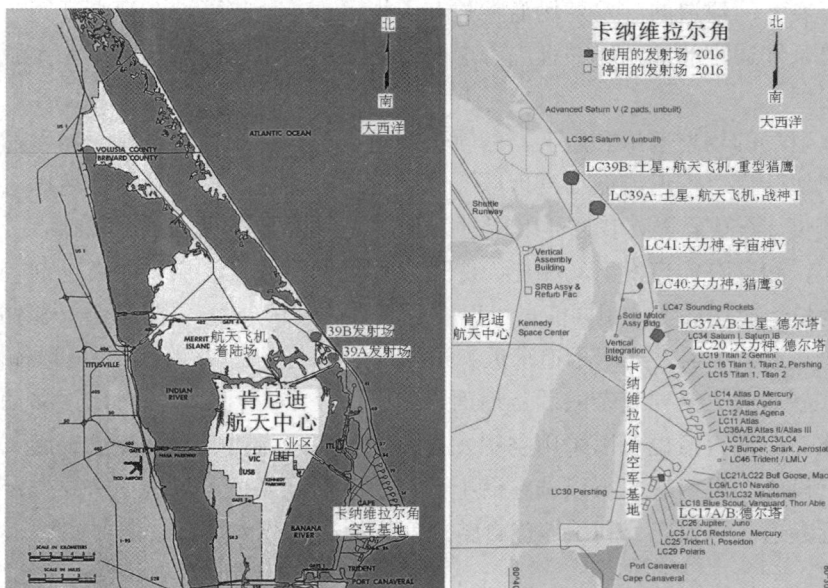

图 13-1　肯尼迪航天中心和卡纳维拉尔角空军基地

13.2 卡纳维拉尔角空军基地发射场

卡纳维拉尔角空军基地 (28°29′ 20″ 北纬，80°34′ 40″ 西经) 发射场原来是巴那那河海军航空基地，1948 年 6 月 1 日移交给美国空军。1949 年杜鲁门总统把它用于导弹远程试验基地，是美国空军东靶场。基地有自己机场，提供 3,048 长，61 米宽跑道，为军用运输机运送重型和超大卫星服务。

1958 年 NASA 成立后，空军人员在卡纳维纳尔角空军基地为 NASA 进行各种导弹和火箭发射试验。红石导弹、木星中程弹道导弹、潘兴导弹、北极星导弹及民兵导弹和"雷神"火箭、"宇宙神"火箭、"大力神"火箭全在该基地进行试验。20 世纪 60 年代的"大力神"发射设施（LC-15,16,19,20）和"宇宙神"发射设施（LC-11,12,13,14）构成东海岸的导弹发射带。NASA 早期载人"水星"和"双子星座"飞船在卡纳维纳尔角空军基地的 LC-5,LC-14 和 LC-19 发射设施进行发射试验。

卡纳维纳尔角空军基地创造过许多太空"第一"，包括 1958 年美国第一颗卫星，1961 年第一位航天员亚轨道飞行，1962 年第一次载人绕地球轨道飞行，1964 年第一次两人太空飞行，1966 年第一次无人探测器登月，1967 年第一次 3 人太空飞行，1971 年第一个火星轨道器，1978 年第一次金星轨道飞行和登陆，1996 年的第一部火星车，2004 年首次发射航天器围绕土星飞行，2011 年首次发射航天器围绕水星飞行。此外，1962—1977 年，还多次发射行星际飞行的深空探测器。

自 1950 年以来基地所建的 47 个发射设施中，现在仅有 5 个在工作，还有 1 个计划未来使用。其中发射设施 LC17 是"德尔塔"II 火箭的大本营，发射设施 LC37 和 LC41 被分别改造成"德尔塔"IV 和"宇宙神"V 运载火箭发射场，发射设施 LC47 用于发射气象探空火箭，发射设施 LC40 于 2010 年 12 月 8 日进行了宇宙探索技术公司的"猎鹰"9 号运载火箭首次飞行。还有发射设施 LC46 被佛罗里达太空港当局保留为未来使用。

13.3 范登堡空军基地

范登堡空军基地（34°43′58″北纬，120°34′5″西经）位于加利福尼亚州圣巴巴拉县，是美国西部发射和试验场，负责军用和民用卫星发射和洲际弹道导弹试验。

基地始建于 1941 年，名为陆军"库克"营区，以纪念美国 - 墨西哥战争英雄库克少将。在二战和后来的朝鲜战争期间，该基地用于装甲兵和步兵的训练中心。1957 年该基地转让给美国空军，成为"库克"空军基地，开始进行太空和弹道导弹试验。一年后，"库克"空军基地改名为范登堡空军基地，以纪念霍伊特·范登堡将军，他是空军第二任总参谋长，是太空和导弹的倡导者。

从 1966 年 3 月 1 日到 1968 年 12 月 20 日，空军购买了大约 61 平方公里土地，把基地扩大到现在的 400 平方公里，其中仅 15% 得到开发。基地位置比较偏远和近海，为发射战略武器系统安全试验和卫星发射进入极地轨道，提供了极好地理条件，发射后不必飞越人口密集区。

图 13-2　范登堡空军基地位置图

1958 年 12 月 16 日，范登堡空军基地发射了第一枚雷神弹道导弹。1959 年 2 月 28 日，又发射了世界第一颗极轨卫星 Discoverer 1。二次发射都在 10 号发射场，现在 10 号发射场是国家历史纪念标记之一。

范登堡空军基地太空发射场在北纬 34 度附近，沿西经 120 度太平洋沿岸分布。其中有的太空发射场还在使用，有的已经停止使用。使用中的有发射场 2、3（东）、3（西）、6、8，以及 576；停止使用的有发射场有 1，4（东）、4（西）、5 和 10。

发射场 6 原来打算用于"载人轨道实验室"项目，该项目取消后，1972 年被选作西海岸航天飞机发射和着陆场。为了用作航天飞机发射和着陆，发射场 6 进行了大规模地改造，北部原有的 2,590 米跑道延伸长到 4,580 米，以满足航天飞机着陆的需要。当准备 1986 年 10 月 15 日第一次航天飞机发射时，1986 年 1 月 28 日"挑战者"号航天飞机事故使航天飞机机群停飞，导致取消所有西部航天飞机发射任务。从此，范登堡空军基地作为航天飞机发射场的计划画上句号。

由于航天飞机西部发射计划取消，太空综合发射场 6 再次被修改，以支持新的"德尔塔"IV 运载火箭家族的极轨卫星发射，"德尔塔"IV 运载火箭家族大小不同，但是都使用同样公共芯级。发射场 6 按当前配置，面积 534,000 平方米类似卡纳维拉尔角空军基地"德尔塔"IV 的发射场 37，有固定中心塔、移动服务塔、固定发射台架，发射控制中心、操作大楼和一个水平装配厂房。发射场 6 还有一个移动装配厂房，应付不利的天气。

图 13-3　太空综合发射场 6

2006 年 6 月 27 日，第一枚"德尔塔"IV 运载火箭从太空综合发射场 6 升空，搭载了国家侦察局的秘密卫星 NROL-22 进入轨道，成功部署。

13.4 沃洛普斯飞行基地

沃洛普斯飞行基地（37° 56′ 25″ 北纬，75° 27′ 59″ 西经）位于弗吉尼亚州东海岸的沃洛普斯岛，是 NASA 的戈达德航天飞行中心的一部分。1945年7月4日，沃洛普斯发射了它的第一枚火箭，是世界上最早发射场地之一。自1945年起，沃洛普斯试验场已经发射了 16,000 多枚研究火箭，用以获得飞机、火箭和太空飞行器的飞行特征数据，以及了解地球上空大气和太空环境。

沃洛普斯飞行基地包括一个设备完善的发射场，能支持十多种探空火箭和小的一次性亚轨道和轨道飞行的火箭发射，放飞携带大气和天文研究的科学仪器的高空气球，以及使用机场进行研究飞机（包括无人航空器）的飞行试验。

历史

1945年，在兰利研究中心的指导下，NASA 前身国家航空咨询委员会在沃洛普斯岛建立火箭发射场，用于无人飞机和高速空气动力学研究，以补偿风洞和试验室研究飞行的不足。1958年 NASA 成立，收编了兰利研究中心，但是那时沃洛普斯的无人驾驶飞机研究和火箭发射部分是一个独立单位，由 NASA 的华盛顿特区总部直接管理。1974年沃洛普斯这部分设施改名为沃洛普斯飞行中心。1981年更名为沃洛普斯飞行基地，同时成为马里兰州格林贝尔特的戈达德航天飞行中心的一部分。

早期，沃洛普斯研究集中在获取跨音速和低超音速空气动力数据。在1959到1961年期间，在卡纳维拉尔角载人发射前，"水星"计划的载人舱在沃洛普斯试验，以支持 NASA 的载人太空飞行计划，使用"水星"计划专用火箭"小乔伊"检验"水星"计划太空飞行器的零部件，包括逃逸塔、回收系统和一些生命保障系统。

固定设施

沃洛普斯飞行基地包括北部的主基地、西部的陆地本部和东部的沃洛普斯岛火箭发射场三个互相分隔部分，总面积25平方公里。陆地本部和沃洛普斯岛发射场位于主基地东南面，离主基地11公里。

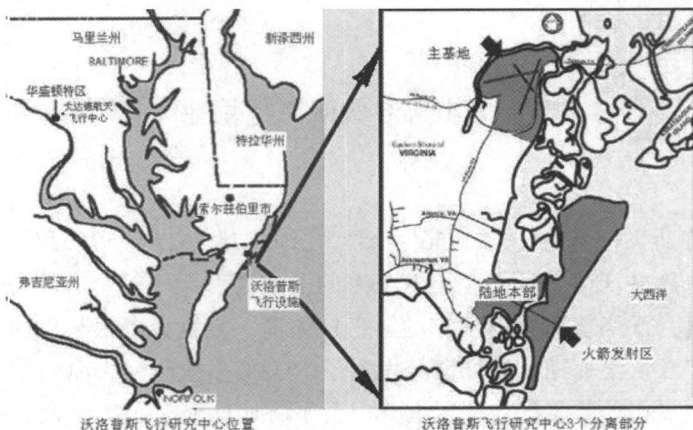

图 13-4　沃洛普斯飞行基地

主基地包括沃洛普斯研究机场，有 3 条飞行跑道（1,466—2,670 米），1 条无人机试验跑道，2 个飞机库和一个控制中心。跑道有各种路面和材料的试验段，供跑道研究。

图 13-5　沃洛普斯飞行基地的主基地

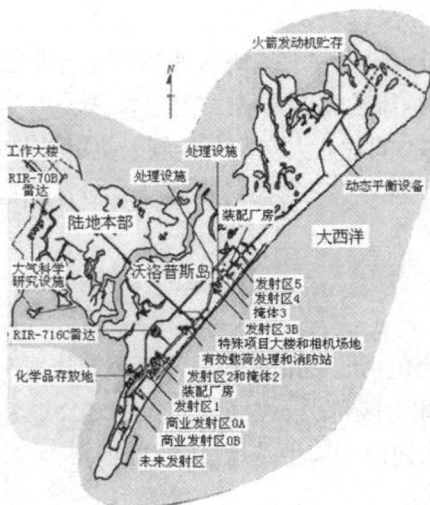

图 13-6　西部陆地本部和东部沃洛普斯岛发射场

西部陆地本部有工作大楼、雷达站和大气研究设施等。

东部沃洛普斯岛上的发射场有火箭发动机贮存、动平衡设施、装配厂房、加工厂房、雷达站、化学品存放地、载荷处理和3个发射控制掩体、特殊项目大楼和发射场地（包括6个发射区：1、2、3、4、5和3B；2个商业发射区：0A和0B；1个未来发射区）。

移动系统

除了固定设施，沃洛普斯还有移动设备，包括遥测、雷达、指挥和动力系统。这些移动系统可以部署在世界各地，和NASA及国防部网整合在一起，使沃洛普斯的科学家和工程师在世界各地发射火箭。例如，沃洛普斯飞行基地的可动场地设施用于支持火箭从北极和南极地区、南美、非洲、欧洲、澳大利亚，以及海上发射。

商业太空港

1998年，弗吉尼州商业太空飞行当局（后来马里兰州加入）在沃洛普斯建立了商业"中大西洋区域太空港"，它有2个发射场，可以发射小型和中型一次性运载火箭，可以发射5顿有效载荷到近地轨道。2006年进行了首次成功发射，同时发射了美国空军的TacSat-2卫星和NASA的GeneSat-1卫星。

图13-7 中大西洋地区和NASA沃洛普斯飞行基地发射场

13.5 安德华兹空军基地

爱德华兹空军基地（34° 54′ 20″ 北纬，117° 53′ 01″ 西经）位于美国的加利福尼亚州，洛杉矶市东面约150公里的莫哈维沙漠中。基地创建于20世纪30年代，曾经是第二次世界大战时美国空军的训练中心之一。现在基地内设有美国空军飞行试验中心和美国航空航天局旗下的阿姆斯特朗飞行研究中心等机构。

图13-8 爱德华兹空军基地

爱德华兹空军基地是美国空军重要的试飞基地之一，包括美国最新的"X"系列飞机都在此试飞。由于涉及国防机密，所以基地的保密程度相当高。

1972年1月5日尼克松总统宣布航天飞机项目后，爱德华兹空军基地被选为航天飞机轨道器的试验地。在该基地"企业"号被航天飞机载机带到高空，然后释放试验，共计进行13次，测试航天飞机的飞行特性和控制。1981年4月12日"哥伦比亚"号航天飞机首次进入轨道后，在爱德华兹空军基地着陆。

1991年以前，爱德华兹空军基地为航天飞机主着陆场，后来，佛罗里达州的肯尼迪航天中心才作为首选，以便节省航天飞机从爱德华兹空军基地到佛罗里达州的运输费用。但是，爱德华兹空军基地和白沙太空港作为航天飞机备用着陆场。

图13-9　航天飞机和航天飞机波音747载机

爱德华兹空军基地的阿姆斯特朗飞行研究中心是航天飞机载机波音747所在地，波音747飞机在这里改装成航天飞机载机。改装后的载机背着航天飞机轨道器从爱德华兹空军基地飞到佛罗里达州的肯尼迪航天中心，等待飞行。爱德华兹空军基地有3条水泥跑道，长度分别为4579米、3658米和2438米，其中4579米跑道和肯尼迪航天中心的航天飞机着陆场跑道的长度相当。

13.6 白沙试验设施

白沙试验设施（32°20′8″北纬，106°24′21″西经）位于美国新墨西哥州南部的白沙导弹试验场，1963年NASA在白沙导弹试验场建立白沙试验设施。

白沙导弹试验场位于新墨西哥州南部的图拉罗萨盆地，跨新墨西哥州的5个县。1945年7月16日第一颗原子弹就在盆地内的阿拉莫戈多市西北的怀特桑德试爆。

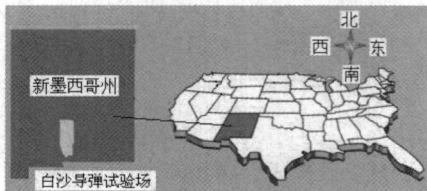

图13-10　白沙导弹试验场位置

白沙试验设施总部设在新墨西哥州南部拉斯克鲁塞斯市（32°19′11″北纬106°45′55″西经）。白沙试验设施在拉斯克鲁塞斯市东北约18公里。

图 13-11 白沙试验设施位置

图 13-12 1982 年航天飞机"哥伦比亚"号在白沙太空港着陆

白沙试验设施是火箭发动机、可能的有害物质、太空飞行零部件的试验和评估单位。白沙试验设施的太空任务有：

* 对跟踪和数据传播卫星网提供地面支持；

* 2 个 18 米天线提供太阳动力学观察站卫星的地面支持；

* "星座"计划的"猎户座"乘员舱夭折试验；

* 有各种跑道、导航设备、跑道照明和控制设备，提供航天飞机着陆训练。继卡纳维拉尔角和加利福尼亚州爱德华兹空军基地后，白沙太空港为航天飞机提供第三个着陆场。

白沙地区的太空活动可以追溯到 1939 年罗伯特·戈达德来到新墨西哥州德罗斯韦尔，继续他的火箭研究和发射工作。其后的主要太空活动有：

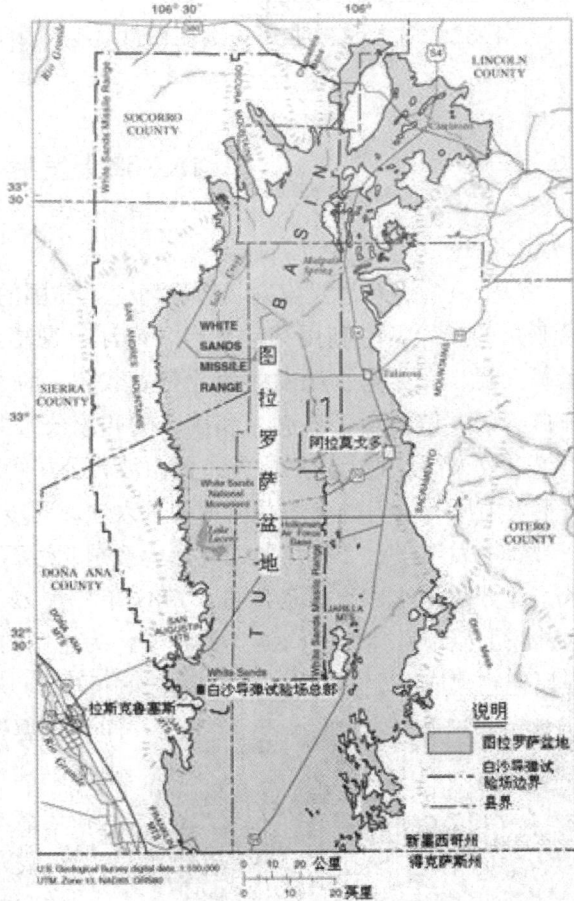

图 13-13 图拉罗萨盆地

* 1944 年 2 月美国开始寻找导弹试验场；

* 1945 年 7 月 9 日成立白沙导弹试验场；

* 1945 年 7 月 300 车皮的首批纳粹德国 V-2 火箭零件开始到达拉斯克鲁塞

斯市，以便运往白沙导弹试验场；

　　* 1946 年 1 月，德国火箭科学家到达新墨西哥州和得克萨斯州交界的陆军布利斯堡基地，帮助 V–2 试验；

　　* 1946 年 V–2 火箭试验；

　　* 1949：德国火箭科学家从布利斯堡转移到亚拉巴马州亨茨维尔的红石兵工厂；

　　* 1963–1966："小乔伊" II 运载火箭在白沙导弹试验场 36 号发射台进行 "阿波罗" 飞船逃逸系统试验；

　　* 1982：航天飞机唯一一次在白沙太空港着陆。

13.7 海上发射

　　海上发射顾名思义发射场设在海上。美国的海上发射公司总部位于加利福尼亚州的长滩，它利用移动平台 "海洋奥德赛" 和专门改进的 "天顶"–3SL 运载火箭，在赤道水域发射商业有效载荷。海上发射公司成立于 1995 年，由来自美国、俄罗斯、乌克兰和挪威的四家公司共同投资，并在 1999 年 3 月发射了首枚火箭。海上发射服务主要由波音公司管理，其他股东共同运营。目前，海上发射所有发射的商用载荷均为进入地球同步转移轨道的通信卫星。

　　海上发射平台 "海洋奥德赛" 曾经是北海石油钻井平台，长 133 米，宽 67 米，部分潜入水中，自动推进。1988 年 9 月 22 日，"海洋奥德赛" 在北海遭遇井喷。接下几年，"海洋奥德赛" 作为生锈的废物飘浮海上，后来波音公司提议把它建成海上发射平台，由挪威公司买下。从 1995 年底到 1997 年 5 月，"海洋奥德赛" 增加了平台长度，加了一对支撑梁和推进系统。上甲板改建成发射台和运载火箭服务舱。1997 年 5 月，安装了运载火箭发射设备。

　　加利福尼亚长滩港是海洋发射指挥舰的母港。发射前，发射架及箭体（包括有效载荷）在加利福尼亚州长滩港口的海洋发射指挥舰上装配，完成装配后转移到 "海洋奥德赛" 发射平台，然后 "海洋奥德赛" 发射平台与担任指挥中心的

图 13–14　"海洋奥德赛" 发射平台和海洋发射指挥船

海洋发射指挥舰一起驶往离基里巴斯圣诞岛约 370 公里的国际赤道水域（0°北纬，154°西经），然后火箭竖直和加注煤油和液氧等待发射。发射控制由旁边的海洋发射指挥舰担任，用英语和俄语二种语言指挥。

从 1999 年 3 月 27 日到 2014 年 5 月 26 日，海上发射公司进行了 36 次发射，其中 3 次失败，一次发射异常。最近一次失败是 2013 年 2 月 1 日，发射 Intelsat 27 卫星。第二年 2014 年 5 月 26 日又成功发射了 Eutelsat 3B 卫星。

随着俄罗斯 2014 年 2 月在乌克兰的军事干预，以及同年 3 月 18 日克里米亚被俄罗斯联邦吞并，海上发射业务长期停顿，现在 S7 集团旗下的单位正在购买海上发射平台。

进行过海上发射的还有其他国家，如意大利罗马大学和美国航空航天局从位于肯尼亚海岸的"圣马可"发射过多个航天器；1998 年 7 月 7 日，"新莫斯高夫斯克"号潜艇在巴比伦支海海域附近发射"静海"号运载火箭将柏林工业大学制造的两个通信卫星送入轨道。

13.8 空中发射

航天飞机早期曾经在太空发射和部署过一些航天器，如著名的"哈勃"太空望远镜等，但是成本太高。航天飞机爆炸事故后，NASA 停止了航天飞机发射和部署卫星业务。目前只有"飞马座"火箭提供高空发射业务。1990 年 4 月 5 日，"飞马座"火箭首次从 B-52 运输机发射，成功部署卫星，开创商业太空发射新时代。

"飞马座"火箭是 Orbital ATK（前轨道科学公司）开发的空中发射火箭。能够携带多达 443 公斤的小型有效载荷到近地轨道，自 1990 年首飞到现在，一直在运营中。飞马座在约 1 万 2 千米高空离开载机，把航天器发射入轨道。（详见 2.10.4 私人企业太空商业活动）

从 1990 年到 2016 年底，"飞马座"火箭执行 43 次空中发射，其中 2 次部分成功，3 次失败。"飞马座"火箭已在美国、欧洲和太平洋马绍尔群岛等不同地方进行过发射任务。

第 14 章　国家航空航天局

美国国家航空航天局（NASA）总部：（北纬 38° 52′ 59″，西经 77° 0′ 59″）

NASAHeadquarters

300 E Street SW，Washington，DC 20546

Phone: 202/358-1898/1600

http://www.nasa.gov/centers/hq/about/index.html

图 14-1　美国国家航空航天局大楼

美国国家航空航天局，又称 NASA(National Aeronautics and Space Administration），是负责民用航天计划以及航空和航空航天研究的美国联邦政府行政部门。总部位于华盛顿哥伦比亚特区。

NASA 是美苏太空赛催生的产物，1958 年 7 月 29 日，美国总统艾森豪威尔签署了《美国公共法案 85-568》，创立了美国国家航空航天局（NASA）

美国国家航空航天局是目前世界上最权威的航空航天科研机构，与国内及国际上许多科研机构分享研究数据。

14.1 美苏太空赛

1957 年 10 月 4 日，苏联成功地将人类第一颗人造卫星"史泼尼克"1 号（83.6 公斤）送入太空，引起美国一片哗然。得克萨斯州参议员多数党领袖林登·约翰逊（1963—1969 任总统）决定举行一个听证会，调查太空竞赛中美国落后苏联有多远。为了缓和这种紧张气氛，1957 年 10 月 9 日艾森豪威尔总统告诉美国人民，美国将于1957年12月发射一颗卫星，白宫阁员还把"史泼尼克"1号抹黑成只是一个金属气球。可是不到一个月，1957年11月3日，苏联又发射了更重的"史泼尼克"2号卫星（508公斤），而且搭载了一只名叫"莱卡"的小狗。

如果说"史泼尼克"1号在美国引起巨大风波，那么"史泼尼克"2号让美国陷入极度惊慌，许多人士感到安全和技术受到极大威胁，有人惊呼比二战珍珠港遭遇偷袭还要严重，珍珠港偷袭只有一次，"史泼尼克危机"接连来了二次，纷纷要求政府立刻采取行动。

由于艾森豪威尔总统保证12月发射一个卫星，主管"先锋"号运载火箭的科学家不得不把试飞计划提前到12月发射。当时"先锋"号只有第一级进行了成功试验，提前发射带着巨大的赌博和期望。

"先锋"号在佛罗里达州卡纳维拉尔角公开发射，世界都关注美国对苏联挑战的回应。一百多名记者和来宾观看"先锋"号运载火箭把柚子大小卫星送入轨道。倒计时从1957年12月5日开始，6日中午到达零倒计时，工作人员点燃发动机，"先锋"号升起1.2米，又掉回到原位，立刻爆炸成光亮的橘黄火球在发射架上空徘徊了一会儿，然后很快变成一团巨大的黑色烟云。

"先锋"号发射失败让美国在世界面前丢了大脸，总统科学咨询委员会主席詹姆斯·基利安估计美国在1958年发射卫星只有50%的可能，他呼吁艾森豪威尔总统撤销军用火箭发射太空飞

图14-2　"先锋"号运载火箭发射爆炸

行器的禁令，让陆军冯·布劳恩领导的德国火箭队伍发射卫星。

"史泼尼克危机"让冯·布劳恩有了发射卫星的机会。早在1956年9月20日，冯·布劳恩队伍已发射了木星-C探空火箭，高度达到1,100公里，射程5,300公里，速度7公里/秒。冯·布劳恩认为在该火箭的最后一级加一发动机，很容易让卫星达到所需的第一宇宙速度7.9公里/秒。

留下的主要问题是设计一个与木星-C火箭匹配的有效载荷。冯·布劳恩队伍设计的有效载荷叫"探险者"1号。木星-C改型后用于发射卫星的火箭叫"朱诺"I，和木星-C等高，增加的第四级包裹在火箭体内。

1958年1月31日，10:48 P.M."朱诺"I火箭点火，从发射台起飞。90分钟后，戈德斯通跟踪站向世界宣布发射成功。艾森豪威尔总统如释重负，全美国人民兴高采烈，美苏从此拉开了太空竞赛序幕。"探险者"1号成功发射入轨，

也让冯・布劳恩有机会实现他的太空梦。

"史泼尼克"1号和"探险者"1号的发射都是国际地理年（1957年至1958年）活动的一部分。"史泼尼克"1号测量了高层大气密度。"探险者"1号携带了宇宙射线探测仪，詹姆斯・范・艾伦利用"探险者"1号的飞行数据发现了范艾伦辐射带。

艾森豪威尔总统开始并没有重视苏联的第一次发射，直到苏联第二次成功发射，以及美国"先锋"号卫星发射失败才迫使他采取行动，和他的幕僚商议对策，经过几个月磋商，认为要设立一个联邦政府直辖机构来统辖所有非军事太空活动，这导致原有的国家航空咨询委员会（NACA）很快过渡到新成立的国家航空航天局（NASA），美国许多早期太空项目也很快转入国家航空航天局。1958年还成立国防高级研究计划局（Defense Advanced Research Projects-DARPA），负责发展军用先进新技术。

艾森豪威尔总统还采取了一系列主动措施，以夺回技术优势，其中包括国会通过总统签署的"国防教育法案"。该法案是迄今为止美国历史上影响最深远的由国家发起的教育计划，花费超过10亿美元。主要用于学校改造，课程修改，为优秀学生提供奖学金和助学贷款以帮助他们完成高等教育，发展职业教育以弥补国防工业的人力短缺等。

14.2 国家航空咨询委员会

国家航空咨询委员会（National Advisory Committee for Aeronautics- NACA）是美国于1915年3月3日成立的联邦机构，负责航空科学研究的执行、促进与制度化。

1957年底到1958年初，艾森豪威尔总统关于设立联邦政府直辖机构来统辖所有非军事太空活动的想法引起有关单位的激烈竞争，其中包括国家航空咨询委员会。国家航空咨询委员会立刻开始研究新的非军事太空机构将承担和发挥什么样的作用。

1958年1月14日，国家航空咨询委员会发表了"太空技术国家研究计划"报告，报告中提到："用一个强有力的征服太空的研究和发展计划来迎接'史泼尼克'挑战，对于我们国家的尊严和军事需要是非常迫切和重要的。科学研究是国家民用机构的职责是共同看法……经过快速扩充国家航空咨询委员会，提供太空技术里的领导地位，国家航空咨询委员会可以办到。"报告反映了国家航空咨询委员会想积极参加太空计划的愿望，但是报告没有建议成立新机构，而是建议几个已有单位进行太空计划合作。在该计划下，国家航空咨询委员会人员增加一倍，建立新太空实验室，加速研究计划，增加与其他机构合作。该报告奠定了国家航空航天局出炉的基础。

虽然国家航空咨询委员会报告反映了对未来太空计划新机构的巨大兴趣，但是国家航空咨询委员会的咨询角色无法担当太空技术领导地位。国家航空咨询委员会必须经过脱胎换骨，彻底改组才能领导如此重大而深远的任务。

1957年11月21日，国家航空咨询委员会成立太空技术专门委员会，由斯泰韦尔领导，所以又叫斯泰韦尔委员会，委员会包括陆军弹道导弹局局长冯·布劳恩。该委员会按国家航空咨询委员会的目的协调各政府机构、私人公司及大学，利用他们的经验发展太空项目。

有趣的是，二战时射击伦敦的V–2导弹的头头冯·布劳恩和拦截V–2导弹的雷达自动控制火炮的发明人亨德里克·韦德·波德都是太空技术专门委员会成员，同坐一桌共商大计（桌子右端是冯·布劳恩，左边第4人是亨德里克·韦德·波德，二战时导弹和反导双方领军人物）。

图14–3　1958年5月26日NACA的"太空技术专门委员会"会议

3月5日，总统科学顾问委员会主席詹姆斯·基利安给艾森豪威尔总统写了一个备忘录，名为"民用太空计划组织"，建议"采用加强和改组的国家航空咨询委员会作为民用太空机构"。3月底国家航空咨询委员会提出"太空计划建议"，其中包括马上发展4,450,000牛顿推力，带第二和第三级的氢氟燃料火箭。

艾森豪威尔总统接受了詹姆斯·基利安建议。1958年4月，总统宣布国家航空咨询委员会领导国家太空项目，结束了个各单位对领导权的激烈竞争。艾森豪威尔总统向国会发表要求成立一个国家民用太空机构的施政演讲，并且提交建立国家航空航天局提案。7月16日，国会通过了提案，成为1958国家航空航天法案。

14.3 国家航空航天局

国家航空航天局是美国政府的行政机构之一，1958年7月29日，艾森豪威尔总统签署了 1958 国家航空航天法案，正式成立国家航空航天局。

1958 年 8 月，基思·格伦南（Keith Glennan）成为第一任 NASA 局长，开始考虑筹建工作。他很快确定哪些计划是军事的和哪些计划应该归属 NASA。1958 年 10 月 1 日 NASA 挂牌工作，原封不动地吸收了已有 46 年历史的国家航空咨询委员会，包括它的 8,000 名成员、3 个主要试验室（兰利航空实验室、埃姆斯航空实验室，以及刘易斯飞行推进实验室）。

1958 年 12 月 31 日 NASA 获得喷气推进实验室。1958 年底，海军研究实验室有关卫星发射的先锋计划部分也划归 NASA。1960 年 6 月 NASA 接管冯·布劳恩领导的陆军弹道导弹局，包括冯·布劳恩火箭队伍和他的"土星"火箭计划。美国空军早期研究和许多国防高级研究计划局（ARPA）的早期太空项目也转入 NASA。

NASA 在马里兰州组建了戈达德航天飞行研究中心，此后还相继调整组建了肯尼迪航天中心、约翰逊航天中心。

NASA 成立后，1958 年 10 月 7 日把 NACA 酝酿的"水星"计划作为美国第一个载人太空计划。开始太空事业的远征。

1967 年国会指示国家航空航天局成立"航空航天安全顾问小组""太空项目咨询委员会""研究和技术咨询委员会"。1977 年这些委员会合并成 NASA 咨询理事会，继承原国家航空咨询委员会功能。

14.4 载人航天计划

14.4.1 X–15 计划（1959–1968）

北美 X–15 是空军和国家航空航天局开发的 X 系列实验飞机的一部分，具有超音速火箭发动机。X–15 在 20 世纪 60 年代创造了速度和高度纪录，达到了外太空的边缘。X–15 具有细长圆柱形机身。机身合同于 1955 年 11 月被授予北美航空公司，XLR30 冲压发动机合同于 1956 年授予"反应发动机有限公司（Reaction Motors Inc）"，共建造了三架 X–15 飞机。X–15 从波音 B–52 Stratofortresses 的机翼下释放，然后冲压发动机启动自主飞行。释放高度 14 公里，速度约为 805 公里 / 小时。

发动机点火后的 X-15

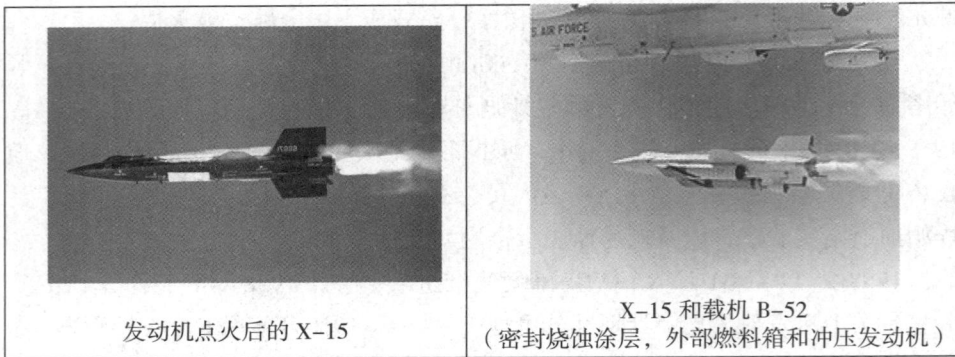

X-15 和载机 B-52
（密封烧蚀涂层，外部燃料箱和冲压发动机）

图 14-4　X-15 试飞

国家航空咨询委员会为该项目从空军，海军选拔了十二名飞行员。在 1959 年至 1968 年期间共完成 199 次飞行，创造载人飞机最高速度 6.72 马赫（7,273 公里 / 小时），最大高度 107.96 公里。1963 年 7 月 19 日和 8 月 22 日，飞行员约瑟夫·沃克（Joseph A.Walker）两次飞行高度超过 100 公里，达到国际航空联合会的航天飞行标准。X-15 采用了后来载人航天器使用的一些机械技术，如用于控制航天器方向的反应控制系统喷气机、太空服，以及导航水平定位仪。为后来的航天飞机设计积累了宝贵的返航和着陆数据。

14.4.2 "水星" 计划（1958-1963）

"水星" 计划开始于 1958 年，目的是了解人类是否可以在太空生存。来自陆军、海军和空军的代表协助 NASA 工作。通过和国防研究单位、承包单位和部队合作，1961 年 5 月 5 日艾伦·谢泼德搭载 "水星" 计划的 "自由" 7 号飞船，完成 15 分钟亚轨道飞行，成为美国进入太空的第一人。1962 年 2 月 20 日约翰·格伦搭载 "水星" 计划的 "友谊" 7 号飞船，围绕地球轨道飞行 5 小时 15 分，成为美国围绕地球轨道飞行第一人。"水星" 计划成功地实行了 2 次载人亚轨道飞行和 4 次载人轨道飞行。

图 14-5　艾伦·谢泼德
首次载人亚轨道飞行

14.4.3 "双子星座" 计划（1961-1966）

"双子星座" 计划是发展和练习载人登月所需要的技术。1965 年 3 月 23 日，"双子星座" 3 号飞船搭载弗吉尔·格里索姆和约翰·杨升空，成功进行首次双人围绕地球飞行。接着成功发射了其他 9 艘 "双子星座" 飞船。该计划获得失重对人体影响数据，表明人类可以执行长期太空任务。"双子星座"计划实现美国第一次太空行走、人类首次轨道交会对接的轨道操作，"双子星座"计划的圆满完成，为后续"阿波罗"登月计划铺平了道路。

图 14-6　"双子星座"3 搭载格里索姆和约翰·杨升空

14.4.4 "阿波罗"计划（1961–1972）

"阿波罗"计划是 1961 年到 1972 年美国一系列载人登月飞行任务。1969 年 7 月 20 日，"阿波罗"11 号航天员尼尔·阿姆斯特朗和巴兹·奥尔德林实现人类首次登月，而迈克尔·科林斯在月球轨道等待他俩从月球探险回来，然后三人一起返回地球。

图 14-7　"土星"Ⅴ 搭载
"阿波罗"11 升空
（阿姆斯特朗、奥尔德林和科林斯）

"阿波罗"11 号任务成功完成后，又有其他 5 次"阿波罗"任务的航天员着陆月球，最后一次着陆月球在 1972 年 12 月。这 6 次"阿波罗"太空飞行，有 12 名航天员在月球登陆和探险。这些"阿波罗"任务获得宝贵的科学数据，带回 381.7 公斤月球样品，进行了土壤力学、流星体、月震、热流动、月球测距、磁场和太阳风试验。

图 14-8 "阿波罗"、"双子星座"、"水星"计划飞船和火箭比较

图 14-9 2009 年 7 月 21 日登月 40 周年奥巴马总统（右 1）接见阿姆斯特朗（右 2）、科林斯（右 3）、奥尔德林（右 4）

14.4.5 "太空实验室"计划（1965－1979）

"太空实验室"是"阿波罗"计划的延伸，是美国第一个太空站。"太空实验室"利用"土星"运载火箭第 3 级 S-IVB 作为空间站。从1973 年到 1979 年，91 吨重的"太空实验室"一直运行在地球轨道，期间迎接了 3 批航天员的到访。曾经计划与航天飞机把"太空实验室"提升到一个安全高度，但是 1981 年 4月 12 日"哥伦比亚"号航天飞机首飞时，太空实验室已于 1979 年落入大气层，销毁。

图 14-10 "太空实验室"

14.4.6 "阿波罗"－"联盟"飞船测试项目（1972－1975）

"阿波罗"－"联盟"飞船测试项目也是"阿波罗"计划的延伸，是美国和苏联航天器首次联合飞行，在地球轨道交会对接。

1972 年 5 月 24 日美国总统尼克松和苏联总理阿列克谢·柯西金签署协议，呼吁联合载人航天飞行，并宣布未来所有国际载人航天器能够互相对接的意愿。这导致阿波罗命令／服务舱与联盟飞船在地球轨道的交会和对接，并为以后美－俄的空间任务，如航天飞机－和平号空间站和国际空间站，提供合作的基础。

图 14-11　"阿波罗"-"联盟"对接

图 14-12　"阿波罗"-"联盟"飞船测试项目
（前排从左到右：美国-斯雷顿、斯塔福德、布兰德；
后排从左到右：苏联-列昂诺夫，库巴索夫）

14.4.7 航天飞机计划（1972 - 2011）

图 14-13　"哥伦比亚"号航天飞机首飞

为了发展能够重复使用的太空运载工具，NASA 建造了航天飞机。1981 年 4 月 12 日 "哥伦比亚" 号航天飞机首飞成功。此后航天飞机成为卫星发射、访问俄罗斯 "和平" 号空间站，国际空间站建设，航天器在轨修理等的重要依靠。是国际空间站天地间人员和物资运输的重要交通工具。

1986 年 "挑战者" 号和 2003 年 "哥伦比亚" 号两次航天飞机太空事故，损失两架航天飞机轨道器和 14 名航天员。"挑战者" 号事故后，NASA 利用备件补充建造了 "奋进" 号航天飞机，但是 "哥伦比亚" 号事故后，NASA 没有再建造替代的航天飞机。名噪一时的航天飞机以 "亚特兰蒂斯" 号 2011 年 7 月 21 日完美着陆结束其 "谢幕之旅"，标志美国 30 年航天飞机时代的结束。

14.4.8 国际空间站（1993 - ）

国际空间站是一个国际性太空研究设施，1998 年开始装配，目前还在地球轨道不断装配。国际空间站是地球轨道上最大人造太空设施，从地球上肉眼可以看到国际空间站。

国际空间站是美国航空航天局、俄罗斯联邦航天局、欧洲空间局、日本宇宙航空研究开发机构和加拿大航天局共同开发和运营项目。太空站的所有权和使用权由几个政府间协议规定，俄罗斯联邦对自己的舱段保留全部所有权，站的其他部分由其他国际成员分配。国际空间站的装配和运输主要依靠美国航天飞机、俄罗斯"联盟"号载人飞船和"进步"号载货飞船。2011 年 7 月 21 日航天飞机退休后，国际空间站的人员来往由俄罗斯"联盟"飞船承担。货物运输由俄罗斯进步飞船，欧洲自动运输船，日本 H-II 运输船，美国龙飞船和天鹅座宇宙飞船承担。

图 14-14　国际空间站

14.5 无人深空探测计划

NASA 的深空探测器遍及整个太阳系的行星、小行星带和柯伊伯带。现在，有些深空探测器已经到达太阳系边缘，向广袤的宇宙空间挺进。

14.5.1 "先驱者"计划（1958.8.17—1978.8）

"先驱者"计划用于行星探测。整个计划分数个任务，其中最有名的是"先驱者" 10 号和"先驱者" 11 号，它们已经探测了太阳系的外行星，到了太阳系的边缘。二者都携带了金制徽章，上面描绘了一对男女，以及其他信息，以便外星人了解我们的地球。

图 14-15　"先驱者" 10, 11

14.5.2 "水手"号计划（1962.7—1973.11）

NASA 的"水手"号计划用于探测火星、金星和水星。"水手"号计划的 10 个探测器中，7 个成功，3 个丢失。计划中的"水手" 11 号和"水手" 12 号发展成"旅行者"项目的"旅行者" 1 号和"旅行者" 2 号；"水手" 9 号探测器的放大版成为"海盗" 1 号和"海盗" 2 号火星观察器；其他基于"水手"号的太空探测器包括去金星的"麦哲伦"号探测器；去木星的"伽利略"号探测器。第二代"水手"号太空飞行器最终发展成"卡西尼—惠更斯"号探测器，目前在土星轨道上运行。

"水手"计划创造了诸多第一，包括第一次行星飞越、第一次获得另一行星照片、第一个行星轨道器和重力助推技术的首次应用。

图 14-16 "水手"6 号和 7 号探测器

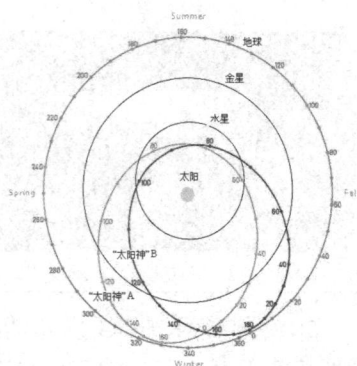

14.5.3 "太阳神"探测器

"太阳神"探测器包括"太阳神"I和"太阳神"II 太空探测器，又叫"太阳神"A 和"太阳神"B 探测器，它们是一对日心轨道探测器，用于研究太阳的进化。它是原西德和 NASA 联合探测项目。1974 年 12 月 10 日和 1976 年 1 月 15 日分别从佛罗里达州卡纳维拉尔角空军基地发射。20 世纪 80 年代初太空探测器完成它们的主要任务，但是继续发送数据，直到 1985 年停止工作，但是现在还留在围绕太阳的椭圆轨道上。

图 14-17 "太阳神"探测器轨道

14.5.4 "海盗"计划

"海盗"计划包括一对火星探测器"海盗"1 号和"海盗"2 号。探测器包括两部分：一个轨道器用于从火星轨道拍摄火星表面；一个着陆器用于火星表面研究。"海盗"1 号发射于 1975 年 8 月 20 日，"海盗"2 号发射于 1975 年 9 月 9 日。它们发现火星上许多水造成的地质结构。

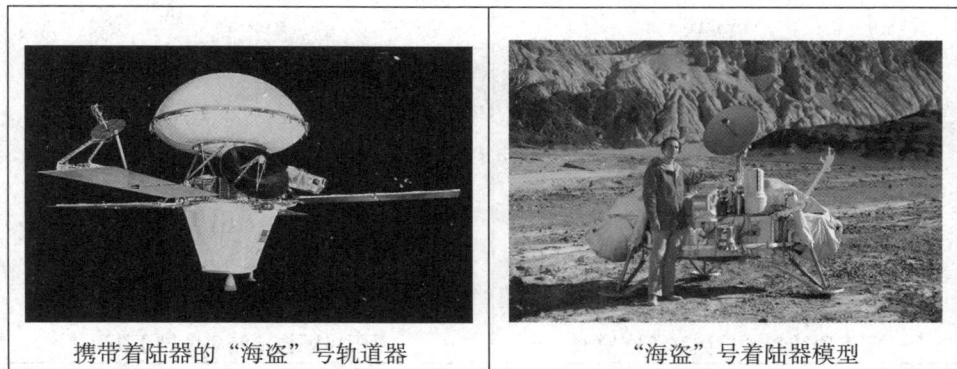

携带着陆器的"海盗"号轨道器

"海盗"号着陆器模型

图 14-18 "海盗"探测器

14.5.5 "旅行者"计划

"旅行者"计划包括"旅行者"1号和2号一对科学探测器，（"旅行者"2号发射于1977年8月20日，"旅行者"1号发射于9月5日），原来打算用于研究木星和土星，可是"旅行者"2号利用20世纪70年代末的176年才会发生一次的行星一致机会，分别飞越木星、土星、天王星和海王星，成为首次访问天王星和海王星的探测器。"旅行者"1比"旅行者"2后发射，但是在快速轨道上飞行，让它早到木星和土星，但是失去访问天王星和海王星的机会。二个探测器都延伸了它们的任务，进入太阳系边界地区探测。现在"旅行者"1是离地球最远的人造太空探测器。

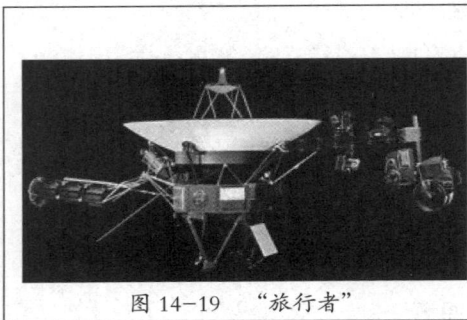

图14-19　"旅行者"

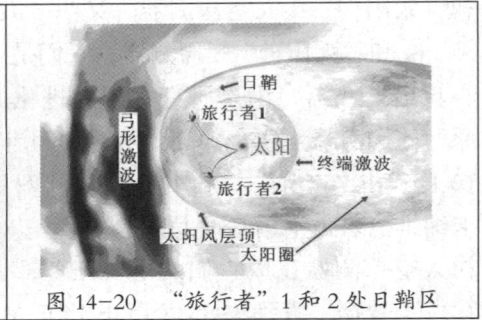

图14-20　"旅行者"1和2处日鞘区

2012年6月NASA发布消息说，"旅行者"1号探测器发回的数据显示它已抵达太阳系边缘，该探测器有望成为首个脱离太阳系的人造物体。NASA表示，过去3年中，"旅行者1号"携带的两个高能望远镜接收到越来越多的宇宙射线，来自太阳系外的宇宙射线数量急剧增加。此外，探测器感测到的高能粒子数量也出现变化，这些源自太阳的粒子数量有所下降。基于这些数据，项目科学家得出结论："人类向星际空间派出的首个使者已在太阳系边缘"。目前，"旅行者"1号的运行速度约为每秒17公里，距地球约180亿公里。

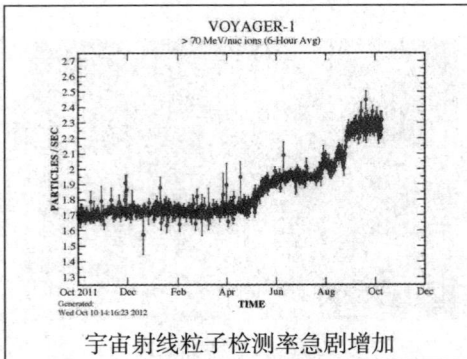

宇宙射线粒子检测率急剧增加

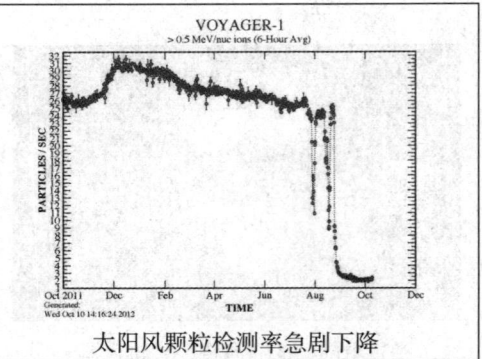

太阳风颗粒检测率急剧下降

图14-21　"旅行者"1号进入宇宙空间

14.5.6 "麦哲伦"号探测器

"麦哲伦"探测器是金星探测器，发射于 1989 年 5 月 4 日，是航天飞机发射的 3 个深空探测器中的第一个，也是第一个利用气煞技术降低轨道高度的航天器。

以前，对金星表面进行过低精度雷达全球测绘。但是"麦哲伦"探测器创造了金星表面测绘的最高精度。"麦哲伦"探测器细化了测绘工作，分析了环形山、丘陵、山脉和其他地理信息，精度可以和其他行星可见光测绘相比。

图 14-22　"麦哲伦"准备发射

14.5.7 "伽利略"探测器

图 14-23　"伽利略"探测器

"伽利略"探测器用于研究木星和它的卫星。1989 年 10 月 18 日由航天飞机发射。借助飞越金星和地球的重力助推，1995 年 12 月 7 日到达木星。

"伽利略"探测器飞越了小行星带，首次发现小行星的卫星，它是第一个绕木星飞行的探测器，并且首次发射探测器进入木星的大气。"伽利略"探测器的主要目标是用 2 年时间研究木星系统，主要任务结束后，1997 年 12 月 7 日开始延伸任务，近距离飞越木星的卫星欧罗巴和埃欧。

2003 年 9 月 21 日，在太空飞行 14 年，研究木星系统 8 年后，"伽利略"探测器任务结束，轨道器以大约 50 公里 / 秒速度进入木星大气销毁，以避免从地球带来的微生物污染当地卫星的任何可能性。

14.5.8 "哈勃"太空望远镜

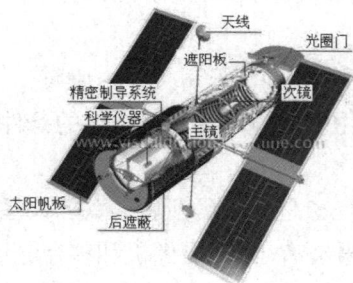

图 14-24　"哈勃"太空望远镜

"哈勃"太空望远镜是 NASA 和欧洲空间局合作项目，于 1990 年 4 月 24 日由航天飞机发射入轨。虽然它不是第一个太空望远镜，但它是尺寸最大，功能最多的太空望远镜。它以先进研究仪器和服务天文学公共利益闻名。"哈勃"太空望远镜、"康普顿"伽马射线天文台、"钱德拉"X 射线天文台和"史匹哲"太空望远镜一起构成 NASA "大观察站"计划。

261

14.5.9 "火星环球测量者"

"火星全球测量者"是火星轨道器，发射于 1996 年 11 月 7 日。"火星全球测量者"利用多部高精度照相机探测火星表面。从 1997 年 9 月到 2006 年 11 月发回 240,000 多张照片，跨越 4.8 个火星年。

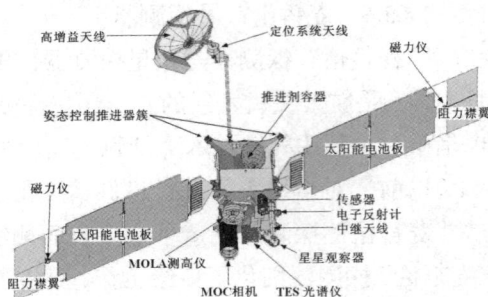

图 14-25　"火星全球测量者"

14.5.10 火星车

NASA 已经通过"火星探路者""火星探测漫游器"和"火星科学实验室"三个项目发展了三代火星车："索杰纳"号、"勇气"号和"机遇"号，以及"好奇"号。三代火星车都由喷气推进实验室发展和运营。

"火星探路者"发射于 1996 年 12 月 4 日。任务是分析火星大气、气候、地质和其岩石及土壤的组成。探测器登陆火星两天后，六轮"索杰纳"号火星车从探测器沿斜坡下到火星表面。它是人类第一部火星车。"索杰纳"号火星车把信息传输到"火星探路者"，"火星探路者"再把信息转播到地球。"索杰纳"号火星车由地球上的科研人员控制。由于无线电信号从地球到火星要 10 分钟，科学家无法实时控制火星车。为了躲避路障，"索杰纳"号使用了一些自动设备。

"火星探测漫游器"包括"勇气"号和"机遇"号一对火星车，分别发射于 2003 年 6 月 10 日和 7 月 7 日，用于火星地表和地质考察。"勇气"号和"机遇"号也是六轮机器人，最大速度为 5 厘米 / 秒。六个轮子的摇臂转向架保证崎岖地形上能够移动。每个车轮都有自己的电机。车辆前后转向，可以在高达 30 度的倾斜下安全运行。

两辆火星车远远超过 90 个火星太阳日的预定计划。"勇气"号工作到 2010 年。"机遇"号仍在工作。前二代火星车的成功导致第三代"好奇"号大型火星车的诞生。

"火星科学实验室"（又称"好奇"号火星车）用于研究火星的地质、气候、辐射水平、评估着陆场是否提供有利于微生物生命的环境和可居住的条件，为未来的人类探索做准备。

"好奇"号发射于 2011 年 11 月 26 日，经过 5.6 亿公里的行程，登陆火星，着陆点距预定着陆目标不到 2.4 公里。"好奇"号装有 17 部摄像机和多台光谱仪等仪器。它比以前的火星车都大，如同一辆小型轿车，每天可以移动 200 米。"好奇"号火星车的电力来自"放射性同位素热发电机"，利用钚 238 衰变过程释放的热，转换成电。初期可以提供 125 瓦左右的输出，这个数字会随着燃料的衰变而逐年降低。"好奇"号任务期间的每日总发电量大约在 2.5 度，比"勇气"号和"机遇"号的 0.6 度高 4 倍多。

"好奇"号在火星上勘探和分析是先用高分辨率相机寻找感兴趣的地面特征。如果发现令人感兴趣的表面特征，"好奇"号用红外激光器蒸发其一小部分，并检查所得到的光谱特征以判定岩石的元素组成。如果这结果有疑问，"好奇"号将使用其长臂摆动显微镜和 X 射线光谱仪，仔细观察。如果样品需要进一步分析，"好奇"号能钻进巨石，并将粉末样品送到实验室的样本分析仪或 X 射线衍射和荧光分析仪进行分析。

"好奇"号的设计将作为火星 2020 漫游者计划的设计基础。

三代火星车的尺寸大小（按比例）

"索杰纳"号 发射于 1996 年 12 月 4 日	"勇气"号和"机遇"号 发射于 2003 年 6 月 10 日和 7 日	"好奇"号 发射于 2011 年 11 月 26 日
长 65 厘米， 宽 48 厘米， 高 30 厘米， 重 10.5 公斤 最大速度 1 厘米 / 秒。	长 1.5 米 宽 1.6 米 高 2.3 米 重 180 公斤 最大速度为 5 厘米 / 秒。	长 2.9 米 宽 2.2 米：相当一辆小轿车 高 2.7 米 重 899 公斤 速度：每小时 90 米
太阳能电池和不可充电电池	太阳能电池和可充电化学电池	放射性同位素热电发电机

图 14-26 三代火星车比较

14.5.11 "新视野"号探测器

"新视野"探测器是首个飞越和研究冥王星和它的卫星卡戎、尼克斯和海德拉的探测器。当前正在飞往冥王星。NASA 可能让"新视野"飞越一个或多个柯伊伯带天体。

"新视野"发射于 2006 年 1 月 19 日，最后发动机关机时，相对地球速度 16.26 公里 / 秒。因此，它

图 14-27 "新视野"

以前所未有的人造物体最快发射速度离开地球。"新视野"于 2007 年 2 月 28 日飞越木星轨道，2008 年 6 月 8 日飞越土星轨道。2015 年 7 月 14 日到达冥王星。然后进入柯伊伯带。

14.6 NASA 设施

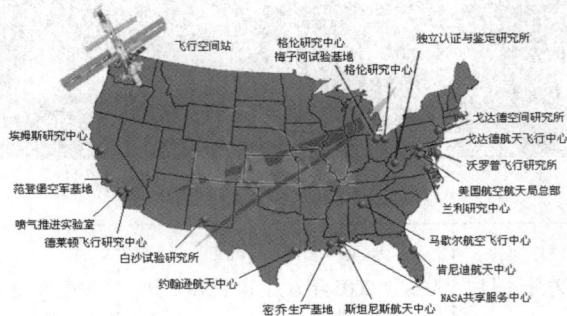

图 14-28 NASA 设施分布

NASA 总部位于华盛顿特区，局长是 NASA 最高级别官员，是美国总统的高级太空科学顾问。总部向全国的 NASA 各部门提供全面指导工作。NASA 主要设施分布如上图所示。

此外，NASA 还有分布世界的深空网。深空网是一个国际通信网，支持星际飞行任务、太阳系及宇宙的无线电和雷达天文观察。它以巨大无线电天线闻名。该网络也支持一些近地轨道任务。深空网的主要地面天线设备在：

澳大利亚的堪培拉；

加利福尼亚州的巴斯托；

西班牙的马德里。

NASA 在太空还有国际空间站，它是 NASA 的一个国际研究设施，是世界最大空间站。该站计划工作到 2020 年，可能延伸到 2028 年。国际空间站用于微重力、生物学、物理学、天文学和气象学等学科研究。

截至 2011 年 7 月 19 日，国际空间站长 72 米，宽 109 米，高 20 米，压力空间 837 立方米，重 450 吨，乘员 6 人。轨道远地点 405 公里，近地点 394 公里，轨道倾角 51.6 度，平均速度 7.7 公里 / 秒，轨道周期 92 分钟，轨道衰减 2 公里 / 月。

14.7　NASA 未来

重返月球，瞄准火星

拨开 2003 年 2 月 1 日"哥伦比亚"号航天飞机再入大气解体的阴霾，借助火星车"勇气"号登陆火星的喜气，2004 年 1 月 14 日，美国总统小布什发表了"太空探索新构想"的政策性讲话。根据该构想，美国将于 2018 年返回月球，建立未来太空任务的实验和资源的前哨基地；航天飞机于 2010 年退休；新的载人飞船于 2015 年替代航天飞机。新的载人飞船既可以飞往国际空间站，又可以飞离开地球轨道，去月球和火星。为了实现小布什的"太空探索新构想"，NASA 于 2004 年夏天出台了"星座"载人航天新计划。

2006 年 12 月 4 日，NASA 宣布 2020 年开始建造月球基地，到 2024 年建成一个全功能基地，基地保持用 4 个航天员轮流替换，资源就地取材。2007 年 9 月 28 日，时任 NASA 局长格瑞芬又说：NASA 瞄准 2037 年把人送上火星。

如此庞大的目标，钱从哪里来？NASA 想展开国际合作，大家出钱，由美国牵头。格瑞芬在接见德国之声记者马耶采访时表示："而我的看法是，航天事业的未来在月球、在火星、在离地球不远的小行星，最终还在它们以外的空间。我们的航天未来在天外，在整个太阳系，不能局限在绕地轨道。进入绕地轨道是走向天外很重要的一步，国际空间站也是很重要的一个组成部分。但是在我看来，只把眼光对准绕地轨道是一个错误。我们今天的航天计划就在纠正这一错误。"

格瑞芬还表示："如果我们想重返月球，我们希望它将是一个国际性的计划。我们不能要求其他国家和我们合作，但我们可以提供合作的机会，我们其实已经在这样做了。现在还没有人知道谁来负责建造实验室、谁负责科学仪器、谁负责居住模块、谁负责发电站、谁负责月球车，月球车是我们一旦登陆月球便必不可少的探测工具。我们在美国已经开始着手开发可以往返在地球和月球之间的载人航天器了，但我们还根本没有开始考虑所有其他这些系统由谁来负责开发和建造。我们希望能够开展国际合作，希望我们的伙伴也能接管一部分探测月球所必需的基础设施。所以说，美国在航天领域不愿和其他国家合作的印象是错误的。就国际空间站而言我们在进行合作，就科学计划而言我们也在进行合作，我们希望在重返月球方面也能够进行合作。但是，总得有一方是牵头的吧。而在当代、在这一领域，只有美国拥有实力胜任这一牵头工作。这就是我们正在做的。"

经济危机，被迫转向

随着 2009 年 1 月小布什总统下台和奥巴马上台，5 月 24 日奥巴马总统委任博尔登接任格瑞芬，成为第十二届 NASA 局长。由于美国经济危机肆虐，小布什的月球第一的"太空探索新构想"实际已被搁置。

2010 年 4 月 15 日奥巴马总统在肯尼迪航天中心的太空政策讲话放弃了"太空探索新构想"和"星座"计划的月球第一想法。新计划要求 NASA 延长国际空间站寿命 5 年。航天飞机退休后，奥巴马政府积极鼓励和支持私人企业发展载人飞船和运载火箭，以"灵活方式"将航天员送去国际空间站。NASA 支付私人太空公司为政府航天员到国际空间站和近地轨道的飞行。

为此，波音和洛克希德·马丁公司质疑奥巴马总统放弃月球和火星任务，把任务局限于国际空间站的"太空出租车"计划，但是包括宇宙探索技术公司在内的其他太空公司强烈支持奥巴马新计划。NASA 选择宇宙探索技术公司和轨道科学公司为它的商业轨道运输提供服务。

地球轨道的商业运输服务

2010 年 11 月 22 日，美国联邦航空管理局向民营企业宇宙探索技术公司发放航天器再入许可证。12 月 8 日宇宙探索技术公司的"猎鹰"9 号运载火箭首次试飞。成功地把"龙飞船"从卡纳维拉尔角升空。约十分钟后，飞舱进入离地面近三百公里的太空轨道。大约三个半小时后，飞船降落到海面。这是宇宙探索技术公司"龙飞船"的首次不载人太空飞行，是商业轨道运输服务的首次飞行。

2011 年 4 月 18 日，美国国家航空航天局将 2.7 亿美元给宇宙探索技术等四家公司，用于发展把航天员送到国际空间站的飞船。

2012 年 5 月 22 日太空探索科技公司

图 14-29 2012 年 5 月 31 日"龙飞船"在太平洋溅落

设计和制造的"猎鹰"9 号运载火箭从卡纳维拉尔角发射成功,把提供补给品的"龙飞船"送往国际空间站。24 日"龙飞船"完成环绕空间站飞行任务。25 日国际空间站上的宇航员用空间站的机械臂抓住"龙飞船",实现飞船与空间站的对接。26 日上午,国际空间站宇航员打开装满集装箱的"龙飞船",卸下大约 500 公斤的给养,并把国际空间站上用过的设备转移到"龙飞船",带回地球。2012 年 5 月 31 日清晨,国际空间站的机械臂释放"龙飞船",让其返航。无人驾驶的"龙飞船"再次进入地球大气层,31 日中午时分溅落在加州海岸西南方向的太平洋水面,首次圆满完成商业运输服务。

NASA 风光不再、左右挨批,艰苦前行

20 世纪 90 年代苏联解体后,全球太空领域不再有挑战美国太空霸权的国家,这让缺少了竞争对手的美国顿时失去了"太空热"的动力。如今的美国受困于经济不景气,没有余力支持 NASA"烧钱"。奥巴马被迫取消重返月球的"星座"计划及其"战神"火箭计划,而鼓励国内私人企业发展载人航天器来完成国际空间站的天地运输任务。

需要指出的是,奥巴马在提出取消登月计划时,却又表示 NASA 日后的科研重点会是火星探测。碍于美国的经济状况,奥巴马又提出希望中美合作探索火星。寻求与中国合作对 NASA 或许是出路之一,这不但可以降低美国火星探索的昂贵费用,还可以在探测轨道碎片等技术方面获益。但这个提议招致国会众院负责拨款小组议员沃尔夫等人的阻击。2011 年 4 月,众议院甚至通过一项法令,禁止 NASA 和白宫科学与技术政策局使用联邦资金同中国在科技领域开展合作。

NASA 一边要面对国人对其无能的指责,一边还要受困于众院拨款委员会苛刻的资金拨款条件。不言而喻,NASA 已深陷囹圄,前景难免让人堪忧。包括一些美国宇航局前高级官员在内的批评者称,预算削减计划具有毁灭性。奥巴马政府的计划纷纷遭到民主与共和两党国会议员反对,佛罗里达州共和党国会众议员波希说:我最担心的是,此举将意味美国载人太空计划的衰亡,美国无复拥有几十年来在太空的领导地位,把太空让给俄罗斯、中国或其他国家。

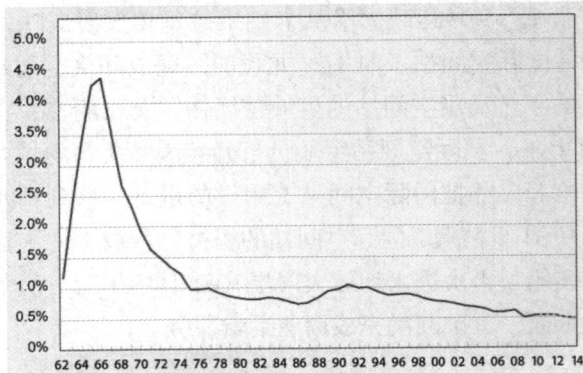

图 14-30　1962－2014 年 NASA 财政预算案的联邦预算百分比，峰值在 1966 年

NASA 的宏伟计划虽然放慢了脚步，缩小了规模，但是它在集中力量发展一些大型和长远项目。2011 年 9 月，美国国家航空航天局宣布开始发展可载人的重型发射系统。该空间发射系统用于发射"猎户座"多功能载人飞行器和其他航天器，用于飞往月球和近地小行星，以及未来飞往火星。

美国宇航局（NASA）和俄罗斯航天局罗斯科斯莫斯（Roscosmos）宣布了人类探索月球和深空的新伙伴关系。两国机构于 2017 年 9 月 27 日在澳大利亚阿德莱德举行的第六十六届国际宇宙会议上签署了合作联合声明。国际合作伙伴将共同努力，在月球轨道上建造一个微型空间站 – 这种基础设施可以作为未来火星飞行任务的基石。NASA 在一份声明中说：NASA 很高兴看到越来越多的国家感兴趣进入月球空间，作为推进人类空间探索的下一步。同时，美国宇航局也要求私人航天业为美国宇航局的深空门户（deep-space gateway）设想做出贡献。

第 15 章　美国航空航天局十大中心

虽然美国航空航天局总部在华盛顿特区，但是它的下属机构分布全国各地，其中十大中心更是闻名于世。

1. 埃姆斯研究中心（NASA-ARC）Ames Research Center
2. 阿姆斯特朗飞行研究中心（NASA-AFRC）Armstrong Flight Research Center
3. 格伦研究中心（NASA-GRC）Glenn Research Center
4. 戈达德航天飞行中心（NASA-GSFC）Goddard Space Flight Center
5. 喷气推进实验室（NASA-JPL）Jet Propulsion Laboratory
6. 兰利研究中心（NASA-LRC）Langley Research Center
7. 斯坦尼斯航天中心（NASA-SSC）Stennis Space Center
8. 约翰逊太空中心（NASA-JSC）Johnson Space Center
9. 肯尼迪航天中心（NASA-KSC）Kennedy Space Center
10. 马歇尔太空飞行中心（NASA-MSFC）Marshall Space Flight Center

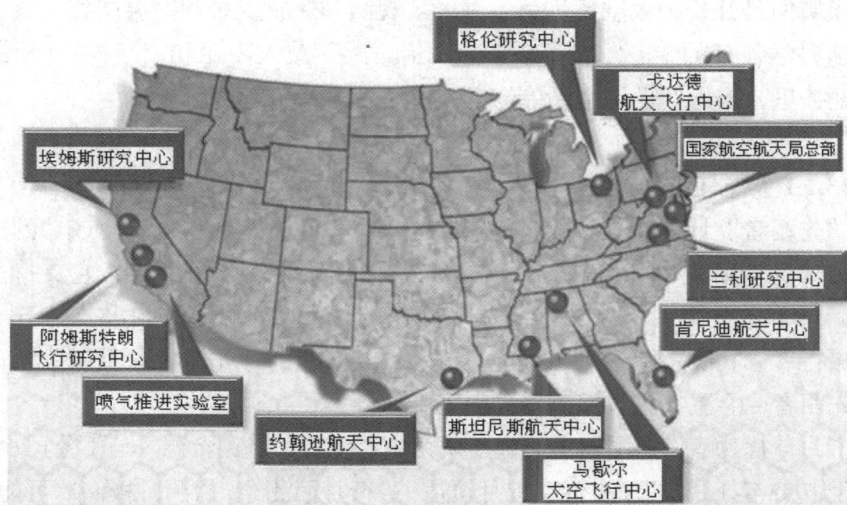

图 15-1　美国航空航天局总部和十大中心

15.1 埃姆斯研究中心

埃姆斯研究中心（北纬 37° 24′ 54.82″，西经 122° 3′ 45.54″）

Ames Research Center

Moffett Field, California 94035

Phone:（650）604-5000

http://www.nasa.gov/centers/ames/home/index.html

埃姆斯研究中心位于加利福尼亚州的莫菲特，靠近硅谷高新技术区，作为国家航空咨询委员会的第二个航空试验室建于 1939 年 12 月 20 日，1958 年成为 NASA 的一部分。

历史上，成立埃姆斯研究中心是为了螺旋桨飞机空气动力研究；今天，埃姆斯研究范围已经深入到空气动力学、太空飞行和信息技术。埃姆斯研究中心在 NASA 许多任务中，支持美国航天科学项目。在太空生物学、小卫星、无

图 15-2　埃姆斯研究中心

人月球探险、"星座"计划、寻找可居住行星、太空天文学、超级计算、智慧/适应系统、高级终端保护方面，埃姆斯都提供领导作用。

埃姆斯是开普勒太空望远镜、月球坑观测和遥感卫星和同温层红外线天文台几项科学任务的中心，在 NASA 的"猎户座"载人飞船和"战神"I 运载火箭的任务里，埃姆斯也是主要单位之一。

15.1.1 太空任务

"先驱者"计划：从 1965 年至 1978 年"先驱者"计划的八个成功的太空任务由埃姆斯研究中心管理，开始是针对内太阳系。到 1972 年，它支持"先驱者"10 和"先驱者"11 飞越木星和土星的外太阳系任务，以及支持五年后的"旅行者"1 和"旅行者"2 发射，以及 1978 年的"先驱者 - 金星"轨道器和"先驱者 - 金星"大气探测器的内太阳任务。

"月球探勘者"探测器由艾姆斯研究中心主持，洛克希德·马丁公司承包，发射于 1998 年 1 月 7 日，布置在近月轨道，进行月面测绘，探测月极储冰可能性，测量磁场和重力场等。根据月球探测数据，科学家确定在月球的极地月坑中的

确有水冰。任务于 1999 年 7 月 31 日结束。

　　"GeneSat-1"卫星，重 5 公斤，携带一个内置细菌微型实验室。"GeneSat-1"于 2006 年 12 月 16 日和 TacSat 2 卫星一起从沃罗普斯发射场发射入轨，研究航天飞行对人体的影响。

　　月球环形山观测和遥感卫星是探测月球表面的深坑以及在月面下寻找水冰的线索。它和月球勘测轨道飞行器一起于 2009 年 6 月 18 日从佛罗里达州卡纳维拉尔角空军基地发射升空，10 月 9 日撞击月球。2009 年 11 月 13 日，NASA 宣布科学家从撞击尘埃分析显示月球上的确存在水。

　　"开普勒"太空望远镜发射于 2009 年 3 月 6 日，用于寻找其他恒星的类地球行星。行星环绕恒星运转时会造成恒星亮度变化，亮度减少的程度可以用来推测行星的质量，而两次亮度变化的时间间隔可以推测行星轨道的大小，从而估计它的温度。埃姆斯研究中心是开普勒太空望远镜任务的主管单位，提供主要研究人员并负责地面系统的开发、任务的执行和科学资料的分析。

　　同温层红外线天文台是 NASA、德国航空太空中心和大学太空研究协会共同合作任务。它由波音 747SP 飞机改装，加上 2.5 米直径反射望远镜，在 1 万 3 千米左右的高空进行红外线天文学研究。飞机由埃姆斯研究中心管理。

　　月球大气和粉尘环境探测器于 2013 年 9 月 7 日从沃罗普斯太空港发射，送入月球轨道，研究月球的大气和粉尘。仪器包括粉尘检测仪、中性质谱仪、紫外可见光谱仪和激光通信终端。

15.1.2 试验风洞

　　艾姆斯风洞巨大、性能各异，可用于各种类型的科学和工程研究。

　　酉计划风洞于 1950 年开始动工，1956 年落成，广泛用于新的军用和民用飞机设计和试验。"水星"载人飞船、"双子星座"载人飞船、"阿波罗"载人飞船、航天飞机载人轨道器模型都在这里试验。

　　国家全尺寸空气动力学综合设施有 40×80 米和 80×120 米风洞。40×80 米风洞主要用于确定高性能飞机、旋翼机、固定翼飞机，动力垂直升空 / 短距起降飞机的低 / 中速气动特性。80×120 米风洞是世界上最大的风洞试验段，用来支持空气动力学，动力学，模型噪声，以及全尺寸飞机及其组件的广泛研究。80×120 米的测试段能够测试整架波音 737，速度可达 190 公里 / 小时。

　　在交通管制自动化研究、信息技术和图像处理领域，艾姆斯都处于世界领先地位。此外，埃姆斯电弧射流综合设施是世界独一无二，可用于较大的样件模拟高空大气飞行条件；垂直炮用于月球撞击过程研究；电弧激波管设施用于研究高速再入大气时发生的辐射和电离的影响。

15.2 阿姆斯特朗飞行研究中心

阿姆斯特朗飞行研究中心（北纬 34° 57′ 2.56″，西经 117° 53′ 11.47″）

Armstrong Flight Research Center

P.O. Box 273

Edwards, CA 93523–0273

phone number: 661–276–3311

https://www.nasa.gov/centers/armstrong/home/index.html

阿姆斯特朗飞行研究中心位于爱德华兹空军基地，是 NASA 运营的航空研究中心。阿姆斯特朗飞行研究中心前身是德莱顿飞行研究中心，2014 年 3 月 1 日改为现在名字，纪念登月第一人阿姆斯特朗。该中心最早是 1946 年建立的加利福尼亚陆军航空基地，不久成为航空咨询委员会飞行试验单位。1949 年成为航空咨询委员会高速飞行研究基地，

图 15-3　阿姆斯特朗飞行研究中心

1954 年脱离兰利研究中心。1976 年 3 月 26 日改名为德莱顿飞行研究中心。

阿姆斯特朗飞行研究中心是世界上最先进飞机的试飞场地之一，是航天飞机轨道器概念设计和系统试验场所，也是航天飞机波音 747 载机的老家。航天飞机轨道器在加利福尼亚州棕榈谷总装后，先由陆路运输到加利福尼亚州爱德华兹空军基地，再用改装的波音 747 载机背上轨道器，空运至肯尼迪太空中心。着陆在爱德华空军基地的航天飞机轨道器也用波音 747 载机运回肯尼迪太空中心。

2004 年以前，阿姆斯特朗飞行研究中心一直使用老式 B-52 同温层堡垒轰炸机投放 X-15 到 X-43A 超音速试验飞行器，为航空和航天飞行试验做出过巨大贡献，现该 B-52 已经退休，停放在爱德华兹空军基地北门，安度晚年。

阿姆斯特朗飞行研究中心著名试飞包括如下项目。

15.2.1 道格拉斯冲天火箭

道格拉斯冲天火箭用于跨音速稳定性、超音速机翼结构优化、火箭烟云影响和高速飞行动力学方面的试验。1953 年 11 月 20 日，道格拉斯冲天火箭成为

第一架以 2 倍以上音速飞行的飞机，速度达到 2.005 马赫。道格拉斯冲天火箭可以用 B-29 飞机空中发射，也可以借助喷气辅助起飞装置从跑道起飞。

15.2.2 受控撞击试验

受控撞击试验用于研究新的喷气燃料和人的生存能力。这种新的喷气燃料可以在大型客机坠毁引起火灾时减少损害。1984 年 12 月 1 日，一架遥控波音 720 飞机飞入一个特制的机翼开口装置，机翼被撕开，燃料四处喷洒。尽管新燃料加了添加剂，但是花了一个小时才把巨大火球完全熄灭。虽然燃料添加剂没有能阻止这场火灾，但是研究并不是完全失败，因为添加剂阻止了某些流到机身燃料的燃烧。此外，在受控撞击试验飞机上安装了试验假人，为乘客的碰撞生存能力提供了有价值的研究。

15.2.3 气尖火箭发动机模型和黑鸟侦察机组合试验

气尖火箭发动机模型和黑鸟侦察机组合试验由 NASA 与洛克希德马丁公司共同组织。目的是确定火箭发动机的烟羽流在特定的高度和速度如何影响升力体空气动力。用于设计改进，减少发动机烟羽对气流相互作用，从而减少这种相互作用对火箭发动机形成的拖牵引力。

试验时，用半跨度的 8 个推力单元的气尖火箭发动机模型驮在黑鸟侦察机的背部，试飞时像一个"飞行风洞"。飞行试验 1998 年 3 月 4 日在爱德华兹的德莱顿飞行研究中心（现阿姆斯特朗飞行研究中心）完成第一次冷流飞行，11 月结束。

15.2.4 月球登陆研究飞行器

月球登陆研究飞行器是"阿波罗"时代打造的一种月球着陆模拟器，用于研究和分析阿波罗登月舱在月球无空气环境所需的驾驶技术。

15.3 格伦研究中心

格伦研究中心（北纬 41° 24′ 46.24″，西经 81° 51′ 44.63″）：

Glenn ResearchCenter

21000 Brookpark Road

Cleveland, OH 44135

Phone:（216）433-4000

http://www.nasa.gov/centers/glenn/home/index.html

格伦研究中心总部位于俄亥俄州的克利夫兰市，在俄亥俄州还有其他分支机构，中心的主要任务是发展航空和航天科技。该中心擅长于动力、推进、通信和微重力科学。

1940年6月，美国国会批准在克里夫兰市建立飞机发动机研究实验室。1942年该实验室成立，属国家航空咨询委员会的一部分。1947年改名为飞行推进研究试验室，1948年改名为刘易斯飞行推进实验室，以纪念前国家航空咨询委员会航空研究主任乔治·刘易斯。

图15-4　格伦研究中心

1958年刘易斯飞行推进实验室并入NASA，叫NASA刘易斯研究中心。1999年3月1日刘易斯研究中心改名NASA格伦研究中心，以纪念首位围绕地球飞行的前航天员和参议员俄亥俄州人约翰·格伦。

中心主要设施包括梅子河试验基地、冰洞、零重力研究设备。

15.3.1 梅子河试验基地

梅子河试验基地大型危险性试验主要设施：

B-2航天器推进试验设施，它是世界上唯一模拟低温和真空的高空条件，能够对全尺寸发动机点火的实验设施。

SPF太空动力试验设施，有世界最大太空环境模拟室（100米宽，122米高），准备用于测试"猎户座"太空船发射时的极端机械振动和送入轨道时经历的声波振动。

K低温推进剂贮罐，用于大型液氢（LH2）安全试验。

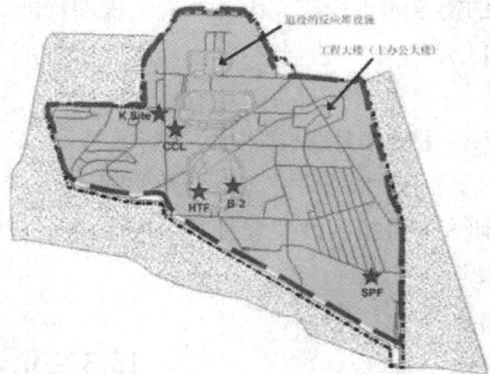

图15-5　梅子河试验基地的航天器推进研究设施

HTF高超音速风洞，模仿高达7倍音速飞行条件。

CCL低温组件实验室，模仿太空任务的极端温度和压力条件。

15.3.2 冰洞

冰洞模拟大气结冰条件，试验冰对翼面和机体的影响，以及试验飞机防冰系统。

15.3.3 零重力研究设备

零重力研究设备是一个垂直真空室，用于微重力试验。1985 年被指定为国家历史地标。

15.4 戈达德航天飞行中心

戈达德航天飞行中心（北纬 38° 59′ 49″，西经 76° 50′ 54″）：

Goddard Space Flight Center

8800 Greenbelt Road

Greenbelt, Maryland 20771 USA

Phone: 301–286–2000

http://www.nasa.gov/centers/goddard/home/index.html

戈达德航天飞行中心成立于 1959 年 5 月 1 日，位于华盛顿特区东北约 10.5 公里处的马里兰州格林贝尔特。中心从事航天科学及其应用方面的广泛研究。

图 15-6　戈达德航天飞行中心

戈达德航天飞行中心有文职人员和合同工作人员约 10,000 人，是一支研究地球、太阳系和宇宙的最大科学家和工程师队伍。戈达德航天飞行中心负责管理航天器的发展工作。

戈达德航天飞行中心是美国国家航天数据中心，管理美国航空航天局全部空间飞行跟踪网和指导运载火箭的发射活动。

戈达德航天飞行中心管理着许多 NASA 和国际任务，通常情况下，戈达德航天飞行中心管理地球轨道上无人航天器，而无人星际任务由喷气推进实验室管理。

15.4.1 历史

戈达德航天飞行中心是 NASA 最老的航天中心，它的最初目的是执行 NASA 的五个主要职能：技术开发和制造、任务规划、科学研究、技术操作和项目管理。中心分几个部门，各部门负责一项关键任务。

中心开始叫贝尔茨维尔空间中心，后改为戈达德航天飞行中心，以纪念美国"现代火箭之父"戈达德博士。中心的头一批 157 名工作人员由美国海军的"先锋"号火箭项目转来，但是仍然在华盛顿特区的海军研究试验室继续他们的工作，因为那时该中心还在建设中。

在"水星"计划初期，戈达德航天飞行中心承担着"水星"计划的领导角色，并管理兰利研究中心参与这项工作的头 250 名员工。但是"水星"项目发展很快，促使 NASA 建造一个新的载人航天中心，即现在位于得克萨斯州休斯敦的约翰逊太空中心。1961 年"水星"项目人员和活动转移到约翰逊太空中心。

但是戈达德航天飞行中心依然参与载人太空飞行任务，提供飞行器的计算机支持，通过它的世界范围的跟踪和数据网对载人航天器进行雷达跟踪。然而，戈达德航天飞行中心主要集中在科学研究航天器的设计，为星际探险、月球探测、航天员舱外活动和地球科学研制了各种仪器设备。戈达德航天飞行中心的航天器模块设计，既降低了成本，又使卫星在轨修理成为可能。如 1990 年发射的哈勃太空望远镜至今仍在工作并且性能得到不断提高，就多亏于它们的模块设计和航天飞机的多功能服务。

15.4.2 格林贝尔特地区内的设施

在马里兰州格林贝尔特的戈达德航天飞行中心有参观中心、高能天体物理学档案研究中心和软件技术保证中心。

* 参观中心

参观中心免费开放，陈列中心发展的航天器和技术、哈勃太空望远镜模型和近期深空照片。2007 年 5 月 28 日英国女皇伊利莎白二世访问戈达德航天飞行中心，并且和国际太空站乘员进行天地对话。

图 15-7　英国女皇伊利莎白二世
参观戈达德航天飞行中心

* 高能天体物理学研究档案中心

高能天体物理科学研究档案中心用于保存和传播高能天文学数据和信息。保存关于 X 射线、伽马射线天文学信息和有关 NASA 任务档案，提供公共信息和科学查询。

＊软件保障技术中心

软件保障技术中心成立于 1992 年，作为戈达德航天飞行中心系统可靠和安全办公室的一部分。其目的是改善在戈达德发展的软件质量和可靠性。

15.4.3 格林贝尔特地区外的设施

戈达德航天飞行中心还管理三个不在格林贝尔特的单位：沃洛普斯发射场、戈达德空间研究所和独立认证与鉴定研究所。

＊沃洛普斯发射场位于弗吉尼亚州沃洛普斯岛，它创建于 1945 年，是世界上最老的发射场之一。沃洛普斯管理 NASA 探空火箭项目，每年支持大约 35 个任务。

＊戈达德空间研究所位于纽约市哥伦比亚大学。戈达德空间研究所与哥伦比亚大学和地区的其他大学密切合作，对地球物理学、天体物理学、天文学和气象学方面进行广泛研究。

＊独立认证与鉴定研究所在西弗吉尼亚的费尔蒙特，建于 1993 年，以便改善 NASA 使用软件的安全性和可靠性。

15.5 喷气推进实验室

喷气推进实验室 (北纬 34° 11′ 58.69″，西经 118° 10′ 28.75″)：

Jet Propulsion Laboratory

4800 Oak Grove Drive

Pasadena, California 91109

Phone:（818）354–4321

https://www.jpl.nasa.gov/

图 15-8 喷气推进实验室

图 15-9 喷气推进实验室大门

图 15-10 喷气推进实验室控制大厅

喷气推进实验室位于洛杉矶东北 18 公里的帕萨迪纳，始建于 1936 年，由力学大师冯·卡门组建，我国著名火箭专家钱学森是主要组建成员之一。喷气推进实验室行政上属于加州理工学院管理，为 NASA 开发和管理星际无人太空探测任务。喷气推进实验室的无人探测器已经造访了太阳系八大行星和其他主要星体。

虽然喷气推进实验室的主要任务是研制和运营无人星际探测器，但是喷气推进实验室也承担地球轨道和天文学任务。此外，它还负责位于加利福尼亚戈德斯通、西班牙马德里附近，以及澳大利亚堪培拉附近的深空探测网。

15.5.1 历史

喷气推进实验室的历史可以追溯到 1936 年，那时加州理工学院的研究生马林纳（Frank Malina）、钱学森（Tsien Hsue-shen）等，进行第一次火箭试验，试验一枚酒精为燃料的小火箭，为毕业论文收集数据。毕业论文指导老师是空气动力学专家冯·卡门。1939 年冯·卡门得到美国陆军 GALCIT 火箭项目资金支持。1941 年马林纳等向陆军表演了 JATO 火箭。1943 年，冯·卡门、马林纳等创建喷气飞机公司（现在美国 3 大火箭发动机公司之一）来制造 JATO 火箭的发动机，第二年，喷射推进实验室正式成为陆军军方设施，在合同下由加州理工学院主管。

在归属陆军期间，喷气推进实验室发展了二个得到部署的武器系统，即 MGM-5 下士导弹和 MGM-29 中士导弹。它还发展了一些其他武器系统样机，如防空导弹系统，以及探空火箭。先后在白沙试验场、爱德华兹空军基地和加利福尼亚州戈德斯通试验。

1954年,喷气推进实验室和亚拉巴马州亨茨维尔的陆军弹道导弹局的冯·布劳恩队伍联手,打算在国际地理年发射地球卫星。但是联合队伍的方案输给海军研究所的"先锋"项目,结果转至研究保密项目,用木星–C火箭研究再入烧蚀技术。1956年到1957年他们进行了3次成功亚轨道飞行。然后这二个单位于1958年2月1日利用余下的木星–C火箭(朱诺I)发射了美国第一颗卫星"探险者"1号。

1958年10月1日NASA成立后,喷气推进实验室移师到NASA,成为NASA的行星探测器的主要研究中心。喷气推进实验室工程师们设计和运行"徘徊者"和"勘测者"月球探测器任务,为"阿波罗"载人登月任务铺路。喷气推进实验室也在飞往金星、火星和水星的"水手"号任务走在星际探险道路的前沿。

15.5.2 任务

喷气推进实验室不仅探测了太阳系内所有行星,也承担大量地球测绘任务。喷射推进实验室参与的有关任务如下。

1. 探索者计划(Explorer Program)

2. 水手计划(Mariner Program)

3. 先锋计划3和4(Pioneer 3 and 4)

4. 海盗者计划(Viking Program)

5. 旅行者计划(Voyager Program)

6. 麦哲伦计划(Magellan Program)

7. 伽利略计划(Galileo Probe)

8. 广角行星照相机2(Wide Field and Planetary Camera 2)

9. 深空1和2计划(Deep Space 1 and 2)

10. 火星全球探测者(Mars Global Surveyor)

11. 火星大气探测轨道器(Mars Climate Orbiter)

12. 卡西尼惠更斯探测器(Cassini Huygens)

13. 星尘计划(Stardust)

14. 火星奥德赛计划(Mars Odyssey)

15. 火星探路者计划(Mars Pathfinder)

16. 火星探测漫游者计划(Mars Exploration Rover Mission)

17. 史匹哲太空望远镜(Spitzer Space Telescope)

18. 火星探测轨道器(Mars Reconnaissance Orbiter)

19. 广角红外线的调查探测器(Wide–field Infrared Survey Explorer)

此外，喷气推进实验室还设有外行星任务分析组，负责外行星（火星以外行星）任务设计。该组还发展数学技术和软件工具，用于行星际轨道设计和优化。

15.6 兰利研究中心

兰利研究中心（北纬 37° 5′ 33.97″，西经 76° 22′ 52.79″）：

NASA Langley Research Center

Hampton, VA 23681–2199

Telephone：（757）864–1000

http://www.nasa.gov/centers/langley/home/index.html

兰利研究中心于 1917 年由国家航空咨询委员会建立，是 NASA 最老的专业中心，位于弗吉尼亚州的汉普顿市。虽然"阿波罗"计划登月舱在这里试验，以及一些专门太空任务在此筹划和设计，但是兰利研究中心主要任务在空气动力研究。兰利研究中心当前 2/3 项目是空气动力学，其余为太空任务。兰利研究中心研究人员使用 40 多个风洞来研究飞机和航天器的安全、性能和效率问题。

图 15–11　兰利研究中心

从 1958 年到 1963 年，NASA"水星"计划开始时，兰利研究中心是美国太空任务小组的主要办公场所，也是"水星"7 杰航天员的训练地，1962—1963 年才转移到休斯敦的约翰逊太空中心。

15.6.1 历史

20 世纪初期，美国的航空能力远远落后于欧洲，在技术上、研究上和资金上都无法和欧洲相比，这种落后情况，令许多美国航空精英不满。为了扭转这种局面，1915 年 3 月 3 日成立国家航空咨询委员会 NACA，为美国航空业提供咨询和进行航空科学前沿研究。

1917 年国家航空咨询委员会建立兰利航空实验室，到 1920 年，第一批研究设施就位，开始空气动力研究。开始时试验室只有 4 位研究员，11 位技术员，但是实验室很快发展成为世界最先进航空试验基地。1958 年 NASA 成立后，该航空实验室改名为 NASA 兰利研究中心。

第一次世界大战时，兰利研究基地和航空咨询委员会都得到很大发展。兰利研究中心原来从事飞机和发动机的空气动力研究，到 1943 年初该中心扩展到火箭研究，导致弗吉尼亚沃罗普斯岛的飞行基地的建立。研究项目的再发展，又导致兰利研究中心对绕地球轨道飞行有效载荷的研究。

随着飞机和火箭研究的发展，空气动力研究范围不断扩大，遍及亚音速、跨音速、超音速、极超音速以及再入大气速度（大于 25 马赫）方面的研究，在气动研究方面兰利研究中心发挥着领军作用，支持着 NACA/NASA 的航空和航天各种各样任务。

15.6.2 航空

NASA 兰利研究中心科学家们探讨不同飞机和航天器外形，以及不同飞行速度的各种现象，从而选择最佳设计。

兰利建造了世界首批跨音速风洞，1951 年用跨音速风洞证实了跨音速飞机设计中的"面积律"。"面积律"导致"蜂腰"型的机身设计，减小空气阻力。由于兰利的飞机概念研究，导致超音速飞行。兰利研究中心支持的 NASA 高超

图 15-12　带超音速冲压喷气发动机的 X-43A 脱离 B-52B 载机

声速飞行实验机 X-43 达到马赫数 9.6 的世界速度纪录。

15.6.3 航天

图 15-13　登月研究飞行器

1943 年初兰利研究中心就开始了火箭研究，1957 年 NASA 兰利开始设计"侦察兵"火箭，用于发射小卫星。"侦察兵"标准运载火箭是固体推进剂，4 级，长约 25 米，直径 1.01 米，重 17,850 公斤。可以把 186 公斤载荷送入 555 公里地球轨道。1961 年 2 月 16 日，首次成功地把 7 公斤的"探险者"9 号卫星发射入轨，用于大气密度研究。"侦察兵"最后一次发射在 1994 年 5 月 9 日，有效载荷是军用 MSTI 太空飞行器，重 163 公斤，在轨飞行直到 1998 年。

从"双子星计划"开始，兰利研究中心就是太空交会任务训练中心。1965

年，兰利研究中心的登月研究设施利用吊机吊着登月研究飞行器进行登月模拟试验。兰利研究中心建造了 2 个登月研究设施和 3 个登月研究飞行器，为"阿波罗"计划成功登月做出重要贡献。

现在，兰利研究中心把研究扩展到太阳系其他星体的大气，如火星的大气，为火星探测和载人飞行做准备。

15.7 斯坦尼斯航天中心

斯坦尼斯航天中心（北纬 30° 21′ 45.96″，西经 89° 36′ 00.72″）：

Stennis Space Center

Hancock County, Mississippi，39529

Phone: 1–800–237–1821

http://www.nasa.gov/centers/stennis/home/index.html

斯坦尼斯太空中心位于密西西比州的汉考克县，在密西西比州 – 路易斯安那州边界的珠江（Pearl River）畔，是美国最大火箭发动机试验场。中心的 A–1，A–2 和 B–1 / B–2 火箭发动机试验台，1985 年被宣布为国家历史地标。

15.7.1 历史

1961 年 10 月 25 日，国家航空航天局决定在密西西比州汉考克县建立火箭发动机试验基地，进行"阿波罗"登月计划的发射装备静态试验。同年 12 月 18 日，正式命名为密西西比试验场，1965 年 7 月 1 日重新命名为密西西比州测试设施，成为马歇尔太空飞行中心的一部分。1974 年国家航空航天局将其更名为国家空间技术试验室。1988 年 5 月采用现在名字，纪念已故密西西比州参议员约翰 C. 斯坦尼斯，表彰他对国家太空事业的坚定支持。

图 15–14　斯坦尼斯航天中心及其三个测试综合体
E 测试综合体（前景），
A 测试综合体站（中景）
B 测试综合体（后景）

占地 55 平方公里的密西西比试验场被 506 平方公里的隔音区包围。场内的巨大水泥和金属试验台原来用于"土星"V 运载火箭的第一级和第二级点火试验，后来用于航天飞机主发动机飞行合格检验。

选择该场地的部分原因是人口稀少，以及驳船可以到达，因为要试验的"土星"火箭发动机太大，无法陆路运输，只能采用水路。选择该场地的另一个原因是中心靠近路易斯安那州新奥尔良东面的密乔火箭制造厂和佛罗里达州的卡纳维拉尔角发射场。

随着阿波罗和航天飞机计划的结束，基地使用减少，2007 年罗尔斯罗伊斯公司将其总部附近的航空发动机试验从英国搬到美国密西西比试验场，在老 H1 试验场建立室外航空发动机试验设施。2013 年，罗尔斯罗伊斯又建造了第二个测试台。

15.7.2 试验台

斯坦尼斯太空中心有三个测试综合体 –A 测试综合体、B 测试综合体和 E 测试综合体，还有 H–1 试验台，每个测试综合体有若干个试验台。

*A 综合测试体：包括 A–1、A–2 和 A–3 试验台。

图 15–15　A–1 测试台测试航天飞机主发动机

**A–1、A–2 试验台最早用来测试和验证月球火箭"土星"V 第二级 S–II，能够承受超过 100 万磅的推力和高达 6000 华氏度的温度。每个测试台可以提供液氢和液氧外，还可以支持流体、气态氦气、气态氢气和气态氮作为吹扫或增压气体。A–1、A–2 始建筑于 1963 年，于 1966 年完工。除试验台外，还包括一个测试控制中心，观察舱，以及各种技术和支持系统。

20 世纪 70 年代，改造后用于航天飞机发动机测试。随着航天飞机的退休，A–1 和 A–2 测试台又被改造用于太空运输系统上级的 J–2X 发动机测试。

斯坦尼斯太空中心还测试轨道科学公司的安塔尔火箭的 AJ26 发动机，轨道科学公司与 NASA 合作，向国际空间站提供货物运输。科学公司飞行器搭载安塔尔火箭从沃洛普斯飞行设施发射到空间站。

**A–3 试验台：正在建造，用于模拟高空作业的真空条件测试"战神"火箭的 J–2X 发动机。A–3 也可以作为海平面测试设施。由于"星座"计划在 2010 年被取消，预计在完成后不再使用。

*B 综合测试体：有 B–1 和 B–2 试验台

B–1 / B–2 测试台是双位立式静态点火支架，承受最大动态负载 11M lbf。它最初建于 20 世纪 60 年代，测试从 1967 年到 1970 年的月球火箭"土星"V

第一级的五台 F-1 发动机。在航天飞机时代，它被改建为测试航天飞机主发动机。斯坦尼斯太空中心现在将 B-1 租给普惠公司，以测试"德尔塔"IV 运载火箭的 RS-68 发动机。美国航空航天局正准备 B-2 测试位置，以便在 2016 年底和 2017 年初测试 NASA 的太空发射系统的芯级。

*E 综合测试体：有 E1、、E2、、E3、、E4 试验台

E 综合测试体用于小发动机和零件的试验。

* H-1 试验台

2001 年，五角大楼建议在中心建造 H-1 试验台，以便测试空基激光器。用该设施评估兆瓦级氟化氢激光器原型的光束质量、效率和功率水平。

15.8 约翰逊太空中心

约翰逊太空中心（北纬 29° 33′ 46.8″，西经 95° 5′ 27.6″）：

NASA Johnson Space Center

2101 NASA Parkway Houston, Texas 77058

Phone: (281) 483-0123

http://www.jsc.nasa.gov/

http://www.nasa.gov/centers/johnson/home/index.html

约翰逊太空中心由罗伯特·吉尔鲁斯领导的空间任务组发展而来，是 NASA 载人航天飞行控制、航天员训练和研究中心。中心位于得克萨斯州休斯敦市东南 40 公里处，占地 656 公顷，1963 年投入使用。中心原叫"载人航天中心"，1973 年 2 月 19 日改名为约翰逊太空中心，纪念已故总统——得克萨斯人林登·约翰逊。

从载人航天器离开发射台到重新回到地球，约翰逊太空中心掌管着美国所有航天飞行的全过程；中心是美国航天员军团的大本

图 15-16　林登·约翰逊太空中心（北面临湖）

营，有先进和齐全的训练设备，负责美国和合作国家航天员训练；中心对太空科学有广泛研究，特别是长期太空飞行对人体健康的影响。

约翰逊航天中心的工作人员分为两部分：联邦雇员和承包人员，分别佩戴金色和黑色标记的徽章，以示区别。联邦雇员约有 3000 多人，除一百多名航天员外，大部分是专业工程师和科研人员。与约翰逊航天中心签约的主要承包商约有 15 家之多，12,000 多人，使约翰逊航天中心的工作人员总数达到 15,000 人左右。

15.8.1 历史

美国第一个载人航天项目"水星"计划酝酿于国家航空咨询委员会，而实施于后继的国家航空航天局。NASA 第一任局长基思·格莱南 1958 年 10 月 7 日批准、12 月 17 日公开宣布"水星"计划。1958 年以兰利研究中心的工程师为基础，成立太空任务组，负责人为罗伯特·吉尔鲁斯，协调美国载人太空任务。从 1958 年到 1963 年，美国载人太空任务的主要办公场所设在兰利研究中心。

图 15-17　罗伯特·吉尔鲁斯

"水星"计划的后续计划为"阿波罗"计划，有可能进行月球探险，但是艾森豪威尔威尔总统对此计划并不热心，经费也没有解决。1961 年初，虽然约翰·肯尼迪以赶上苏联太空技术高调上台，但是上台后并没有大动作。直到 1961 年 4 月 12 日，苏联航天员加加林乘宇宙飞船遨游太空并安全返回地球，轰动世界，震撼美国，逼得肯尼迪总统内外交困。这时，负责载人太空飞行的太空任务组头头罗伯特·吉尔鲁斯提议肯尼迪总统宣布登月计划，和苏联展开太空赛。1961 年 5 月肯尼迪总统宣布美国将在十年内将人送上月球，并安全返回地球。为了实现登月任务的宏伟目标，国家航空航天局开始筹备建立新的载人航天中心，集中管理载人登月的"阿波罗"计划。

1961 年 7 月，NASA 第二任局长詹姆斯·韦伯领导一个四人小组，为新载人航天中心选址。新址要求有水路交通，全天候机场，靠近主要通信网，足够人力资源，气候温和保证可以全年室外工作，还要有文化底蕴和有水源供应。开始考虑有 23 个候选地址，小组对所有地点进行了两周评估，剩下了 9 个。最后，国家航空航天局决定新中心选在得克萨斯州的休斯敦市。1961 年 9 月 19 日詹姆斯·韦伯宣布选址结果。新的载人航天中心建在休斯敦东南的哈里斯县境内的克利尔湖畔，距休斯敦市区约 40 公里。1961 年 10 月 24 日中心成立时叫"载人航天中心"。

中心的 405 公顷的土地是赖斯大学贡献的，此外美国国家航空航天局还买了一块 240 公顷的有高速公路土地，由美国陆军工程兵部队负责施工。1962 年

3月1日罗伯特·吉尔鲁斯入驻办公室，1963年9月中心开始运营。1965年，中心全部投入使用，负责协调和监视自"双子星座"4以后的所有载人航天任务。1973年约翰逊总统去世，同年中心改名为林登·约翰逊太空中心。

15.8.2 中心设施

约翰逊太空中心由飞行指挥、航天员培训、科学研究和大型展览四部分组成。中心还负责指导白沙试验场工作，因为白沙试验场是航天飞机的备降机场。约翰逊太空中心总部设在中心的1号楼。

* 飞行控制中心

约翰逊航天中心协调和监控美国所有载人航天。指示所有航天飞机和国际空间站的任务和活动。从载人航天器飞离发射塔那一刻起，到返回地球，都在任务控制中心掌控中。约翰逊航天中心有多个飞行控制室，协调和监督太空飞行。飞行控制室内有计算机等资源用于对载人航天器监控、指挥和通信。当执行飞行任务时，通常采用三班制，24小时工作。

随着计算器和通信技术的发展，六十年代建的飞控中心已不能满足现代飞控任务的需要。1995年7月新的现代化飞控中心落成并投入使用。如今休斯敦飞控中心设有用于航天飞机的飞控大厅（称为白厅）和用于国际空间站的飞控大厅（称为蓝厅）。老的"阿波罗飞控中心"在30号大楼，是国家历史地标。

图 15-18　国际空间站飞控大厅（蓝厅）

1998年11月，随着国际空间站第一舱段（"曙光"舱）的发射，休斯敦和莫斯科的国际空间站飞控人员和工程保障队伍开始联合行动。在蓝厅的国际空间站飞控人员和莫斯科郊区的科罗廖夫飞控中心的同行们一起联合进行国际空间站飞控操作。此外，他们还必须与在世界各地飞控中心的同行保持联络。科罗廖夫飞控中心负责保障国际空间站俄罗斯舱段的运行。由于国际空间站的许多关键功能，包括姿态控制和生命保障，是由俄罗斯舱段提供的，因此，休斯敦和莫斯科的飞控中心之间及时沟通对国际空间站的安全和成功运行是非常重要的。

* 中性浮力实验室——舱外活动模拟水池

中性浮力实验室有一个61米长，31米宽，12米深的大型室内水池，可储蓄 23,000 立方米的水，可以容纳航天飞机货舱、飞行载荷、国际空间站全尺寸模型。中性浮力实验室用于模拟太空舱外活动的微重力环境，供航天员穿着航天服，背着水下呼吸系统，呼吸高氧，练习太空舱外活动，熟悉失重环境。

图 15-19　中性浮力实验室全景（左）和航天员在水池训练舱外活动（右）

*飞行训练机

图 15-20　T-38 超音速喷气式教练机

中心 T-38 超音速喷气式教练机具有现代化仪表，用于维持航天员的熟练飞行技能。T-38 超音速喷气式教练机机群部署在约翰逊航天中心附近的埃灵顿机场。

此外，原有两架四引擎 KC-135 空中加油机、用于航天员失重训练，但是它们分别于 2000 年和 2004 年退休，其中一架安放在埃灵顿机场，另一架安放在亚利桑那州图森市的航空航天博物馆。2005 年后用麦克唐奈道格拉斯的 C-9B 空中列车 II 替代 KC-135。

图 15-21　失重训练机

　　C-11A 飞机用于模拟航天飞机的着陆过程和处理方法，航天飞机驾驶员在受控条件下模拟航天飞机轨道器降落。C-11A 训练机由格鲁曼公司的 C-11 双引擎商用喷气式客机而来，约翰逊航天中心把这种训练任务安排在得克萨斯州埃尔帕索国际机场。

* 航天飞机任务模拟器

航天飞机任务模拟器包括 5 号楼的两个模拟器，以及 35 号楼一个模拟器。模拟器里的计算机屏幕可以模拟舱外景象。模拟器可以输入各种故障和问题，让航天员进行飞行前练习。

图 15-22　C-11A 航天飞机
着陆训练机

模拟器可以独立模拟，也可以连接到任务控制中心进行综合模拟。一个完整的任务演练模拟会涉及航天飞机和空间站两个模拟器，以及两者的飞行任务控制中心，被称为双集成模拟。模拟器还可以和其他设施模拟器一起进行演练。

航天飞机计划于 2011 年 7 月结束，模拟器被封存和清运。一个模拟器放在芝加哥阿德勒天文馆，一个模拟器放在得克萨斯 A ＆ M 大学航天工程系，还有一个放在佛罗里达州，盖恩斯维尔县城外的梦之翼航空博物馆。

* 太空环境模拟实验室

空间环境模拟实验室在约翰逊航天中心 32 号楼，建于 1965 年。它最初是用来测试在空间环境下"阿波罗"计划的航天器和设备遭遇到真空和热环境，舱内温度的调节范围－ 173 ~ +127 摄氏度。它包括 A（较大）和 B 两实验室，今天还在使用。是指定的国家历史设施。

图 15-23　"阿波罗"指令／服
务舱在太空环境模拟实验室

* 检疫实验室和月球标本库

约翰逊太空中心是早期从月球回来的航天员检疫实验室所在地，也是大部分月球样品存放地。著名的月球标本库位于 31 楼 N 室，用于存储、分析、处理"阿波罗"计划期间从月球取回的样品。

图 15-24　由"阿波罗" 15
带回的月石——创世岩

* 航天器陈列室

在约翰逊太空中心陈列着"土星"Ｖ运载火箭，除了第一级和第二级间的环件，以及第一级和第二级间包皮，它是一个完整的，可以实际飞行的备品。

图 15-25　航天飞机轨道器模拟器（9 号楼）

中心还有"阿波罗"19 飞船的真实指令 / 服务舱。

陈列室还包括全尺寸国际空间站的舱段模型，以及几个航天飞机乘员客舱和载荷舱模型。

此外，约翰逊太空中心有猎狗动力舰和约翰逊参观中心等，猎狗动力舰在墨西哥海湾，用于"双子星座"和"阿波罗"航天员海上回收出舱练习。约翰逊参观中心自 1994 年后改名休斯敦太空中心。

15.8.3 航天员训练

约翰逊太空中心是著名的航天员选训基地。候选航天员要接受航天飞机系统训练和基本科学学习，包括数学、引导和导航、海洋学、轨道力学、天文学和物理学。候选人要求先完成军事水上救生，然后开始飞行指令训练。航天员要求通过携带水下呼吸系统的潜水活动和游泳考试。太空舱外活动训练在巨大水池里进行。预备航天员也要承受高气压和低气压的紧急训练，以及暴露于太空微重力环境训练。早期载人航天项目在水上回收，航天员要在海湾进行海上出舱训练。预备航天员还要在附近机场进行飞行训练。

图 15-26　"阿波罗"11 号航天员阿姆斯特朗（左）和奥尔德林在 9 号楼训练（1969 年 4 月 18 日）

航天飞机机组人员开始要进行轨道器单个系统训练，然后在航天飞机任务模拟器里综合训练。

15.8.4 科学研究

约翰逊航天中心领导着 NASA 载人太空飞行相关科学与医学研究计划。为航天开发的技术，已在医药，能源，交通，农业，通信和电子等许多领域得到应用。

艾姆斯研究中心与约翰逊航天中心合作开发的超大型网格流软件，使用计算流体动力学模拟液体沿固体的流动。

15.9 肯尼迪航天中心

肯尼迪航天中心（北纬 28° 31′ 26.61″，西经 80° 39′ 3.05″）：

John F. Kennedy Space Center

Florida 32899

http://www.ksc.nasa.gov/

http://www.nasa.gov/centers/kennedy/home/index.html

图 15-27　肯尼迪航天中心总部大楼

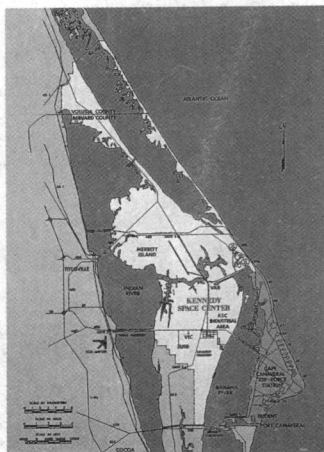

图 15-28　梅里特岛，肯尼迪航天中心（白色）和卡纳维拉尔角空军基地（绿色）

　　约翰·肯尼迪航天中心成立于 1962 年 7 月。自 1968 年 12 月以来，中心一直是美国航空航天局载人航天飞行的主要发射中心。被称为人类通向太空的大门。"阿波罗"登月，太空实验室和航天飞机都从肯尼迪航天中心的综合发射中心 39 升空。

　　肯尼迪航天中心位于佛罗里达州东海岸梅里特岛，55 公里长，10 公里宽，面积 570 平方公里，东邻大西洋，东南毗邻卡纳维拉尔角空军基地。

　　肯尼迪航天中心的北部是航天飞机着陆场，中部是综合发射中心 39，南部是工业区。有 39A 和 39B 二个发射场。肯尼迪太空中心现在已成为多用户太空港，2015 年增加了新的发射场 39C（LC-39C），作为商业发射基地。

　　综合发射中心 39 是肯尼迪航天中心的唯一发射指挥场地。该地区的所有其他发射场都是由美国空军的卡拉维拉尔角空军基地指挥。肯尼迪航天中心和卡纳维拉尔角空军基地任务关系密切，资源共享。

15.9.1 历史

卡纳维拉尔角作为美国的太空基地已有 60 多年历史。1949 年，时任美国总统杜鲁门决定将卡纳维拉尔角作为美国导弹试验基地。

今天的肯尼迪航天中心是 1958 年艾森豪威尔总统授权建立的，在报请亚拉巴马州马歇尔太空飞行中心时，中心叫发射运营局，在卡纳维拉尔角工业区设有几栋建筑，因此，卡纳维拉尔角成为一个军民两用航天发射基地。

1961 年约翰·肯尼迪总统宣布在 20 世纪 60 年代末以前实现载人登月，导致 NASA 从卡纳维拉尔角工业区的少量大楼扩展到西北方向的梅里特岛。1962 年 NASA 开始征地，购买了 340 平方公里土地，又和佛罗里达州谈判获得另外 230 平方公里土地。

1962 年 7 月 1 日，发射运营局改名为发射操作中心。1963 年 11 月 22 日肯尼迪总统遇刺身亡，11 月 29 日发射运营中心改名为肯尼迪航天中心。

15.9.2 设施

肯尼迪航天中心的设施最早是为"阿波罗"登月计划建造的，后来又用于航天飞机计划，现在又用于民用商业太空飞行和 NASA 的未来太空发射系统的需要。原有设施一直在不断改造，以满足新任务的要求。

* 综合发射中心 39

综合发射中心 39 位于约翰·肯尼迪航天中心的中部，为"阿波罗"计划而建，工程开始于 1962 年 11 月，基础设施于 1966 年下半年完成。后来改建为航天飞机计划使用。截至 2017 年，只有发射场 39A 在执行发射业务，为太空探索公司发射"猎鹰"9 运载火箭。

综合发射中心 39 的标志性建筑是航天器垂直装配测试大楼，还有三个发射场、一条从装配大楼到发射场的履带运输车道、移动发射台平台、发射控制中心和新闻媒体中心。

太空探索公司从 NASA 租赁发射场 39A，并加改建，以支持"猎鹰"重型火箭发射。NASA 于 2007 年开始改建发射场 39B，以适应现在已经停止的"星座"项目，目前正在准备太空发射系统的 2018 年首次发射。

发射场 39C 最初是有计划的，但是从来没有为"阿波罗"计划建造。现在开发了新的小型发射场 39C，支持较小的发射任务。

** 垂直装配测试大楼

垂直装配测试大楼于 1965 年 6 月完成，大楼有高低楼，是为"阿波罗"登月火箭"土星"V 设计的，3 级巨无霸"土星"V 运载火箭高 111 米，直径 10 米，因此，垂直装配测试大楼高 160 米，面积 218×158 平方米，可以容纳 4 个"土星"V 运载火箭。大楼的大门高

图 15-29　垂直装配测试大楼
发射控制中心（大楼右侧突出部分）
发射场 39A 和 39 B（远处）

139 米，由七块门板组成，每块门板可以单独向上提起。1965 年建成时是世界最大建筑，现在是世界第 4 大建筑。垂直装配测试大楼右侧突出部分为发射控制中心。

20 世纪 70 年代末，综合发射中心 39 改造用于支持航天飞机任务，在垂直装配测试大楼附近建造 2 个航天飞机轨道器维修厂。80 年代又加了第 3 个轨道器维修厂房。

** 发射控制中心

运载火箭从综合发射中心的 39A 或 39B 发射场发射，由发射控制中心监控，发射控制中心离发射场 5.6 公里左右。

发射控制中心附属于垂直装配测试大楼，在东南角的一栋四层楼房内。发射控制中心处理所有美国载人航天飞行。发射控制中心设有办公室；遥测、跟踪和仪表设备；自动化发射处理系统；和四个发射厅。

1967 年 11 月 9 日，发射控制中心首次执行无人"阿波罗"4 号发射；第一次载人发射任务是 1968 年 12 月 21 日的"阿波罗"8 号。

发射控制中心　　　航天飞机发射大厅 1　　　"阿波罗"时代发射大厅 2

图 15-30　发射控制中心、发射大厅 1 和发射大厅 2

** 发射场 39A、39B 和 39C

发射场 39A 和 39B 于 1965 年 10 月完成（计划的发射场 39C 被取消）。发射场 39A（在南边）和 39B（在北边）位于垂直装配测试大楼东约 5 公里，互相之间的距离为 2.7 公里，濒临大西洋。39A 和 39B 交替使用。39A 和 39B 发射场区有发射塔，用于加注燃料、装卸货物和乘员出入航天器。为了防止设施和正在起飞

图 15-31 综合发射中心 39
（远处：左发射场 B，右发射场 A）

的航天器被发射时所造成的声波和热量摧毁，在起飞时，发射场要喷射一百多万立升水。虽然做了如此周密的预防，在"土星" V 号发射时 20 公里外的泰特斯维尔市还常常有窗户被震破。

2015 年 1 月至 6 月，建造了一个较小的发射场，指定为 39C，以服务于小型航天器发射。

** 履带运输车和移动发射平台

履带运输车将星箭组合体从垂直装配测试大楼运输到发射场。从垂直装配厂房到发射场有 5.6 公里长的慢速车道，供履带运输车行走。肯尼迪航天中心有两辆履带运输车，每辆重 2721 吨，载物面积为 40×35 平方米，承载能力达 5,440 吨。它们是世界上第二大可转向的履带车，车速为 1.6 千米/小时，因此从垂直装配配测试大楼到发射场需要 5 小时。对当时的技术来说将 111 米高的"土星" V 火箭垂直运送到发射场，还要克服 5% 的坡度，是非常了不起的技术。履带运输车后来用于航天飞机运输，也计划用于"星座"计划的运输任务。

移动发射平台用于支撑航天器的组装、运输和发射。移动发射平台上除星箭组合体外，还有固定和移动服务架，服务架随任务而变化。

图 15-32 履带运输车

图 15-33 移动发射平台坐落在履带运输车上

图 15-34　"阿波罗" 11 号星箭组合体从垂直装配测试大楼沿车道运输到发射场 39A

* 工业区

工业区位于垂直装配测试大楼南面 8 公里，包括总部大楼，中心测试大楼，以及操作和检验大楼等支援设施。

* 航天器着陆场

航天飞机着陆场位于垂直装配大楼北面 3.2 公里处，场内有世界最长跑道，4,572 米长和 91 米宽。如果航天飞机轨道器在其他地方降落，由改装的波音 747 载机运回到肯尼迪航天中心。

15.9.3 载人飞行任务

肯尼迪航天中心被称为人类通往太空的窗口，但是它并没有承担 1961 年 5 月 5 日到 1963 年 5 月 15 日 "水星" 计划的 6 次载人飞行，也没有承担 1965 年 3 月 23 日到 1966 年 11 月 11 日 "双子星座" 计划的 12 次载人飞行任务。这段时间的载人飞行任务由卡纳维拉尔角空军基地发射场执行。

20 世纪 60 年代："阿波罗" 计划

"阿波罗" 登月火箭 "土星" V 首次发射在 1967 年 11 月 9 日，这是一次无人飞行，主要是考验 "土星" V 运载火箭，也是第一枚从肯尼迪航天中心本身发射场发射的火箭。"土星" V 首次载人发射在 1968 年 12 月 21 日，是 "阿波罗" 8 绕月飞行。"阿波罗" 9（地球轨道飞行）和 "阿波罗" 10（月球轨道飞行）用于试验月球舱。"阿波罗" 11 于 1969 年 7 月 16 日从发射场 39A 出发，7 月 20 日实现人类首次登月。直到 1972 年 12 月 11 日 "阿波罗" 17 返回地球，"阿波罗" 登月计划画上句号。从 1967 年到 1973 年，共有 13 个 "土星" V 运载火箭从肯尼迪航天中心升空。

20 世纪 70 年代：后"阿波罗"计划

1972 年 12 月，"阿波罗"计划随"阿波罗"17 返回地球结束，而后进入后"阿波罗"计划时代。1973 年 5 月 14 日，2 级"土星"INT-21（"土星"V 的改型）火箭从发射场 39A 出发，置太空实验室于地球轨道，建立美国第一个空间站。1973 年 5 月到 1974 年 2 月，"土星"IB 从发射场 39B 出发，3 次把航天员送到太空实验室。

1975 年 7 月 15 日到 7 月 24 日，"土星"IB 运载火箭从发射场 39B 升空，完成和苏联"联盟"号飞船的太空交会和对接。实现两个航天大国的首次太空握手。

20 世纪 80 年代后：航天飞机和"星座"计划

肯尼迪航天中心作为航天飞机发射场，1981 年 4 月 12 日航天飞机"哥伦比亚"号首次发射。航天飞机主要部件（轨道器、外燃料箱，以及助推火箭）从全国各地运到肯尼迪航天中心，先在垂直装配测试大楼装配和检验，然后运到发射场 39A 发射。

虽然航天飞机前 9 次不在肯尼迪航天中心着陆，但是肯尼迪航天中心北面 4.6 公里的着陆场是航天飞机轨道器主着陆场。先前主着陆场在加利福尼亚州的爱德华兹空军基地。1984 年 2 月 11 日，航天飞机第 10 次飞行时才在肯尼迪航天中心着陆，爱德华兹空军基地变成备用着陆场。肯尼迪航天中心的航天飞机着陆场也是发射夭折返航着陆的选址，但是这种情况从未发生过。

30 年的航天飞机任务，包括部署卫星和行星际探测器、进行科学和技术试验、访问俄罗斯和平号空间站、建造和服务国际空间站、部署和维修哈勃太空望远镜和服务太空实验室。航天飞机创造了一个又一个辉煌，但也经历了 3 次航天员罹难和 5 次主发动发射时关机，和 1 次未进入预定轨道的大大小小事故。航天飞机已于 2011 年退休。

航天飞机退休后，发射中心 39 计划成为"星座"计划的"战神"I 和"战神"V 运载火箭发射基地。2007 年发射场 39B 改造用于"战神"I-X 运载火箭发射。2008 年 10 月 28 日，"星座"计划的"战神"I-X 运载火箭从发射场 39B 升空，这是 1973 年"天空实验室"空间站以来首次从肯尼迪航天中心无人发射。但是随着"星座"计划的取消，发射中心 39 的后续计划也被取消。

15.9.4 无人探测任务

肯尼迪航天中心不但承担载人航天任务，也承担无人的卫星和星际探测器发射任务。1958 年 10 月 11 日，NASA 首次从卡纳维拉尔角空军基地的 LC-17A 发射场发射 "先驱者" 1 号探测器。此后，NASA 用卡纳维拉尔角空军基地发射场多次进行太空无人探测器发射，如 20 世纪 60 年代 "徘徊者"、"勘测者"、以及 "月球轨道环行器" 系列探测器。

NASA 还从卡纳维拉尔角空军基地的 LC-40 和 LC-41 发射场发射通信和气象卫星。1974-1977 年，NASA 利用强大的 "大力神" 运载火箭从 LC-41 发射 "海盗" 号和 "旅行者" 号系列星际探测器和 "卡西尼—惠更斯" 号土星探测器等。

15.9.5 国家历史景点

肯尼迪航天中心有许多美国历史性地标建筑。

1. 综合发射中心 39；

2. 垂直装配测试大楼；

3. 发射控制中心；

4. 39A、39B 发射场；

5. 总部大楼；

6. 测试大楼；

7. 履带运输车；

8. 操作和检查大楼；

9. 新闻媒体场地 – 倒计时大钟和旗杆。

15.10 马歇尔太空飞行中心

马歇尔太空飞行中心（北纬 34° 39′ 3″，西经 86° 40′ 22″）

Marshall Space Flight Center

Building 4200,Room 120

MSFC, Huntsville,Alabama 35812

Phone：256-544-2121

http://www.nasa.gov/centers/marshall/home/index.html

图15-35　马歇尔太空飞行中心

图15-36　马歇尔太空飞行中心试验区

马歇尔太空飞行中心是 NASA 最大的研究中心，是航天器推进、有效载荷和人员训练、国际空间站设计和装配、计算机、网络和信息管理的主要中心。中心位于亚拉巴马州亨茨维尔市附近的红石兵工厂地区。中心的命名是为纪念五星上将马歇尔。中心第一任主任为德裔火箭专家冯·布劳恩。

马歇尔太空飞行中心在亨茨维尔设有操作支持中心（又叫有效载荷操作中心），配合得克萨斯州休斯敦的控制中心对国际空间站和航天飞机的工作，是国际空间站的科学运作总部，把世界各地的研究和开发人员和国际空间站上的实验及航天员联系在一起。

亨茨维尔操作支持中心还支持在肯尼迪航天中心的航天飞机和国际空间站的发射，当火箭搭载马歇尔太空飞行中心有效载荷时，亨茨维尔操作支持中心也监视从卡纳维拉尔角空军基地的火箭发射。

15.10.1 历史

第二次世界大战期间，军械弹的生产和储存由亚拉巴马州亨茨维尔附近的三个兵工厂承担。战后，这些兵工厂大部分关闭。1948年10月这三个地区联合成立红石兵工厂，成为火箭及相关物品的研发活动中心。1949年6月军械火箭中心开张。1950年，陆军部长批准火箭的研究和开发活动从新墨西哥和得克萨斯州交界的布利斯堡军事基地转移到红石兵工厂的新中心。

1950年4月开始，约有一千人从布利斯堡转移到红石兵工厂新成立的军械火箭中心，包括冯·布劳恩领导的德国火箭技术人员队伍。这时，中心增加了导弹研究与开发任务，开始研究中程可控导弹。冯·布劳恩被任命为导弹发展部的首席官员。

接下来的十年，红石兵工厂的导弹得到很大的发展，开发了很多小的自由飞行的和制导的火箭，其中红石火箭也在开发中。虽然红石火箭的初衷是军事目的，但是冯·布劳恩对太空事业一直抱有极大期望。1952年，冯·布劳恩在科利尔"周刊"杂志上发表了载人空间站的概念，题为"人即将征服太空"。1954年9月，冯·布劳恩提出用红石火箭作为多级火箭的主助推器发射人造卫星。并在一年后，完成了卫星轨道器的研究，详细列出了一系列科学卫星的计划和时间表。可是冯·布劳恩的设想没有得到重视。

1956年2月1日，陆军弹道导弹局成立，冯·布劳恩为局长。该局的一个主要项目是1955年开始的2,400公里的单级中程导弹，这是为美国陆军和海军开发的，命名为木星导弹（PGM 19）。它于1956年8月首次发射，该项目最终归属了美国空军。在此期间，由于艾森豪威尔总统的直接干预，陆军弹道导弹局仅开发了3级"木星"C探空火箭，它包括红石火箭第一级和两个固体上级。1956年9月3级"木星"C首次飞行，发射了一颗14公斤模拟卫星，射程5,399公里，高度1,098公里。因此，"木星"C可以再加1级，用第4级把卫星送入地球轨道，然而高层选择海军研究实验室的"先锋"火箭发射卫星，陆军方面的冯·布劳恩建议和准备又遭到了否定和阻拦。

1957年10月4日苏联发射了第一颗人造地球卫星"史泼尼克"1号，11月3日又发射了的第二颗卫星"史泼尼克"2号，还携带了一只小狗。这在美国引起"史泼尼克"危机，人们纷纷责问美国政府，要调查美国在太空科技方面落后苏联有多远，艾森豪威尔总统倍感压力，迫使政府决定尽快发射"先锋"火箭。美国试图在12月6日，用海军研究实验室的"先锋"火箭发射卫星，但火箭离开地面后又掉回原位，爆炸了。美国不得不采用冯·布劳恩火箭团队的"木星"C配置的"朱诺"I运载火箭（增加第4级），1958年1月31日"朱诺"I运载火箭成功地将美国第一颗卫星"探险者"1号送入地球轨道。虽然卫星净重才14公斤，但装有很多供科学研究的电子设备。这些设备捕获了大量太空新信息，其中最重大的发现是环绕地球的"范艾伦辐射带"。

尽管冯·布劳恩和他的队伍为美国火箭工作，但是从1945年到1957年的12年里，对冯·布劳恩和他的队伍来说是很艰辛的，美国政府并不看重冯·布劳恩的工作和观点。同时，报纸又倾向于揭露冯·布劳恩过去的纳粹SS成员和利用集中营劳力建造V-2火箭的历史。可是"朱诺"I运载火箭成功发射了美国第一颗人造卫星"探索者"1号，冯·布劳恩和它的德国火箭科技队伍得到了彻底翻身，冯·布劳恩成为美国的名人和功臣。

1958年3月底，美国陆军军械导弹司令部在红石兵工厂成立，它包括陆军弹道导弹局和它的新的太空计划。8月，美国陆军军械导弹司令部和国防部高级研究计划局共同倡导利用捆绑现有火箭发动机，发展1.5亿英镑左右的大助推器。1959年初，这种运载火箭被命名为"土星"火箭，排名"木星"计划后。

　　虽然 1958 年国家航空航天局已经成立，但是陆军还在继续某些长远的空间项目。1959 年 6 月，陆军弹道导弹局承担了秘密研究"地平线"项目，它详细说明使用"土星"助推器在月球上建立载人的陆军前哨站。但是"地平线"项目遭到否定。

　　1959 年 10 月 21 日，艾森豪威尔总统批准把陆军所有空间相关活动转让给美国国家航空航天局，包括"土星"运载火箭计划。1960 年 7 月 1 日，4,670 名文职雇员，总值约 100 万美元的建筑和设备，7.4 平方公里土地从美国陆军军械导弹司令部转给国家航空航天局。9 月 8 日艾森豪威尔总统亲临转移仪式现场，命名马歇尔太空飞行中心，并赠送一尊马歇尔将军半身铜像，以纪念二战期间陆军总参谋长和马歇尔计划诺贝尔奖得主乔治 C. 马歇尔将军。

图 15-37　1960 年 7 月 1 日，庆祝从陆军转移到 NASA

15.10.2 过去任务

　　马歇尔太空飞行中心的早期太空项目和美国二战时"回形针行动"被招募的德国火箭专家和缴获的大批 V-2 火箭有密切关系。

* 赫耳墨斯 -V2 项目

　　赫耳墨斯项目（1944 年 11 月 15 日—1954 年 12 月 31 日）是为了应对德国在欧洲的火箭袭击而开始，是为了导弹需求而开发的。赫耳墨斯项目是陆军军械兵团的范围广泛的导弹计划，承包者为通用电气公司。

　　赫耳墨斯 A-1：基于德国技术，以液体燃料为火箭动力的地对空导弹；

　　赫耳墨斯 A-2：无翼 A-1 改型地 - 地赫耳墨斯导弹（后改为固态燃料火箭）；

　　赫耳墨斯 A-3：新液体燃料火箭动力的地 - 地导弹；

　　赫耳墨斯 B：冲压发动机为动力的导弹计划；

　　赫耳墨斯 C：优先级低的研究型地 - 地远程导弹。

图 15-38　赫耳墨斯 A-1 火箭在白沙试验场首飞

通用电气公司于 1946 年开始发展 25 米高的赫耳墨斯 A-1 火箭。它是美国版本的德国"瀑布"（Wasserfal）防空导弹，只有德国 V-2 导弹的 1/4 大小。1947 年，赫耳墨斯 A-1 的组件在通用电气的纽约和白沙试验场成功测试。在 1950 年 5 月到 1951 年 4 月之间，在白沙成功发射 5 个赫耳墨斯 A-1 火箭。赫耳墨斯 A-1 的最大射程为 38 英里，高度 15 英里。

稍大的赫耳墨斯 A-3B 是赫耳墨斯导弹计划最后生产和测试的火箭。它被设计为地-地战术导弹，携带 1,000 磅的弹头，150 英里的射程，22,600 磅力推力。但是实际上从未达到这些要求。1953-1954 年，6 个赫耳墨斯 A-3B 在白沙试验场试射，5 个成功。虽然没有赫耳墨斯导弹投入应用，但积累了资料和锻炼了队伍。赫耳墨斯计划于 1954 年被取消。

美国在"回形针行动"下招聘了包括冯·布劳恩在内的德国火箭专家队伍，美军又从 V-2 火箭工厂获得足够组装 100 个 V-2 火箭的部件。运回美国的三百火车箱 V-2 部件和文件迅速转移至新墨西哥州白沙试验场，通用电气人员开始清点部件。在接下来的五年中，修理和制造零件，组装，修改和发射 V-2 火箭成为赫耳墨斯项目的主要部分。

在德国 V-2 部件和技术进口到美国之后，美国陆军在 1946 年初组建了上层大气研究小组。三分之一的小组成员是通用电气的科学家。赫耳墨斯计划扩大到包括 V-2 探空火箭的测试。通用电气员工在德国专家的帮助下，在新墨西哥州的白沙试验场组装 V-2 火箭。第一枚 V-2 的发射是在 1946 年 4 月 16 日，但只到达 3.4 英里的高度。赫耳墨斯 V-2 项目达到的最高高度是 1946 年 12 月 17 日，达到 184 公里。

通过赫耳墨斯 V-2 项目，积累了大型导弹和火箭发动机的设计，施工和处理经验。获得了处理和发射大型导弹的经验，培养了训练有素的发射队伍。后来成功的红石导弹，在很大程度上要归功于赫耳墨斯 V-2 计划。

* 红石导弹和木星导弹

红石导弹是美国第一个短程地-地导弹，由赫耳墨斯 C1 项目发展而来。赫耳墨斯 C 项目于 1946 年 7 月开始，内容包括短程地-地导弹一般研究。研究最初集中在助推-滑翔概念，到 1947 年 9 月设计了 3 级火箭结构。使用两个液体火箭级和一个超音速无动力滑翔级。第一级有六个发动机，总推力 2,670 千牛顿，60 秒燃烧；第二级是单发动机提供 444 千牛顿推力，提供另外 60 秒燃烧；第三级滑翔机递送 450 公斤弹头，滑翔约 3,200 公里。然而，该设计没有硬件投入生产，因为当时国家的最先进水平也不能胜任这个任务。接着赫耳墨斯 C 任务让位 800 公里射程的赫耳墨斯 C1 弹道导弹。可是直到 1950 年 10 月，通用电气并没有开始为陆军进行赫耳墨斯 C1 的可行性研究。军械首席官员停止了通用电气公司赫耳墨斯 C1 任务，而要求刚搬到红石兵工厂的冯·布劳恩团队开发单级、单引擎赫耳墨斯 C，作为战术弹道导弹。这就是三年后开始飞行的红石导弹。

图 15-39　红石火箭家族从左到右：红石、木星 C、水星 – 红石和木星导弹

红石导弹是德国 V-2 火箭的直接后裔，单级、单发动机短程地 – 地导弹，由德国火箭工程师团队开发。

长度：21.1 米。

直径：1.8 米。

重量：27,763 公斤（点火时）。

发动机：北美航空洛克达因 75 – 110 A–7，推力 350kN（海平面）。

燃料：乙醇，液氧，过氧化氢。

射程：323 公里。

战斗部：可携带 3,100 公斤的 W39 弹头。

1953 年 8 月 21 日红石导弹从卡纳维拉尔角空军基地首次发射。1958 年 8 月 1 日，美国从约翰斯顿岛发射一枚红石导弹，高达三百八十八公里引爆，进行首次高压核武试验。总工程师冯·布劳恩目睹了这一历史性的发射和引爆。

红石火箭经过失败与改进，使它成为那时最可靠的火箭之一。它催生了一个完整发射记录的火箭家族，红石导弹于 1964 年退役。红石火箭在美国的太空计划中获得多项第一。

剩余的红石导弹被广泛用于测试任务和太空运载火箭。如斯巴达（Sparta）火箭由剩余的红石导弹加两个固体燃料上级，1967 年发射了澳大利亚第一颗地球卫星 WRESAT。

1955 年 9 月，冯·布劳恩向美国国防部长和武装部队政策委员会介绍了长程导弹，指出一枚 2,400 公里的中程导弹是红石导弹的逻辑延伸。他提出了一项为期六年的发展计划，费用为 2.4 亿美元，共生产了 50 枚原型导弹。这就是后来发展的木星中程导弹。木星配备了 1.1 兆瓦的 W49 核弹头。总承包商是克莱斯勒公司。

木星中程导弹，单级结构，为陆军和海军舰艇共用，它的外形显得短而粗以便舰艇的安排。木星导弹作为运载火箭为朱诺 II，发射了一系列有名的深空探测器。

长度：18.3 米。

直径：2.67 米。

重量：49,800 公斤。

发动机：1 台洛克达因 LR70 –NA 火箭发动机。

燃料：煤油和液氧。

射程：2,400 公里。

战斗部：1.1 兆瓦 W49 核弹头。

*"朱诺" I 和 "朱诺" II 运载火箭

"朱诺" I 是红石火箭家族成员，高 21.2 米，直径 1.78 米，4 级。"朱诺" I 由 3 级的 "木星" C 火箭再加 1 级构成（第 1 级红石火箭，第 2、3、4 级为固体助推器），1958 年 1 月 31 日发射了美国第一颗人造卫星 "探险者" 1 号。

"朱诺" I 高 21.2 米，直径 1.78 米，4 级　　"朱诺" II 高 24 米，直径 2.67 米，3~4 级

图 15–40　"朱诺" I 和 "朱诺" II

"朱诺"II 也是红石火箭家族的成员，高 24 米，直径 2.67 米，3~4 级，来自木星中程导弹（第 1 级木星中程导弹，其他级为固体助推器）。"朱诺"II 在 20 世纪 50 年代末和 60 年代初期发射了"先驱者"4、"探险者"7、"探险者"8 和"探险者"11 等著名深空探测器。

* 水星 – 红石运载火箭

水星 – 红石运载火箭，使用木星 C 的加长红石配置，在 1960 年和 1961 年间为"水星"计划进行了六次亚轨道发射，其中包括头两个亚轨道载人太空飞行。

* "土星"系列运载火箭

"土星"系列火箭由冯·布劳恩为首的火箭团队开发，包括"土星"I、"土星"IB 和"土星"V 三个型号。"土星"I 和"土星"IB 都从红石火箭派生而来，采用红石和木星推进剂油箱与 8 台木星发动机捆绑一起形成火箭的第一级。

"土星"V 包括 3 级和一个仪器段。第 1 级（S–IC）有 5 台 F–1 发动机，十字布置，中心发动机固定，外部 4 台发动机万向。总共推力 750 万磅。第 2 级（S–II）有 5 台 J–2 发动机，与 F–1 安排相同，共 100 万磅推力。第 3 级（S–IVB）有单一 J–2 万向发动机，推力为 20 万磅。J–2 发动机可以在飞行中重新启动。

阿波罗航天器及其组件由其他 NASA 中心开发，但在马歇尔太空飞行中心的土星 I 和 IB 火箭上进行飞行测试。

仪器段是火箭"大脑"，包含基本的导航系统组件 – 稳定平台、加速度计、数字计算机、遥测单元等。仪器段是在亨斯维尔制造的唯一完整的"土星"部件。

马歇尔太空飞行中心共建造 15 个"土星"V 火箭；13 功能完美无缺，另外两个未使用。

* 月球探险和月球车

"阿波罗"计划有六次登月："阿波罗"11、12、14、15、16 和 17 号。"阿波罗"13 号因为氧气罐破裂，未完成登月任务。

除了"阿波罗"11 号，所有任务都携带一个"阿波罗月球表面实验包"，它包括七个科学实验设备，加上中央控制站（由从地面控制），还有"放射性同位素热电发生器"，这些都有马歇尔太空飞行中心科学家参与合作研制。

月球巡回车，俗称"月球车"，由马

图 15–41　测试候选"阿波罗"月球车

歇尔太空飞行中心开发，提供探索月球表面的有限运输。开始没有考虑"月球车"，到 1969 年才感到为了科学回报最大化，需要"月球车"。因此最后三次登月任务都携带了"月球车"。

* 航天飞机

1972 年 1 月 5 日，理查德·尼克松总统宣布开发可重复使用航天飞机。航天飞机由轨道器、固体火箭助推器和外部油箱组成。马歇尔太空飞行中心负责固体火箭助推器，轨道器的三个主要引擎和外部油箱。1981 年 4 月 12 日，"哥伦比亚"航天飞机首次轨道试飞。

15.10.3 现在和将来任务

马歇尔太空飞行中心有能力支持美国航空航天局在三个关键领域的任务：离开地球的太空运输系统（太空车），太空生活和工作的太空站（国际空间站），更多了解我们的地球和宇宙（高级科学研究）。马歇尔太空飞行中心的成果惠及方方面面。

* 太空运输系统

马歇尔太空飞行中心是 NASA 发射系统的指定开发和集成单位。它的最先进推进研究实验室是国家的最领先资源。马歇尔具有从初始概念到持续服务的火箭工程能力。

在"星座"计划中，马歇尔太空飞行中心负责的重型运载火箭"战神"I 和"战神"V 不但要取代航天飞机国际空间站任务，并且要将人类运送到月球，火星和其他深空目的地。2009 年 10 月 28 日，"战神"I-X 测试火箭从肯尼迪航天中心新改造的发射场 39B 起飞，头两分钟动力飞行，随后四分钟继续飞行 240 公里。

"星座"计划的"猎户座"载人飞船不但要在航天飞机退休后，运送航天员和科学家去国际空间站，而且要搭载航天员执行地球外更远的太空任务。2010 年"星座"计划被取消，但是"猎户座"载人飞船部分被保留，NASA 将开发太空发射系统。

马歇尔太空飞行中心还负责载人月球着陆舱（"牛郎"登月舱）研究

图 15-42　马歇尔太空飞行中心新无人月球着陆器试验台

和发展。中心的月球着陆器试验台将用于发展新一代太空探险多用途着陆器。

* 国际空间站上的广泛研究

马歇尔太空飞行中心通过有效载荷运营中心、美国"命运"实验室和其他舱段进行广泛研究，包括从人类生理学到物理科学等方面的实验。截至 2011 年 3 月进行了 6,000 余小时的 1,100 多次合作实验。

* 高级科学研究

马歇尔太空飞行中心参与了当代一些最先进的空间研究。国际空间站的科学家 / 宇航研究人员正在进行数百项先进实验，如果没有零重力环境，大部分实验都无法进行。

在亚拉巴马州有国家空间科学技术中心，它是美国宇航局与亚拉巴马州七所研究型大学的联合研究机构，主要目的是促进政府，学术界和行业之间的研究合作。国家空间科学技术中心包括七个下属研究中心：先进光学，生物技术，全球水文与气候，信息技术，材料科学，推进和空间科学。每个中心或由马歇尔太空飞行中心管理（隶属 NASA 设施），或由亚拉巴马大学管理（隶属大学设施）。

深空天文学

马歇尔太空飞行中心是哈勃太空望远镜和钱德拉 X 射线天文台设计，开发和施工方，哈勃的后继项目詹姆斯·韦伯空间望远镜（JWST）是在太空组装的最大的主镜。

马歇尔太空飞行中心还利用费米伽马射线空间望远镜研究宇宙，已经获得许多新发现。

太阳系研究

马歇尔的团队管理着美国航空航天局对探索太阳、月球、行星和其他物体的计划。其中包括重力探测器 B，爱因斯坦广义相对论实验等。

气候研究

马歇尔太空飞行中心还开发监测地球气候和天气模式的系统。在全球水文和气候中心，研究人员将地球系统的数据与卫星数据相结合，以监测生物多样性保护和气候变化，提供农业改善、城市规划和水资源管理的信息。

微型卫星

2010年11月19日，马歇尔太空飞行中心成功发射 FASTSAT 卫星（快速，经济实惠，科技卫星），成功进入新的微型卫星领域。它是在马歇尔太空飞行中心与冯·布劳恩科学与创新中心和动力学公司（位于亚拉巴马州亨茨维尔市）合作开发项目。

附　录：

苏联／俄罗斯载人航天

1961年4月12日，苏联航天员尤里·阿列克谢耶维奇·加加林被送入太空，人类首次实现载人航天的梦想。之后，又首次把女航天员送入太空，首次进行太空行走，首次完成多人太空飞行，苏联航天实现一个又一个世界第一。

在登月竞赛中失利后，苏联把载人航天的重点放在长时在轨停留上。苏联／俄罗斯一直把载人航天作为其整个航天计划的重要组成部分，循序渐进、逐步发展，逐渐形成了较为完善的载人航天体系，在长时载人航天方面取得世界领先地位。

至今苏联／俄罗斯已研制出三代载人飞船（东方号、上升号和联盟号）、飞了一次的航天飞机、八个空间站和合作建造了国际空间站。

图附 1-1　加加林

一、东方计划

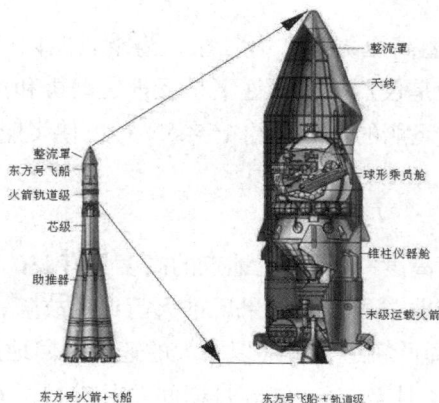

图附 1-2　东方号火箭和飞船

整流罩
天线

整流罩
东方号飞船
火箭轨道级
芯级
助推器

球形乘员舱

锥柱仪器舱

末级运载火箭

东方号火箭+飞船　　　东方号飞船+轨道级

东方计划是苏联第一个载人航天计划。东方计划始于 1958 年，截至 1963 年 6 月，共进行了 6 次载人航天飞行，成功研制了世界上第一个载人航天器东方号飞船。1961 年 4 月 12 日，"东方"一号飞船发射，加加林成为人类第一位进入太空的航天员。

东方号飞船构造

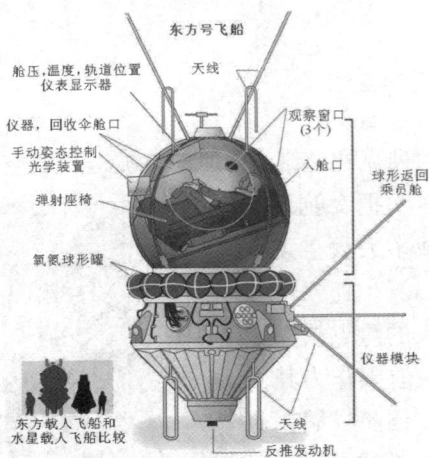

图附 1-3　东方号飞船详图

东方号飞船采用球形乘员舱和锥柱仪器舱的两舱结构，乘员舱直径 2.3 米，仪器舱直径 2.43 米，长 2.25 米。总重约 4.73 吨。在轨飞行时与圆柱形的末级运载火箭连在一起，总长 7.35 米。

球形乘员舱能容纳 1 名航天员，返回时经过大气层，大气分子与飞行器发生碰撞产生极高热量，球形可以很好地减少这种不利因素的影响，并且能在各种速度下保持稳定。乘员舱外部安装了各种遥控天线和通信天线，侧面有圆形观察窗和一个弹射窗。舱外表面覆盖一层防热材料。座舱内有飞行 10 昼夜的生命保障系统、弹射座椅和无线电、光学、导航等仪器设备。

东方号飞船在返回前抛掉末级运载火箭和仪器舱，座舱单独再入大气层，用降落伞回收。当时这种回收技术还不成熟，只能回收航天员而不能回收返回舱，即在返回舱离地面 10,000 米左右，将航天员连同座椅一道弹射出舱，然后用降落伞回收。

仪器舱有 18 个球型高压氮气和氧气瓶，为乘员舱内的航天员提供类似地球的大气。气瓶下面的是仪器舱，再往下是反推发动机和推进剂储箱。当返回地面时反推发动机降低飞船的速度大约 155 米 / 秒，使飞船脱离轨道。

东方号飞船飞行

东方号飞船的轨道高度并不高，近地点的高度只有 180 千米。在这样高度下，大气对飞船轨道的衰减非常厉害。如果反推火箭出现故障，可以用末级火箭保证飞船在 10 天内逐渐降低轨道，最终以不大的速度返回地面。

东方号于 1961 年 4 月至 1963 年 6 月期间总共进行了 6 次载人飞行，飞行时间最短为 1.5 小时，最长约 6 天。除了把航天员送入太空并安全返回地面的基本任务外，东方 3 号和 4 号以及东方 5 号和 6 号飞船还分别进行了两船编队飞行，两艘飞船间的最近距离达到 5 公里，为以后交会对接技术做了有益的探索。

二、上升计划

上升计划是苏联的第二个载人太空飞行计划。1964 年到 1965 年间共发射 2 次。飞船重 5.32 吨，球形乘员舱与东方号飞船大体相同，但是提高了舱体的密封性和可靠性。航天员在座舱里可以不穿宇航服，返回时不再采用弹射方式，而是随乘员舱一起软着陆。

上升 1 号太空飞行 24 小时 17 分钟，实现多人太空飞行（3 名宇航员）；上升 2 号载 2 名宇航员，在太空飞行 26 小时 2 分钟，列昂诺夫通过气闸舱步出舱外茫茫太空，成为人类太空行走第一人。

图附 1-4　列昂诺夫第一次太空行走

图附 1-5　列昂诺夫

上升计划是东方计划的继续，是为了和美国"双子星座"计划竞争，争取更多太空第一。因此，上升计划的成功一定程度上建立在明显降低安全性和可靠性的基础上。上升号载人飞船和东方号载人飞船相比，主要变化有：

＊为了容纳 3 名航天员，去掉弹射座椅，换上 3 个带减震器的座椅，又把航天服改成普通飞行服；

＊去掉弹射座椅着陆方式，改为座舱整体着陆，主降落伞由两具面积为 574 平方米的伞组成。座舱增加着陆缓冲器，当飞船离地面一米时，由触杆式触地开关控制缓冲火箭点火，实现软着陆。

＊为了出舱活动，上升 2 号飞船增加了一个可伸缩的气闸舱。气闸舱收缩后的高度为 0.7 米，伸出高度为 2.5 米，内径 1 米。有二个闸门，一个和乘员

舱相连，一个和外界相通。

＊将生保系统由 10 天储备改为 3 天。

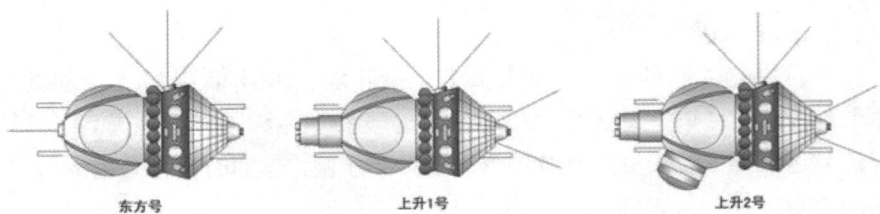

图附 1-6　东方号、上升 1 号、上升 2 号飞船比较

上升计划是东方计划的后续行动，用的是东方计划剩下的组件。上升计划后来被联盟计划所取代。

三、联盟计划

联盟计划是苏联第三个载人航天计划，原来是载人登月项目的一部分。联盟号飞船和联盟号火箭都是这一计划的产物。从发射次数和成功率来看，联盟系统是目前最老和最可靠的载人系统。

联盟号飞船的基本设计是苏/俄许多航天计划的基础。最初的设计目的是为了在前往月球时，避免使用美国土星 V 或苏联 N1 那样的巨大发射工具，而是不断地用联盟号火箭把登月航天器部件送到太空进行轨道装配，然后飞往月球，即采用地球轨道会合方式。这一最初设计由苏联太空计划总设计师谢尔盖·科罗廖夫（1907—1966）提出，但是他本人并没有亲眼看到自己的设计进入太空就过早地离开了人间。苏联为其举行了国葬，葬于克里姆林宫红墙墓园。

联盟计划现在由俄罗斯联邦航天局负责。自 2011 年航天飞机退休以来，所有人员进出国际空间站的任务都是由联盟飞船承担。

＊联盟号飞船

联盟号飞船是继东方号飞船与上升号飞船之后的第三款载人飞船，是目前世界上服役时间最长、发射频率最高，同时也是可靠性最好的载人飞船，其原来设计是作为苏联载人登月计划的地月往返工具，由于登月计划的取消，联盟号的活动范围就被限制于地球轨道。1991 年苏联解体后，联盟号的制造与发射转由俄罗斯联邦航天局掌握，主要负责对和平号空间站与国际空间站的人员运输、物资补给。2011 年美国航天飞机退役后，联盟号飞船成为航天员往返国际空间站的唯一运输工具。

联盟号飞船的改进型号众多，其衍生出的其他航天器包括：探测器号、联盟号 T、联盟号 TM、联盟号 TMA、联盟号 MS 及进步号货运飞船等。

联盟号飞船由三部分组成：一个球形仪器舱、一个流线型返回舱和一个带太阳帆板的服务舱。

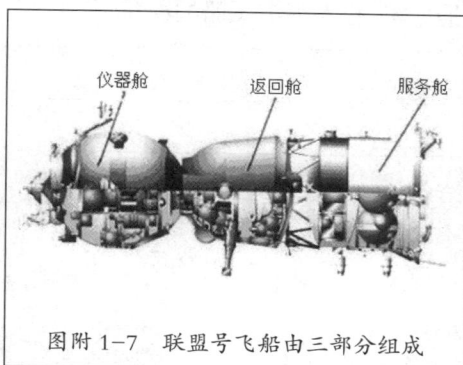

图附 1-7　联盟号飞船由三部分组成

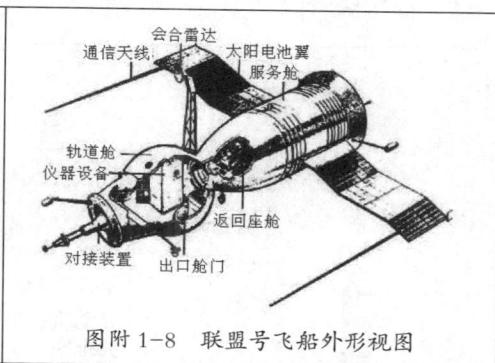

图附 1-8　联盟号飞船外形视图

* 联盟号火箭

联盟号运载火箭起源于 R-7 洲际弹道导弹，有二级型和三级型两种（不算上面级）。联盟号火箭由位于萨马拉的航天火箭中心生产。主要发射场地为哈萨克斯坦的拜科努尔航天发射场和俄罗斯的普列谢茨克航天发射场，从 2008 年起联盟号火箭也在法属圭亚那太空中心发射。

自 1967 年起，联盟号火箭作为发射所有联盟号宇宙飞船而家喻户晓，目前主要任务是为国际空间站运送人员和货物，同时还承担由俄罗斯和欧洲联合组建的 Starsem 公司的商业发射。

联盟号火箭系列是世界上历史最久、发射次数最多的多用途运载火箭。以导弹 R7 为基础发展了上升号、东方号、闪电号、联盟号等 10 余个型号运载火箭。

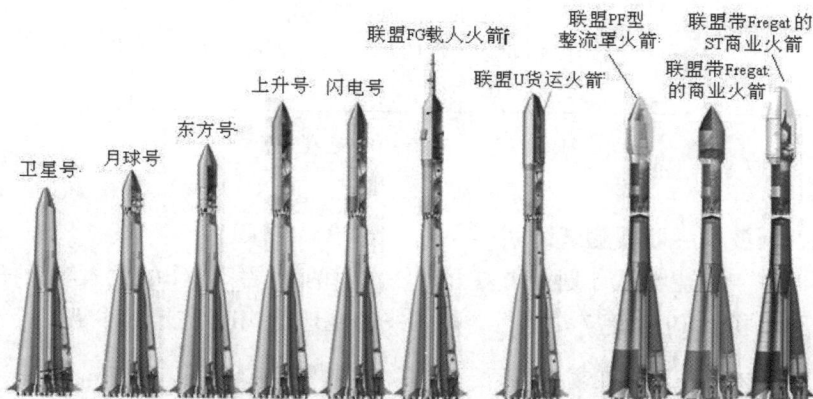

图附 1-9　联盟号火箭家族

*"联盟 –FG"系统

联盟 –FG 运载火箭于 2001 年 5 月 20 日首飞，将进步 M1-6 货运飞船运送到国际空间站。从 2002 年 10 月 30 日开始，联盟 –FG 是俄罗斯联邦航天局唯一用于向国际空间站发射联盟 –TMA 和联盟 –MS 载人宇宙飞船的载具。

逃逸系统	
航天器	
	第三级：（包括过渡舱，可燃物罐，氧化剂罐，尾部和发动机） 长度：6.7 米 直径：2.66 米 发动机：Р Д–0110 推进剂：液氧 / 煤油 推力（地面 / 真空）：–/297.93 千牛 工作时间：230 秒
逃逸系统 航天器（飞船） 第三级 第二级 第一级（助推器） 联盟-FG运载火箭	第二级 长度：27.1 米 直径：2.95 米 发动机：Р Д–108 А 推进剂：液氧 / 煤油 推力（地面 / 真空）：792.48/990.18 千牛 工作时间：280 秒
	第一级 长度：19.6 米 直径：2.68 米 发动机：4 台 Р Д–107 А 推进剂：液氧 / 煤油 推力（地面 / 真空）：838.5/1021.3 千牛 工作时间：118 秒

图附 1–10　联盟 –FG 运载火箭

四、阿波罗 – 联盟测试计划

阿波罗 – 联盟测试计划是历史上第一次由两个国家合作的载人航天任务，由美国和苏联于 1975 年 7 月执行，两国飞船在地球轨道上交会对接。

任务介绍

阿波罗－联盟测试计划中，美国使用阿波罗飞船指令／服务舱，苏联使用联盟 19 号飞船，1975 年 7 月 15 日联盟 19 号飞船从拜科努尔航天中心起飞，七个半小时后，阿波罗飞船从肯尼迪航天中心起飞。7 月 17 日两飞船在太空交会对接，三小时后，两位指令长美国的斯塔福德和苏联的列昂诺夫在联盟号的舱门处进行太空第一次握手。这次历史性的握手本应在英国海滨城市博格诺里吉斯上空进行，但由于任务的延误，实际握手发生在法国梅斯上空。其间三位美国航天员和两位苏联航天员交换国旗和礼物，互相交换签名，参观对方的航天器，合作进行科学实验，一起进餐以及使用对方的语言交谈。

图附 1-11　任务示意图

图附 1-12　阿波罗－联盟测试计划航天员
（从左到右：美国斯雷顿、斯塔福德、布兰德，苏联列昂诺夫、库巴索夫）

在一起 44 个小时后，两飞船分开，并利用阿波罗进行人造日食，让苏联的航天员拍摄日食照片。在两飞船分开前，又进行了另一次短暂对接，由联盟号推动整个航天器飞行。联盟号在空中停留五天后，安全返回地球，阿波罗飞船待了九天才返回地球，其间航天员进行了地球观测实验。

从技术及国家相互关系看，整个任务是一个巨大的成功。整个任务中唯一严重的问题发生在阿波罗号准备返回大气层时，四氧化二氮有毒烟雾进入乘员舱，幸运的是三位航天员没有出现严重的问题。

阿波罗－联盟测试计划是阿波罗航天器的最后一次飞行任务。任务使用的指令舱目前保存在洛杉矶的加利福尼亚科学中心。

对接数据

首次对接：1975 年 7 月 17 日 –16:19:09 UTC

最后分离：1975 年 7 月 19 日 –15:26:12 UTC

对接时间：1 天 23 小时 7 分钟 3 秒

五、暴风雪号航天飞机

苏联从 1976 年开始研制暴风雪号航天飞机，1983 年首次对缩比模型进行亚轨道飞行试验。1988 年 11 月 15 日，暴风雪号由能源号火箭发射升空，进行首飞，也是暴风雪号航天飞机唯一一次轨道飞行试验。这次飞行由于生命保障系统尚未通过检测和驾驶舱显示器没安装软件而没有载人，暴风雪号最终在自动驾驶仪的操纵下成功着陆。这次飞行后，该项目费用被砍，1993 年项目正式下马。

暴风雪号航天飞机外形同航天飞机相仿，机翼呈三角形。机长 36.37 米、高 16.35 米，翼展 23.92 米，机身直径 5.6 米，起飞重量 105 吨，返回后着陆重量为 82 吨。它有一个长 18.3 米、直径 4.7 米的大型货舱，能把 30 吨货物送上近地轨道，将 20 吨货物运回地面。头部有一容积 70 立方米的乘员座舱，可乘 10 人，设计飞行寿命 100 次。

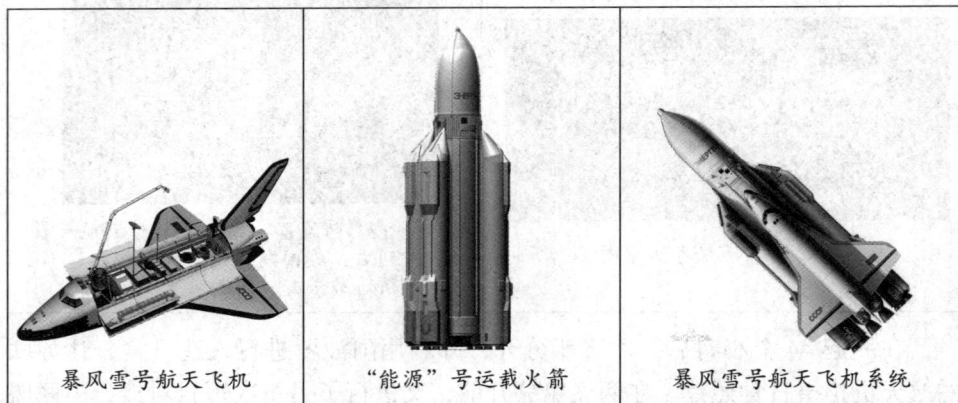

| 暴风雪号航天飞机 | "能源"号运载火箭 | 暴风雪号航天飞机系统 |

图附 1-13　暴风雪号航天飞机系统

"暴风雪"号在某些技术方面优于美国的航天飞机，主要表现如下。

1. 航天飞机上的主发动机是在"能源"号火箭上，大大地减轻了航天飞机的入轨重量。虽然它比美国的航天飞机略大一些，但它的重量反而轻了约 5 吨，这样就可以多装一些有效负荷。

2. "能源"号火箭可以一箭多用，既可以发射航天飞机，也可以发射别的航天器，适应了当时苏联太空军备竞赛的需要。而且"能源"号火箭可以分段回收，重复使用，提高效益。

图附 1-14　暴风雪号航天飞机和它的载机安 -225

3. "能源"号火箭一、二级均采用液体推进剂，因而火箭的可靠性较高。而且"暴风雪"号航天飞机万一发生故障，可用自身的机动发动机使航天飞机进入较低的轨道或立即返回发射场，大大提高了航天飞机的安全性能。

4."暴风雪"号航天飞机上虽然没有主发动机，但有两台小型机动发动机，着落时如果第一次着落不成，还可以像普通飞机一样拉起来，再次进行着落，安全性能比较高。

5."暴风雪"号在轨道运行时，完全依靠无人自动驾驶，其技术难度更大。

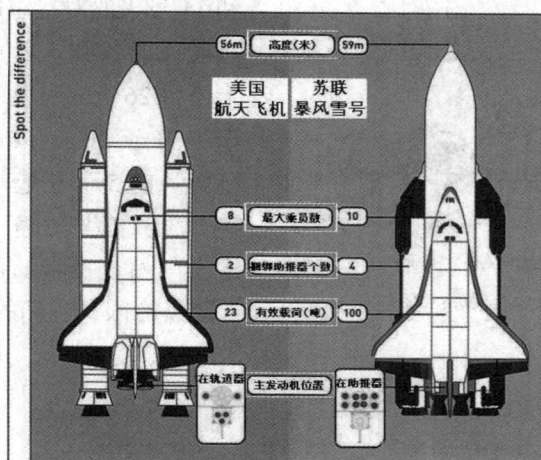

图附 1-15 "暴风雪"号与美国航天飞机性能比较

六、空间站

苏联／俄罗斯空间站经历了礼炮号空间站、和平号空间站和国际空间站。空间站计划是为了获取人类长期太空驻留的经验和技术，以及利用和开发太空。

* 礼炮空间站计划

礼炮空间站计划是苏联的第一个太空站计划。从 1971 年到 1986 年，包括四个载人科学研究空间站和两组军事侦察空间站。礼炮空间站的任务是对空间生活、天文、生物和地球资源问题的长期研究。在该计划下，礼炮一号成为世界上第一个载人空间站。

礼炮空间站创造多项航天纪录，包括飞行时间，首次空间站轨道切换，以及太空行走。礼炮空间站的经验为和平号空间站和国际空间站等多模块空间站铺平了道路。

礼炮空间站计划分第一代礼炮空间站（礼炮 1～5 号）和第二代礼炮空间站（礼炮 6～75 号）两个阶段。

** 第一代礼炮空间站（礼炮 1 ~ 5 号）

礼炮 1 号于 1971 年 4 月 19 日发射升空。随后，苏联又分别在 1973 年 4 月、1974 年 6 月、1974 年 12 月和 1976 年 6 月发射了礼炮 2 ~ 5 号。

礼炮 1 号由轨道舱、服务舱和对接舱组成，呈不规则圆柱形，总长约 14 米，最大直径 4 米，总重约 18.5 吨，在 200 多公里高的轨道上运行。站上装有各种照相摄影设备和科学实验设备。礼炮 1 号在太空运行 6 个月，相继与联盟 10 和 11 号飞船对接组成轨道联合体，每艘飞船各载 3 名宇航员，共在站上停留 26 天。礼炮 1 号完成使命后于 1971 年 10 月 11 日在太平洋上空坠毁。前 5 个礼炮号都只有一个对接口，只能与一艘飞船对接。因礼炮空间站上携带的食品、氧、燃料等储备有限，它们的寿命都不长。

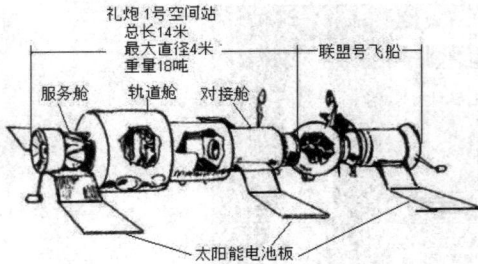

图附 1-16　礼炮空间站 + 联盟号飞船

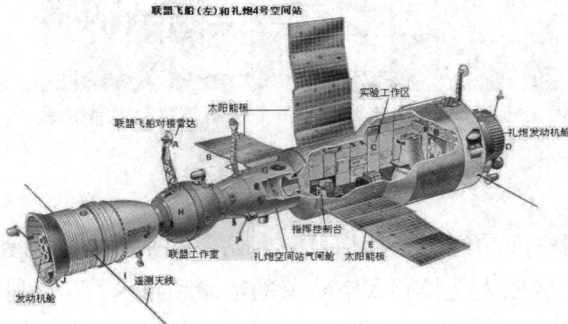

图附 1-17　联盟号飞船 + 礼炮 4 空间站详图

** 第二代礼炮号空间站（礼炮 6 ~ 7 号）

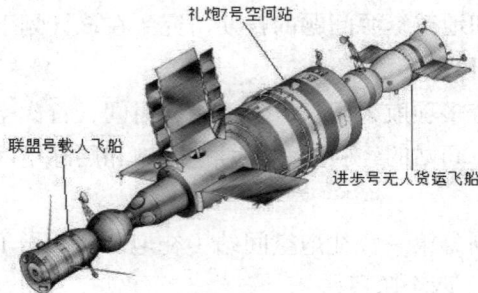

图附 1-18　礼炮 7 号空间站具有二个对接口

1977 年 9 月 29 日和 1982 年 7 月 29 日，苏联又分别发射了经过改进的礼炮 6 和 7 号空间站。它们增加了一个对接口，除接待联盟号载人飞船外，还可与进步号无人货运飞船对接，用于物资补给。礼炮 6 号在太空飞行近 5 年，共接待 18 艘联盟载人飞船，有 16 批 33 名航天员到站工作，其中 1980 年航天员波波夫和柳明创造了在站飞行 185 天的纪录。礼炮 7 号空间站进入轨道飞行后，接待了 11 批联盟 T 型飞船和 28 名航天员，其中包括第一位进行太空行走的女航天员萨维茨卡娅。1984 年，航天员基齐姆维约夫和阿季科夫在该站上创造了 237 天的连续飞行纪录。礼炮 7 号载人飞行累计达 800 多天，直到 1986 年 8 月停止使用。

* 和平号空间站

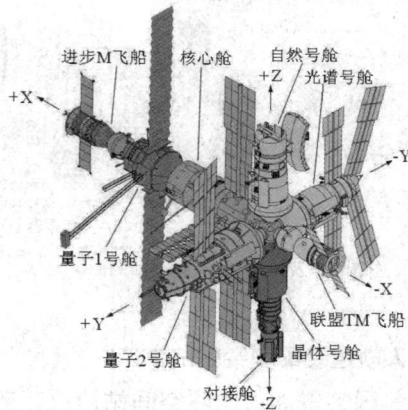

图附 1-19　和平号空间站

1986 年 2 月 20 日，和平号空间站的核心舱发射升空。接下来，又分别有量子 1 号舱（1987 年）、量子 2 号舱（1989 年）、晶体号舱（1990 年）、光谱号舱（1995 年）和自然号舱（1996 年）陆续上站。所有组件都由质子火箭发射，除了对接舱 1995 年由美国航天飞机安装。组成了总空间近 400 立方米的一座轨道联合体。从 1986 年至 1996 年，在轨装配 10 年才最终建成 T 字形结构的和平号空间站。和平号空间站是世界上第一座采用多模块组合的空间站。全站共有 6 个对接口，长 32.9 米，重约 137 吨，基础构件直径 4 米，它的核心舱供航天员生活居住，并控制全站的正常运行，5 个专用实验舱分别用于天文观测、对地观测、医学与生物学研究和材料加工试验等多种科学、军事和经济目的。

整个和平号空间站由七个加压舱和几个非加压组件组成。电能由几块太阳帆板提供。运行在 350 ~ 450 公里高度的近地轨道，平均速度为 27,700 公里／小时，每天绕地球 15.7 圈。

　　由于经费不足，同时也为了专心参与国际空间站计划，俄罗斯于 2001 年 3 月 23 日命令和平号空间站离轨再入大气，使这座曾是世界上体积最大、技术最先进、设施最完善、飞行时间最长的空间站走完了自己 15 年的太空历程。15 年里，和平号绕地飞行 8 万多圈，共有 31 艘载人飞船和 62 艘货运飞船与之对接，美国航天飞机也曾 9 次访问它。俄罗斯、美国、英国、法国、德国和日本等 12 个国家的 135 名宇航员到站上访问和工作，开展了大量有价值的科研工作。

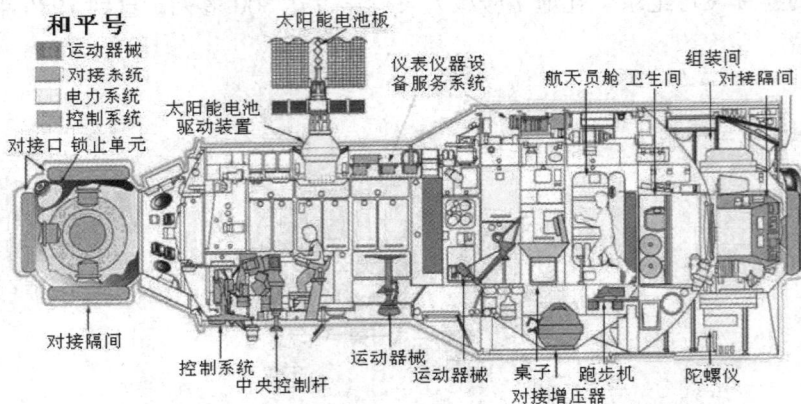

图附 1-20　和平号空间站核心舱

* 国际空间站和"载人轨道装配和实验综合体"

　　1994 年，俄罗斯与美国签署加入国际空间站协议，成为其中重要的一员。国际空间站是一座采用桁架式结构的巨型组合式空间站，由大型桁架和多个舱段组成，总质量约 430 吨。根据分工，俄罗斯提供科学研究舱、服务舱、科学电力平台、进步号货运飞船和联盟号载人飞船。1998 年 11 月 20 日，国际空间站的第一个组件——俄方制造的曙光号功能货舱由质子号火箭从拜科努尔发射场发射升空，拉开了国际空间站建设的序幕。2000 年 7 月 12 日，另一个重要的俄制组件——星辰号服务舱由质子号火箭发射成功，使国际空间站初步具备载人飞行能力。

　　国际空间站经过 20 年的边建边用，任务已进入尾声，国际空间站的参加国各有打算。由于政治纷争，给国际空间站的未来增加许多不确定性，为了应对美国对俄罗斯因克里米亚问题的制裁，俄罗斯副总理罗戈津曾表示，俄罗斯将拒绝美国在 2020 年以后延长国际空间站使用的要求，并将只提供美国非军事卫星发射用的火箭发动机。

　　可是 2015 年 3 月 28 日，俄罗斯航天局罗斯科斯莫斯（Roscosmos）和美国航空航天局又同意合作开发替代现有的国际空间站的新轨道站，参加国际空间站项目的国家集团将在未来的新轨道站项目上工作，并把国际空间站运行到2024年。

俄罗斯计划将国际空间站的俄罗斯部分拉出，组建新空间站，名为"载人轨道装配和实验综合体"（Orbital Piloted Assembly and Experiment Complex–OPSEK）。俄美双方对以后的合作都表现得很暧昧，结果还得看局势的发展。

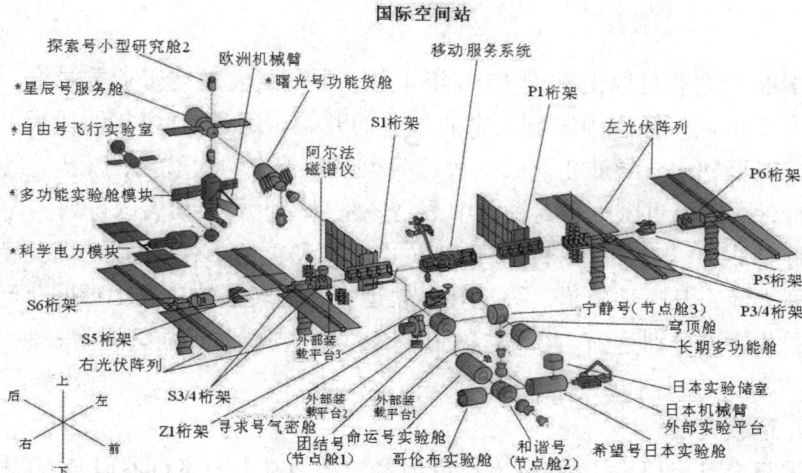

图附 1-21　国际空间站俄罗斯主要舱段（左上角 ★ 部分）

2017年9月27日在澳大利亚阿德莱德举行的第六十六届国际宇宙会议上，俄罗斯罗斯科斯莫斯和美国宇航局宣布人类探索月球和深空的新伙伴关系，将共同努力在月球轨道上建造一个微型空间站——这种基础设施可以作为未来火星飞行任务的基石。

中国航天简介

中国航天大业可以追溯到 1956 年 4 月，中国成立航空工业委员会，统一航空和火箭事业，标志中国航天事业创业的开始。经过 60 多年的发展，从第一颗人造卫星到北斗导航，从第一枚运载火箭到首次载人航天，从天宫一号到嫦娥落月，冲破重重困难和封锁，中国已经跻身于世界航天大国行列。

预计到 2030 年，中国将拥有由小、中、大和重约 10 型组成的完整新一代长征系列火箭，其近地轨道、火星转移轨道、地月转移轨道和地球同步转移轨道最大运载能力分别达到 140、44、50 和 66 吨，支撑航天强国战略。

一、运载火箭

中国至今已经研发 10 多种太空发射器，将 400 多个飞行器以及 60 多个人造卫星送上太空轨道，为 20 多个国家负责商业升空。

长征火箭从 1965 年开始研制，1970 年"长征"一号运载火箭首次成功发射"东方红"一号卫星。目前，长征火箭人丁兴旺，已经发展成一个大家族："长征"一号、"长征"二号、"长征"三号和"长征"四号四个种类。基本覆盖了各种地球轨道航天器发射的需要。其中发射能力分别是：近地轨道 0.2–12 吨，太阳同步轨道 0.4–5.7 吨，地球同步轨道 1.5–5.5 吨。

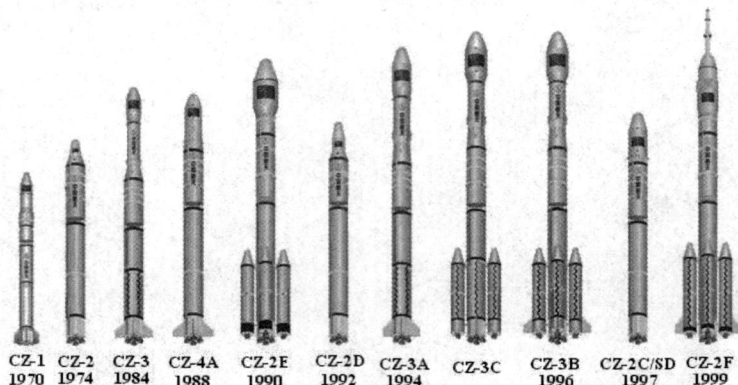

图附 2–1　退休和使用中的长征系列运载火箭

中国计划近期推出其空间站的"核心模块"，作为 2022 年前后开设永久载人空间站的核心部分；中国还计划在 2020 年发射火星探测器，一步实现绕火星的探测和着陆巡视；中国力争在 2030 年前实现载人登月。所有这些宏伟计划都迫切需要发展更强大的运载火箭。

1. 新一代和未来运载火箭

新一代长征火箭			
长征五	长征六	长征七	长征十一
重型运载火箭	小型运载火箭	中型运载火箭	固体燃料火箭
全长：50–60 米，1.5, 2.5, 3.5 级 最大直径：5 米 起飞质量：879 吨 起飞推力：10524 千牛 首发：2016-11-3 助推器：4 个 助推器直径：3.35 米或 2.25 米 发动机：2xYF-100 总推力：8x1200 千牛 推进剂：液氧 / 煤油 芯一级 芯一级直径：5 米 发动机：2xYF-77 总推力 1000 千牛 推进剂：液氧 / 液氢 芯二级 芯二级直径：5 米 发动机：2xYF-75D	全长：29 米，3 级 最大直径：3.35 米 起飞质量：103 吨 起飞推力：1200 千牛 一子级：直径 3.35 米 发动机：1xYF-100 推力：1200 千牛 推进剂：液氧 / 煤油 二子级：直径 2.25 米 发动机：1xYF-115 推力：150 千牛 推进剂：液氧 / 煤油 三子级：直径 2.25 米 发动机：1xYF-50E 推力：6.5 千牛 推进剂：四氧化二氮 / 偏二甲肼	全长：53.1 米，2.5 级 最大直径：3.35 米 起飞质量：597 吨 起飞推力：735 吨 助推器：4 个 助推器直径：2.25 米 发动机：4xYF-100 总推力：4x1200 千牛 推进剂：液氧 / 煤油 第一级 发动机：2xYF-100 推力：2x1200 千牛 推进剂：液氧 / 煤油 第二级 发动机：4xYF-115 总推力：720 千牛 推进剂：液氧 / 煤油	全长：20.8 米，4 级 最大直径：2.0 米 起飞质量：58 吨 起飞推力：120 吨 燃料：固体燃料 700 公里太阳同步轨道运载能力 400 公斤 首发：2015-9-25 成功将 4 颗微型卫星送入太阳同步轨道。 长征十一号计划于 2019 年 6 月实施中国首次运载火箭海上发射。 类比火箭：美国的金牛座固体运载火箭拥有 1320 千克的近地轨道运载能力

| 总推力：160 千牛
推进剂：液氧/液氢

远征二号上面级
直径：3.8 米
发动机：2xYF-50D
真空推力：6.5 千牛
推进剂：四氧化二氮/偏二甲肼

近地轨道：25 吨
地球同步转移轨道 14 吨

类比火箭：
阿丽亚娜 5
德尔塔 –4 重型
质子 –M | 太阳同步轨道：700 公里轨道达到 500–1000 公斤

首发：2015-9-20，一箭 20 星

类比火箭：
猎鹰一号运载火箭 | 上面级（可选）– 远征一号甲
发动机：1xYF-50D
推力：6.5 千牛
燃料：四氧化二氮/偏二甲肼

近地轨道：13.5 吨
太阳同步轨道：5.5 吨

首发：2016-6-25
（搭载多用途飞船的缩比试验返回舱等）

类比火箭：
宇宙神 5
安加拉 A3
德尔塔 –4 Medium+(5.4) | 俄罗斯的起飞号固体运载火箭拥有 532 千克的近地轨道运载能力

2018 年 12 月 22 日，首次将卫星送入 1000 公里以上的太阳同步轨道。
中国低轨卫星星座通信系统建设有 800 颗卫星的规模，发射轨道集中在 1000 公里左右高度，这次发射为后续参与星座系统组网和补网打下良好的基础。
研制团队也正在论证低轨运载能力达两吨的长征十一号甲固体运载火箭，其运载能力更大、性价比更高。 |

表附 2-1 新一代长征火箭

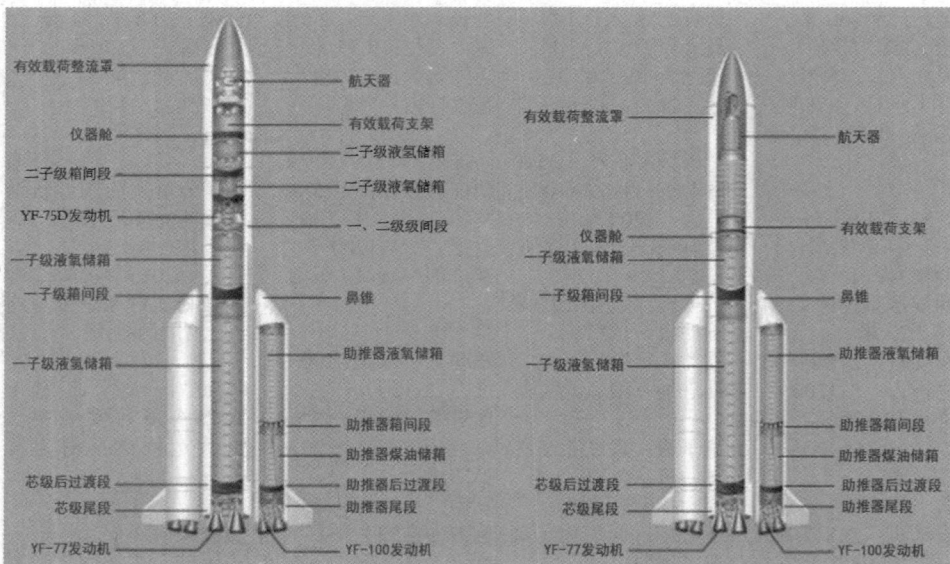

CZ–5（基本型）   CZ–5B

图附 2-2 长征五运载火箭

长征五号运载火箭由整流罩、芯级和不同直径的助推器组合构成长征五号不同型号，以满足不同发射要求。如 2.5 级基本型长征五号（CZ–5），1.5 级长征五号乙（CZ–5B），3.5 级长征五号 / 远征二号（CZ–5/YZ–2）

长征五号火箭2016年首发成功，将实践十七号卫星送入预定地球同步轨道。

2. 未来运载火箭

未来运载火箭包括长征八中型运载火箭和长征九超重型运载火箭：

* 长征八号运载火箭

长征八号运载火箭是正在研制的一型采用无毒无污染推进剂的中型运载火箭，主要面向商业卫星发射任务，承担发射太阳同步轨道卫星。将用来替代长征二号系列和长征四号系列运载火箭。

长征八号为两级半构型：一子级状态与长征七号火箭芯一级基本一致，二子级与长征三号甲系列火箭芯三级基本一致，火箭捆绑两段式固体助推器。

图附 2–3　长征八号运载火箭

全长：47 米

一子级：直径 3.35 米，2 台 YF–100 液氧煤油发动机

二子级：直径 3 米，YF–75 液氢液氧发动机（双机）

助推器：直径 2 米，两段式 120 吨级固体助推器

起飞推力：480 吨

近地轨道运载能力：7.6 吨

太阳同步轨道运载能力：4.5 吨

地球同步转移轨道运载能力：2.5 吨

据报道，中国目前正在改进长征八型火箭，以便能够回落地球重新使用。中国在研发反向推进器技术，使回收火箭安全降落地球。

* 长征九超重型运载火箭

新一代火箭将满足相当长一段时间卫星发射、载人航天、空间站建设、以及探火、探月的需要。但是，如果要载人登月，那就必须研制近地轨道运载能力超过 100 吨的超重型运载火箭。长征九号则是继长征五号之后的全新超重型火箭，主要负责载人登月、火星科考取样返回、太阳系外行星探测、以及建造"空间太阳能电站"等多种大运载高难度任务。

长征九号计划于 2028 年至 2030 年首飞，能把 120 吨的航天器送入太空，把 3 至 5 人送到月球。

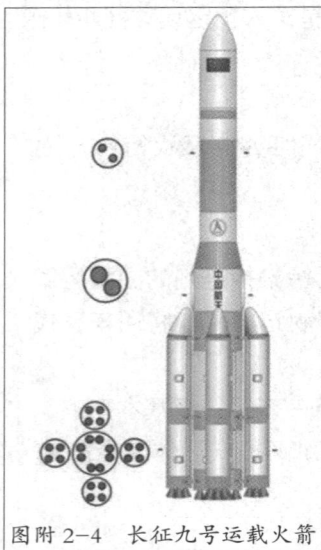

图附 2-4　长征九号运载火箭

高度：100 米级

芯级最大直径：10 米级

级数：3

助推器：4 个，直径 5 米

起飞重量：4,000 多吨

起飞推力：近 6,000 吨

燃料：液氧 / 煤油，液氢 / 液氧

近地轨道：140 吨

地球同步转移轨道：66 吨

月球转移轨道：50 吨

地火转移轨道：37 吨

长征九超重型运载火箭于 2016 年 6 月批复立项，确立"一总三大"攻关内容，即总体技术和方案优化，10 米级大直径箭体结构，480 吨大推力液氧 / 煤油发动机，220 吨大推力高性能氢 / 氧发动机。计划 2030 年左右首飞，起飞推力 3,000 吨以上，近地轨道能力 100 吨以上，地球转移轨道能力 50 吨以上。用于载人登月，火星探测和更远的深空探测。

目前，长征九号的关键技术攻关已经取得了一系列成果，世界第一件采用整体锻造技术的 10 米级铝合金环件、500 吨级推力的发动机燃烧室试验件已诞生。

据法国国际广播电台 2018 年 7 月 3 日报道，长征九火箭可将多颗卫星发送入轨。长征九火箭远超美国与欧洲现有太空发射器的载力，美国太空发射火箭载力到 2020 年时只计划达到 103 吨重。而欧洲阿丽亚娜 5 火箭载力只有 20 吨。美国重型猎鹰载力为 64 吨。

二、空间站

中国空间站又称"天宫号空间站"，1992 年 9 月 21 日立项，确定三步走的发展战略：第一步载人飞天；第二步交会对接；第三步建立载人空间站。现在已进入第三步。

中国空间站上的对接口可以对接其他国家的空间站舱段，同时也在国际上提出了四个级别的合作，包括联合试验、外国航天员来访、外国飞船来访和外国舱段对接。

中国空间站构型分基本型和扩展型，基本型计划于 2022 年前后建成。

基本型：

基本型空间站总体构型是三个舱段：一个核心舱，两个实验舱，每舱都是 20 吨级。核心舱居中，实验舱 I 和实验舱 II 分别连接于两侧，呈 "T" 字形。空间站运营期间，最多的时候，将对接一艘货运飞船、两艘载人飞船。整个系统加起来将达 90 多吨。空间站按 3 人设计，运营阶段，每半年由载人飞船实施人员轮换。空间站的核心舱和两个实验舱将由大型运载火箭长征五号发射；货运飞船和载人飞船由中型运载火箭长征七号发射。

图附 2-5　中国空间站基本型

轨道高度：340 至 450 公里

轨道倾角：42°~43°

在轨寿命：10 年以上

驻留人数：3 人

系统总重：90 吨

空间站命名：

空间站命名为 "天宫"，代号为 "TG"；

核心舱命名为 "天和"，代号 "TH"；

实验舱 I 命名为 "问天"，代号 "WT"；

实验舱 II 命名为 "巡天"，代号 "XT"；

货运飞船命名为 "天舟"，代号 "TZ"；

载人飞船命名为 "神舟"。

核心舱全长约 18.1 米，最大直径约 4.2 米，发射质量 20-22 吨。核心舱模块分为节点舱、生活控制舱和资源舱。核心舱有五个对接口，可以对接一艘货运飞船、两艘载人飞船和两个实验舱。另有一个供航天员出舱活动的出舱口。站上设有气闸舱用于航天员出舱，还配置机械臂用于辅助对接、补给、出舱和科学实验。

实验舱全长均约 14.4 米，最大直径均约 4.2 米，发射质量约 20-22 吨。

从 "神舟" 五号 2003 年 10 月 15 日载人首飞，到 "神舟" 十一号 2016 年

10月17日与天宫二号自动和手动交会对接，顺利完成载人飞天和交会对接的第一步和第二步任务。

2017年4月20日，天舟一号货运飞船在文昌航天发射中心由长征七号遥二运载火箭成功发射升空，并于2017年4月27日成功完成与天宫二号的首次推进剂在轨补加试验，标志天舟一号飞行任务取得圆满成功。中国空间站建设已经万事俱备。正在等待长征五B携带空间站的舱段在轨组装。

扩展型

中国空间站基本构型具备扩展能力，可以根据需要增加新的舱段，扩展规模和应用能力。可在核心舱的前端增建A、B、C三舱（红色），组成又一"T"字型体。扩展舱A后端与核心舱前段对接，扩展舱B和C在扩展舱A前段左右处对接。载人飞船与扩展舱A正前端对接。还可根据需求增配第二艘载人飞船，对接在核心舱前段。随着舱段的增加，航天员数量可能会从最初的3人增加到6人，最多会有6个舱段，整个空间站系统达180吨。

2018年5月28日，中国驻维也纳联合国代表和联合国外层空间事务司共同发布公告，宣布中国空间站已"正式开启国际合作，尤其欢迎发展中国家"，邀请世界各国积极参与、利用未来的中国空间站开展舱内外搭载实验。

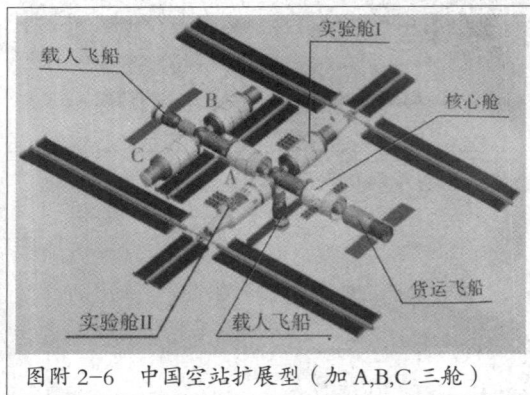

图附2-6　中国空站扩展型（加A,B,C三舱）

三、北斗卫星导航系统

中国北斗卫星导航系统（BDS）是继美国全球定位系统（GPS）、俄罗斯格洛纳斯卫星导航系统（GLONASS）之后第三个成熟的卫星导航系统。北斗卫星导航系统和美国全球定位系统、俄罗斯格洛纳斯系统、以及欧盟伽利略系统，是联合国卫星导航委员会已认定的供应商。

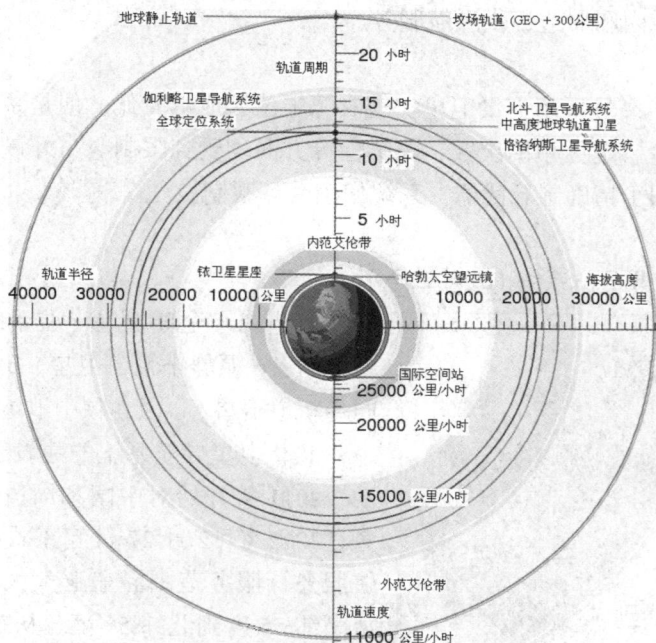

图附 2-7　世界四大导航卫星系统比较

1. 北斗卫星导航试验系统（北斗一号）

北斗卫星导航试验系统也称双星定位系统，1994 年正式立项，第一颗和第二颗北斗导航试验卫星分别于 2000 年 10 月 31 日和 12 月 21 日成功发射，双星组成北斗导航卫星试验系统使中国成为继美、俄之后的世界上第三个拥有自主卫星导航系统的国家。2003 年 5 月 25 日又发射了一颗备份卫星，完成试验系统的组建工作。该系统服务范围为东经 70°－140°，北纬 5°－55°。两颗卫星都部署在地球静止轨道，在卫星的寿命到期后，系统已停止工作。

北斗卫星导航试验系统是北斗卫星导航系统较早投入使用的第一代试验用系统，使用的是有源定位，由三颗定位卫星（两颗工作卫星、一颗备份卫星）、地面控制中心以及用户终端三部分组成。北斗一号卫星导航定位系统可向用户提供全天候的即时定位服务。未校准精度 100 米，校准精度为 20 米。该系统

图附 2-8　北斗一号于 2003 年完全建成，蓝色区域为当时的覆盖范围

主要向中国境内和周边提供导航服务。

由于北斗一号采用少量卫星实现有源定位，成本较低，但是系统在定位精度、用户容量、定位频率次数、隐蔽性等方面均受到限制。另外该系统无测速功能，不能用于精确制导武器，系统使用受到限制。

2. 北斗卫星导航系统（北斗二号）

图附 2-9　北斗二号卫星导航系统在 2012 年的服务范围

北斗二号全球卫星导航系统，包含 16 颗卫星：6 颗静止轨道卫星、6 颗倾斜地球同步轨道卫星、以及 4 颗中地球轨道卫星。

北斗卫星导航系统的建设于 2004 年启动，2011 年开始对中国和周边提供测试服务，2012 年 12 月 27 日起正式提供卫星导航服务，服务范围涵盖亚太大部分地区，从南纬 55 度到北纬 55 度、从东经 55 度到东经 180 度。该导航系统提供两种服务方式，即开放服务和授权服务。开放服务是在服务区免费提供定位、测速、授时服务，定位精度 25 米，测速精度 0.2 米 / 秒，授时精度 50 纳秒，在服务区的较边缘地区精度稍差。授权服务则是向授权用户提供更安全与更高精度的定位、测速、授时、通信服务、以及系统完好性信息。由于该系统继承了试验系统的一些功能，能在亚太地区提供无源定位技术所不能完成的服务，如短报文通信。

3. 北斗卫星导航系统（北斗三号）

北斗卫星导航系统（北斗三号）空间段由 35 颗卫星组成，包括 5 颗静止轨道卫星、27 颗中地球轨道卫星、3 颗倾斜同步轨道卫星。5 颗静止轨道卫星定点位置为东经 58.75°、80°、110.5°、140°、160°，中地球轨道卫星运行在 3 个轨道面上，轨道面之间相隔 120° 均匀分布。

北斗卫星导航系统计划在 2020 年完成全球覆盖，为全球用户提供定位、

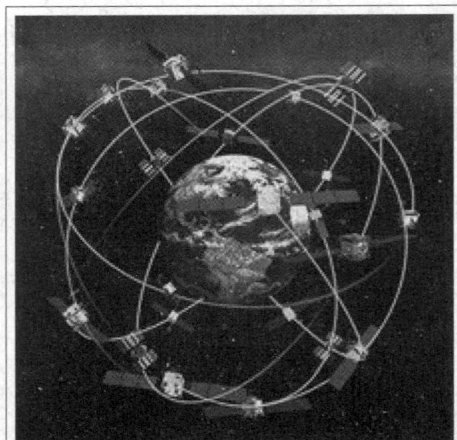

图附 2-10　北斗卫星导航系统示意图

导航、授时服务，中国将发射大量的中地球轨道卫星。

至2012年底北斗亚太区域导航正式开通时，已为正式的第二代北斗卫星导航系统发射了16颗卫星，其中14颗组网并提供服务，分别为5颗静止轨道卫星、5颗倾斜地球同步轨道卫星（均在倾角55°的轨道面上）、4颗中地球轨道卫星（均在倾角55°的轨道面上）。

北斗卫星导航系统同时使用静止轨道与非静止轨道卫星，对于亚太范围内的区域导航来说，无需借助中地球轨道卫星，只依靠北斗的地球静止轨道卫星和倾斜地球同步轨道卫星即可保证服务性能。而数量庞大的中地球轨道卫星，主要服务于全球卫星导航系统。此外，如果倾斜地球同步轨道卫星发生故障，则中地球轨道卫星可以调整轨道予以接替，即作为备份星。

2015年中期，中国开始建设第三代北斗系统（北斗三号），进行全球卫星组网。第一颗三代卫星于2015年3月30日发射升空，2018年进行高强度第三代北斗系统的发射任务，到2018年11月19日，已经发射19颗第三代在轨导航卫星，已建成18颗的基本系统，先实现对"一带一路"沿线国家和周边国家的覆盖。

2019年至2020年，中国将发射6颗北斗三号中地球轨道卫星、3颗北斗三号倾斜地球同步轨道卫星和2颗北斗三号地球静止赤道轨道卫星，服务范围覆盖全球。2035年前还将建设更加广泛、更加融合、更加智能的综合时空体系。

* 五大功能

作为世界上唯一由高、中、低三种轨道卫星构成的导航系统，北斗卫星导航系统拥有其他导航系统不具备的性能和特点。北斗三号创新融合了导航与通信能力，具有实时导航、快速定位、精确授时、位置报告和短报文通信服务五大功能。

北斗三号未来还将按照国际标准增加全球搜救、全球位置报告、星基增强等拓展服务。

* 国际认可

2014年11月17日至21日，联合国负责制定国际海运标准的国际海事组织海上安全委员会，正式将中国的北斗系统纳入全球无线电导航系统。这意味着继美国的GPS和俄罗斯的"格洛纳斯"后，中国的导航系统已成为第三个被联合国认可的海上卫星导航系统。2018年12月27日，中国宣布北斗三号正式提供全球服务。

四、深空探测

1. 探月工程

20世纪90年代中国进行了探月活动的必要性和可行性研究,制定了绕、落、回的三步走方案。2004年,中国正式开始月球探测任务,叫嫦娥工程。工程分无人月球探测、载人登月和建立月球基地三个阶段。

从2007年10月24日开始,中国成功进行了嫦娥一号、嫦娥二号、嫦娥三号、再入返回试验飞行器(嫦娥五号T1试验器)和嫦娥四号五次探月任务。

* 嫦娥一号

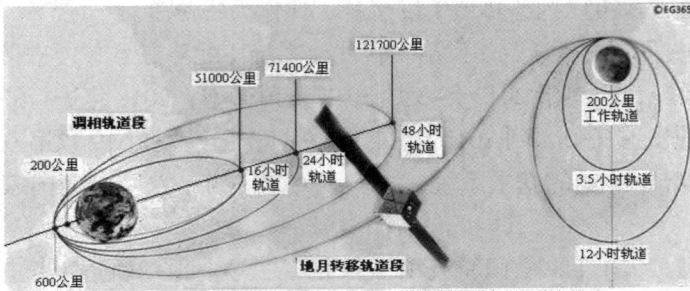

图附 2-11　嫦娥一号轨道示意图

2007年10月24日,嫦娥一号从西昌卫星发射中心升空。累计飞行494天,绕月飞行482天,经轨道减速,下落,于2009年3月1日撞向月球预定地点丰富海(月球东经52.36度,南纬1.50度)。嫦娥一号是中国首颗绕月探测卫星,进行绕月飞行和科学探测。

* 嫦娥二号

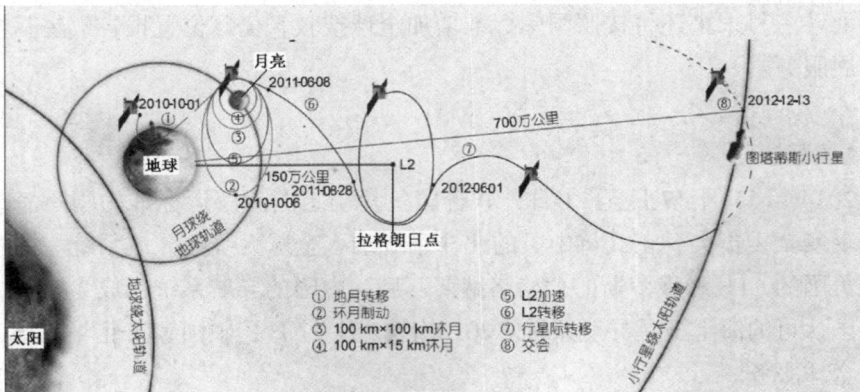

图附 2-12　嫦娥2号轨道示意图

嫦娥二号于 2010 年 10 月 1 日从西昌卫星发射中心发射升空，进入离月面 100 公里极轨轨道，完成高清月面图像扫描，分辨率达到 7 米，是当时最高水准全月球数字影像。还获得月球物质成分分布图等资料。2011 年 4 月 1 日嫦娥二号开始拓展试验，6 月 9 日飞离月球，8 月 25 日精确进入日－地拉格朗日 L2 点环绕轨道，持续探测太阳活动和爆发 235 天，积累了大量太阳活动资料。2012 年 12 月 13 日嫦娥二号飞越小行星 4179（图塔蒂斯），两者相距仅 870 米，首次测得该小行星的表面形貌、尺寸大小、运行参数等。2014 年年中，嫦娥二号突破离地球 1 亿公里的深空。现在嫦娥二号已成为太阳系的小行星，围绕太阳做椭圆轨道运行。

嫦娥二号状态良好，将不断刷新离地飞行高度，考核其寿命及自主控制与管理能力，并协同我国深空测控站开展行星际测控通信试验。根据轨道计算，大约 2029 年嫦娥二号将回归到地球附近。

* 嫦娥三号

嫦娥三号月球探测器是中国第一个月球软着陆探测器。由月球着陆器和月面巡视探测器（玉兔）组成。

嫦娥三号探测器于 2013 年 12 月 2 日进入太空，12 月 6 日成功近月制动，进入 100 公里绕月轨道，然后进入 100×15 公里轨道，14 日成功软着陆于月球雨海西北部，15 日完成着陆器和巡视器分离，并陆续开展"观天、看地、测月"的科学探测和其他预定任务。2015 年 10 月 5 日，经国际天文联合会审核批准，嫦娥三号的月面软着陆区命名为"广寒宫"，以纪念中国古代神话的嫦娥和玉兔在月亮上的宫殿。

2016 年 4 月，嫦娥三号着陆器和玉兔月球车拍摄的最清晰的月面高分辨率全彩照片首次公布，让全世界看到了一个真实的月球。

嫦娥三号着陆器上首次配备了一台近紫外天文望远镜，利用月球上没有大气的良好条件，发现了一批新的脉动变星，

图附 2-13　嫦娥 3 号月球车（左）和着陆器（右）

确定了它们的光变周期与光变幅渡；获取了一批星座不同天区近紫外波段

的真实星空图像和目标天体的天体坐标等。

嫦娥三号着陆器和玉兔号巡视器的设计寿命分别是 3 个月和 1 年，实际工作了 29 个月和 31 个月，都大大超额完成任务。

* 嫦娥五号 T1 试验器

嫦娥五号 T1 试验器是为嫦娥四号和嫦娥五号任务服务的，因为嫦娥四号要在月球背面软着陆，难度极大，危险性极高；嫦娥五号主要目标是实现无人自动采样和返回地球，要突破月面采样、月面上升、月球轨道交会对接、以接近第二宇宙速度再入地球大气、以及返回地球表面，多项关键技术。因此嫦娥五号 T1 试验器能否从月球轨道顺利返回地球，并降落在预定的地球位置，是嫦娥五号实现月球无人采样返回的最重要试验之一。

嫦娥五号 T1 飞行试验器包括返回舱和服务舱两大部分，目的是通过真实飞行，获取试验数据，验证未来嫦娥五号以接近第二宇宙速度（11.2 公里 / 秒）返回地球的相关轨道设计、气动、热防护、制导导航与控制等关键技术。嫦娥五号 T1 试验器为"嫦娥五号"无人月球取样返回和嫦娥四部署"鹊桥"中继卫星积累经验。

图附 2-15　2014 年 10 月 28 日在 1.2 万公里的近月点拍摄的地月合影（左上角为地球，右边为月球）

嫦娥五号返回舱有很大的速度，如果无法减速，那么就会"弹"出地球大气层。再入之后的返回舱速度达到每小时 4 万公里左右，约等于 32 马赫，迄今为止中国设计的飞船没有达到如此高的再入速度，因此，如何安全控制返回舱重返大气层是嫦娥 5 号能否成功的关键。

2014 年 10 月 24 日，嫦娥五号试验器成功发射。准确进入近地点高度 209 公里、远地点高度 41.3 万公里的地月转移轨道。

试验器经过 2 次轨道修正后，于 27 日 11 时 30 分许，飞抵距月球 6 万公里附近，进入月球引力场，开始月球近旁转向飞行。

28 日凌晨 3 时许，试验器到达距月面约 1.2 万公里的近月点，随后，在北京航天飞行控制中心控制下，飞行试验器系统启动多台相机对月球、地球进行多次拍摄，获取了清晰的地球、月球和地月合影图像。

28 日晚 19 时，试验器完成了月球近旁转向飞行，开始离开月球引力影响，飞向月地转移轨道。30 日再次成功实施 1 次轨道修正后重返地球。

11 月 1 日凌晨 5 时许，地面测控站向再入返回飞行试验器注入导航参数。5 时 53 分，再入返回飞行试验器服务舱与返回器在距地面高约 5,000 公里处正常分离。6 时 42 分，再入返回飞行试验器服务舱与返回

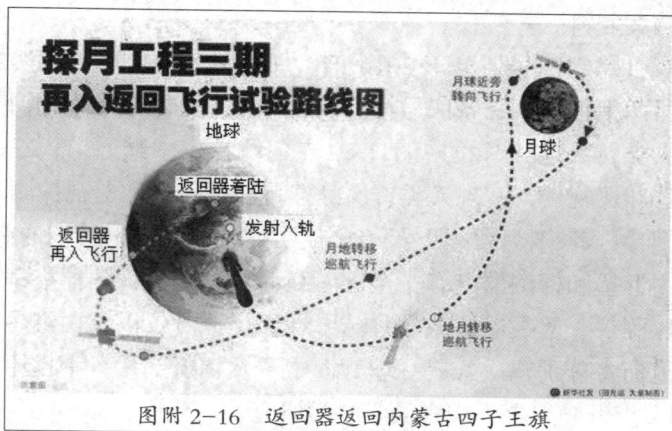

图附 2-16　返回器返回内蒙古四子王旗

器采用跳跃式返回地球，在内蒙古四子王旗预定区域顺利着陆。

试验器首次再入返回飞行试验圆满成功，标志着中国已全面突破和掌握航天器以接近第二宇宙速度的高速再入返回关键技术，为确保嫦娥五号任务顺利实施和探月工程持续推进奠定坚实基础。

服务舱与返回器分离后，返回器安全返回地面，而服务舱经过两次轨道控制，返回到远地点 54 万公里、近地点 600 公里的大椭圆轨道，进行拓展试验。

2014 年 11 月 23 日，北京飞控中心控制服务舱，实施月球借力轨道机动，飞向地月拉格朗日 L2 点。11 月 27 日进入环绕地月 L2 点的李萨如轨道，这是中国航天器首次飞抵地月拉格朗日 L2 点。

2015 年 1 月 4 日，在完成环绕地月拉格朗日 L2 点的全部预定科学探测目标后，北京中心控制服务舱成功实施逃逸机动，飞离地月 L2 点，飞向月球，开始第二阶段拓展试验。

2015 年 1 月 11 日凌晨 3 时许，在北京飞控中心精确控制下，服务舱成功实施近月制动，进入远月点高度约 5300 公里、近月点高度约 200 公里、飞行周期约 8 小时的环月轨道，继续为嫦娥五号任务开展在轨验证试验

嫦娥五号 T1 试验器的成功和拓展试验为嫦娥四号和嫦娥五号任务奠定了基础，铺平了道路。

* 嫦娥四号

由于月球自转周期和公转周期相等，加上被地球潮汐锁定，地球强大的引力使月球总是一面朝向地球，一面背向地球，月球的背面是人类一直魂牵梦绕的地方。

嫦娥四号是世界首颗在月球背面软着陆和巡视的探测器，其主要任务是着

陆月球背面，继续全面地科学探测月球地质、资源等方面的信息，完善月球的档案资料。

嫦娥四号任务于 2016 年 1 月经国务院批准正式实施，包括中继星和探测器两大任务。嫦娥四号任务的目标，一是研制和发射月球中继通信卫星，实现人类首次地－月拉格朗日 L2 点的测控及中继通信；二是研制和发射月球着陆器和巡视器，实现人类首次月球背面软着陆和巡视探测。

因此，"嫦娥四号"任务包含中继星"鹊桥"和探测器两次发射任务。在中继星和探测器上有三个国际载荷，分别是着陆器搭载的月球中子及辐射剂量探测仪、巡视器搭载的月球中性原子探测仪以及中继星搭载的低频射电谱仪，他们将分别首次开展月球背面中子及辐射剂量、中性原子分布和地月拉格朗日 L2 点低频射电天文观测等科学研究。

由于地球方向不能直接看到嫦娥四号落月过程，所有信息传输都需要在中继星"鹊桥"的帮助下完成，整个落月过程系统必须自主操控，加之回传画面的延迟，对地面人员来说，这个过程近乎是"盲降"。

嫦娥四号的着陆点在月球南极，处于月球背面艾特肯盆地，该盆地直径大约 2,500 公里，深 13 公里，从坑底最深处到最高处落差大约 16 公里，这是太阳系内已知的最大、最古老撞击坑。该盆地保存了原始月壳岩石，收集该区域岩石的数据可以帮助科学家更好地理解月球的组成，具有极高的科学研究价值。

月球尺寸足够大，能够阻挡来自地球无线电的干扰，在月球的夜晚，还能阻挡来自太阳的干扰。因此，月球背面是公认的低频射电天文的绝佳场所。嫦娥四号或许能为我们打开一扇观测宇宙的新窗口。

"嫦娥四号"探测器能够在月球背面着陆，关键就在于中国提前把"鹊桥"中继卫星放在地球和月球的拉格朗日 L2 点的晕轨道上，在这个轨道上，中继卫星在地球和月球共同的引力作用下围绕地球运动，而且始终悬停在月球背面的上空。所以"鹊桥"中继卫星为嫦娥四号的着陆器和月球车提供地月中继通信支持。有了这颗中继卫星，嫦娥四号探测器才敢在月球背面着陆。

**"鹊桥"中继卫星

"鹊桥"中继卫星于 2018 年 5 月 21 日从西昌卫星发射中心升空，进入近地点高度 200 公里，远地点高度 40 万公里的地月转移轨道，5 月 25 日成功实施近月制动，进入月球至地－月拉格朗日 L2 点的转移轨道。然后再进行数次变轨，6 月 14 日成功实施轨道捕获控制，进入地－月拉格朗日 L2 点的晕轨道，搭建起月球背面和地球之间的桥梁，保证地球与月球背面的通信和嫦娥四号着陆器和月球车的联合科学探测。

之所以将"鹊桥"安放在月球背面 6.8 万公里的拉格朗日 L2 点的晕轨道，是因为这里是相对稳定的动态平衡。它可以永远直接面对月球背面，同时也能"看到"地球并与地球实时直接通信联系。

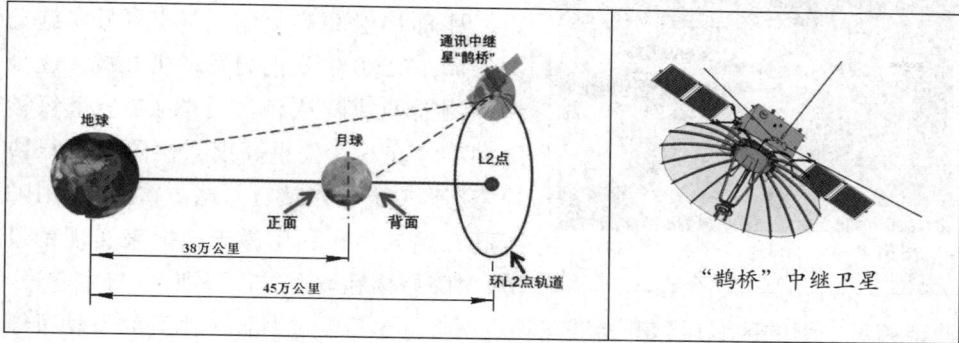

图附 2-17 "鹊桥"中继卫星与月球和地球相对位置示意图

** 嫦娥四号探测器

嫦娥四号是嫦娥三号的备份星，主要目标是实现人类首次月球背面软着陆。探测器于 2018 年 12 月 8 日 2 时 23 分在西昌成功发射，先后实现助推器分离，火箭一二级分离，星箭分离。结束发射段，进入地月转移段。

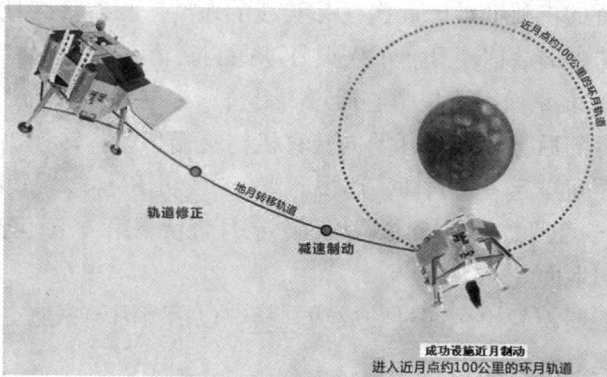

图附 2-18 嫦娥四号探测器成功"刹车"进入环月轨道飞行

约四天半后，于 12 日 16 点 39 分，嫦娥四号探测器结束地月转移段飞行，按计划顺利完成近月制动，成功进入 100 公里 ×400 公里环月椭圆轨道。

16 点 45 分，嫦娥四号探测器经过约 110 小时奔月飞行，进入离月面约 100 公里的环月轨道。

30 日 8 时 55 分，嫦娥四号探测器在环月轨道成功实施变轨控制，顺利进入近月点高度 15 公里，远月点高度 100 公里的月球背面着陆准备轨道。

图附 2-19 玉兔二号在月背留下第一行"脚印"

2019 年 1 月 3 日 10 时 15 分，北京航天飞控中心发出指令，嫦娥四号探测器从距离月面 15 公里高处的近月点开始实施动力下降，7,500 牛变推力发动机开机，逐步将探测器的速度从相对月球 1.7 公里每秒降到零。在 6-8 公里高度，探测器进行快速姿态调整，不断接近月球；在距月面 100 米高开始悬停，利用激光扫描来实现精避障，对障碍物和坡度进行识别，并自主避障；选定相对平坦的区域后，开始缓速垂直下降。最后距离月面 2 米高时发动机停止工作，探测器以自由落体的方式降落。

10 时 26 分，嫦娥四号探测器自主着陆在月球背面南极 – 艾特肯盆地，东经 177.6 度、南纬 45.5 度附近的预选着陆区。"嫦娥四号"着陆器上的四条腿把着陆器的冲击能量缓冲掉，让着陆器稳稳地落在月面上。"嫦娥四号"成功着陆，成为人类第一个在月球背面成功软着陆的探测器！

11 时 40 分，通过"鹊桥"中继星传回世界第一张近距离拍摄的月背影像图，揭开了古老月背的神秘面纱。此次任务实现了人类探测器首次月背软着陆、首次月背与地球的中继通信，开启了人类月球探测新篇章。

15 时 7 分，北京航天飞控中心通过"鹊桥"中继星向着陆器和巡视器发送两器分离指令。随后，巡视器开始向转移机构缓慢移动，转移机构正常解锁，在着陆器与月面间搭起一架斜梯，巡视器玉兔二号沿斜梯缓缓驶向月面。

22 时 22 分，玉兔二号踏上月球表面，在月背留下第一道印迹，图像由"鹊桥"中继星传回地面。

各国媒体纷纷祝贺嫦娥四号的成功，其中包括美国国家航空航天局局长吉姆·布里登斯廷。

* 嫦娥五号探测器：

作为嫦娥探月工程"绕、落、回"规划的第三步，嫦娥五号主要目标是实现无人自动采样返回，如前所述，要突破月面采样、月面上升、月球轨道交会对接、以接近第二宇宙速度再入地球大气、以及返回地面诸多关键技术，是中国探月工程的收官之战。

2019 年，嫦娥五号将月面软着陆，铲取和钻孔岩心取样并返回地面，开展全面、系统实验室分析测试，希望获取一系列创新科研成果。

嫦娥五号探测器全重 8.2 吨，由轨道舱、着陆舱、起飞舱和返回舱组成，由大推力的长征五号运载火箭发射。由于 2017 年 11 月长征 5 号火箭第二次飞行时二次启动失利，嫦娥五号探测器任务不得不推迟。

嫦娥五号将进行中国第二次月球正面探索任务，从月球正面西北部风暴洋中的吕姆克山采集样本。

目前正在为发射"嫦 5 号"探测器做准备，争取长征五号再次成为金牌运载火箭。

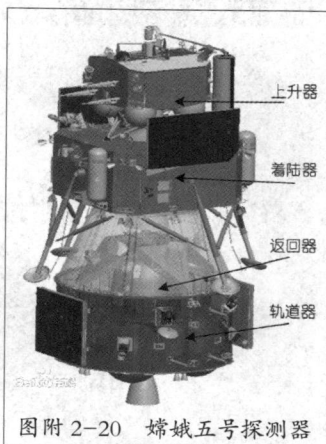

图附 2-20　嫦娥五号探测器

中国设想未来五年、十年开展两次以机器人为代表的月球南北极探测，就是启动实施探月工程四期，其中包括 2020 年左右，发射嫦娥六号等月球探测器，实现月球极区采样返回。此后，中国将开始大范围为载人飞往月球做准备，有望超越美国阿波罗登月项目的成就。

2. 小行星、火星、金星、木星和木卫二探测

中国计划对 3 颗对地球具有潜在威胁的近地小行星进行探测。嫦娥 2 号在 2012 年 12 月已与 4179 小行星交会，探明这颗可能在 2029 年前后威胁地球的小行星的大小、形状及结构。

火星探测计划有轨道器和火星车，计划无人采样返回。中国首次火星探测任务已于 2016 年 1 月经国务院批准，工程研制工作已经全面启动。火星探测器计划 2020 前后择机发射，2021 年到达火星进行环绕飞行和着陆巡视探测。

此外，中国还计划对金星、木星和木卫二等进行探测。前者重在研究温室效应，后者重在探明冰层下 50–80 公里深的地下海洋会否存在原始生命活动。

五、航天测控通信网

航天测控通信网由航天控制中心和分布于世界各地的航天测控站（包括海上测量船）以及空中测量平台（如测量飞机、跟踪和数据中继卫星等）组成。

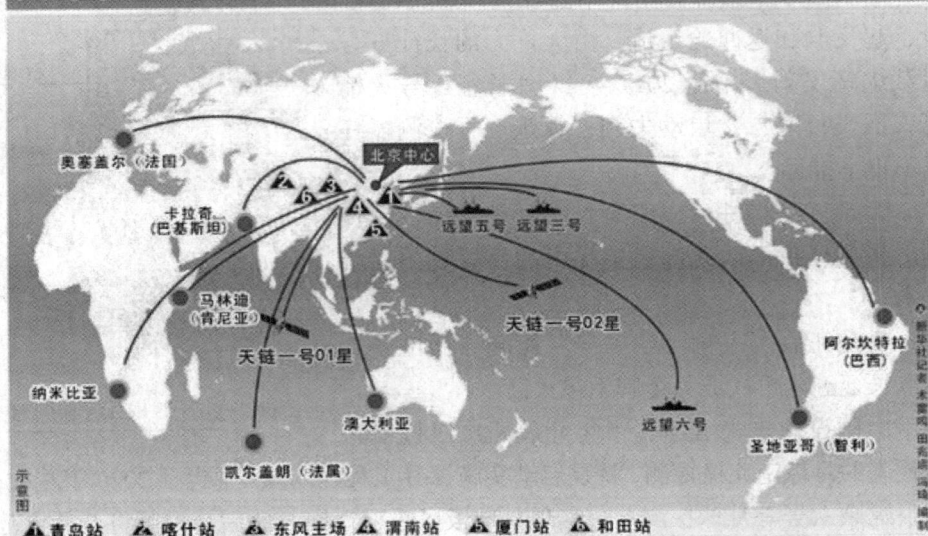

图附 2-21　天宫一号和神舟八号交会对接任务时陆、海、空测控网

中英文对照

第 1 章运载火箭
开普勒行星运动定律 / Kepler's law
牛顿运动定律 / Newton's laws of motion
牛顿万有引力定律 / Law of universal gravitation

第 2 章运载火箭
"德尔塔"运载火箭 / "Delta" launch vehicle
"大力神"运载火箭 / "Titan" launch vehicle
"宇宙神"运载火箭 / "Atlas" launch vehicle
"土星"运载火箭 / "Saturn" launch vehicle
"战神"运载火箭 / "Ares" launch vehicle
太空发射系统 /Space Launch System
"猎户座"太空飞船 / "Orion" spaceship
"火神"火箭 /Vulcan rocket
"飞马座"火箭 / "Pegasus" rocket
"安塔尔"火箭 / "Antares" rocket
"猎鹰"火箭 / "Falcon" rocket
"天鹅座"宇宙飞船 / "Cygnus" spacecraft
"龙"飞船 / "Dragon" capsule

第 3 章人造卫星
"子午仪"卫星导航系统 /Transit navigation satellite system
"泰罗斯","艾萨","诺阿"系列极轨气象卫星 /TIROS, ESSA, NOAAp
olar orbit meteorological satellite
"雨云"系列极轨气象卫星 / "NIMBUS" polar orbit meteorological satellites
"戈斯"系列地球静止轨道气象卫星 / "GOES" geostationary meteorological

satellite

"克莱门汀"号月球轨道器 /Clementine deep space prober

"月球勘探者" /Lunar Prospector

"月球勘测轨道飞行器" /Lunar Reconnaissance Orbiter / LCROSS

"重力重建与内部结构实验室" /Gravity Recovery and Interior Laboratory

"水手"号项目 /Mariner program

"先驱者"项目 / Pioneer program

"旅行者"计划 / Voyager program

"麦哲伦"号金星轨道器 / MagellanVenus orbiter

"信使"号水星轨道器 / MESSENGERMercury orbiter

"伽利略"号木星轨道器 / Galileo Jupiterorbiter

"朱诺"号木星轨道器 / Juno Jupiterorbiter

"卡西尼－惠更斯"号土星轨道器和泰坦着陆器 / Cassini–HuygensSaturn orbiter and Titanlander

"海盗"1号火星轨道器和着陆器 / Viking 1Mars orbiter and lander

"火星观察员"轨道器 / Mars Observerorbiter

"火星环球观测者"轨道器 / Mars Global Surveyororbiter

"火星探路者"着陆器，漫游器 / Mars Pathfinder lander，rover

"索杰纳号"火星车 / SojournerMars rover

"火星气象轨道器" / Mars Climate Orbiter

"火星极地登陆器" / Mars Polar Lander

"火星奥德赛"轨道器 / Mars Odysseyorbiter

"火星探测漫游者" / Mars Exploration Rovers

"勇气"号火星探测车 / Mars Exploration Rover Spirit

"机遇"号火星探测车 / Mars Exploration Rover Opportunity

"火星侦察轨道器" / Mars Reconnaissance Orbiter

"凤凰"号火星极地登陆器 / PhoenixMars Polar Lander

"火星科学实验室"（"好奇"号火星车）/ Mars Science Laboratory（Curiosity Rover）

"太阳神"A太阳观察站 / Helios–A Solar Observations

"太阳神"B太阳观察站 / Helios– BSolar Observations

"尤利西斯"号太阳极地轨道器 / Ulysses Solar Polar Orbiter

"日地关系天文台" /Solar Terrestrial Relations Observatory

"太阳动力学天文台" / Solar Dynamics Observatory

"太阳风观察站" /Solar Wind Observations

"太阳及日光层观察站" / Solar and Heliospheric Observatory

"高级成分探测器" / Advanced Composition Explorer

"起源"号探测器 / "Genesis" spacecraft

"新视野"号星际探测器 / New Horizons Interplanetary Space Prober

"黎明"号小行星灶神星和谷神星轨道器 / Dawn space prober

"会合－舒梅克"爱神星轨道器 / 着陆器 / Near Earth Asteroid Rendezvous－

Shoemaker

"星尘"号彗星星尘取样器 / Stardust space prober

"深度撞击"号彗星探测器 / "Deep Impact" Comet Detector

"大天文台"计划 / "Great Observatories" Program

"哈勃"太空望远镜 / Hubble Space Telescope

"康普顿"伽马射线天文台 / Compton Gamma Ray Observation

"钱德拉"X 射线天文台 / Chandra X-ray Observatory

"史匹哲"红外光谱太空望远镜 / The Spitzer infraredspectrum Space Teles

cope

"韦伯"太空望远镜 / James Webb SpaceTelescope

"开普勒"太空望远镜 / Kepler Telescope

第 12 章航天测控通信网

小型跟踪网 / The Minitrack Network

航天器跟踪和数据采集网 / Spacecraft Tracking and Data（Acquisition）

Network（STADAN）

载人航天网 / The Manned Space Flight Network（MSFN）

航天器跟踪和数据网 / Spacecraft Tracking and Data Network（STDN）

深空网 / Deep Space Network（DSN）

跟踪和数据传播卫星网 / The Tracking and Data Relay Satellite System（TDRSS）

第 13 章发射场及着陆场

肯尼迪航天中心发射场和着陆场 / Kennedy Space Center Launch and Landing

Sites

卡纳维拉尔角空军基地发射场 / Cape Canaveral Air Force Base Launch Site

范登堡空军基地发射场 / Vandenberg Air Force Base Launch Site

沃洛普斯飞行基地 / Wallops Flight Base

爱德华兹空军基地着陆场 / The landing site at Edwards Air Force Base

白沙试验场 / White Sands Proving Ground

第 14 章 国家航空航天局
国家航空咨询委员会 / National Advisory Committee on Aeronautics（NACA）
国家航空航天局 / National Aeronautics and Space Administration（NASA）

第 15 章 国家航空航天局十大中心
埃姆斯研究中心 / Ames Research Center（NASA-ARC）
阿姆斯特朗飞行研究中心 / Armstrong Flight Research Center（NASA-AFRC）
格伦研究中心 / Glenn Research Center（NASA-GRC）
戈达德航天飞行中心 / Goddard Space Flight Center（NASA-GSFC）
喷气推进实验室 / Jet Propulsion Laboratory（NASA-JPL）
兰利研究中心 / Langley Research Center（NASA-LRC）
斯坦尼斯航天中心 / Stennis Space Center（NASA-SSC）
约翰逊航天中心 / Johnson Space Center（NASA-JSC）
肯尼迪航天中心 / Kennedy Space Center（NASA-KSC）
马歇尔太空飞行中心 / Marshall Space Flight Center（NASA-MSFC）